高等院校自动化系列规划教材

现代检测技术

（第 5 版）

主编　吴朝霞　　齐世清　　宋爱娟

 北京邮电大学出版社
www.buptpress.com

内 容 简 介

本书全面且系统地介绍了现代检测技术课程的基本内容和前沿知识,针对信号的获取、调理,以及现代检测系统应用等方面进行了比较详细的阐述。书中内容丰富、新颖,注重理论联系实际。本书提供的基础知识便于读者自学或复习,提供的应用实例便于读者在设计和应用中参考。

本书可作为高等院校机电类专业或开设了检测技术课程的非机电类专业的通用教材,可以作为自动化、测控技术与仪器、过程装备与自动化、机械工程与自动化和电了信息工程等专业的基础课或专业基础课教材,也可供从事传感器及检测技术研究、仪器仪表设计、检测系统工程应用等方面工作的技术人员参考。

图书在版编目(CIP)数据

现代检测技术 / 吴朝霞,齐世清,宋爱娟主编.
5 版 . -- 北京:北京邮电大学出版社,2025. -- ISBN
978-7-5635-7394-3

Ⅰ . TP274

中国国家版本馆 CIP 数据核字第 2024Q3W081 号

策划编辑:马晓仟 **责任编辑**:马晓仟 杨玉瑶 **责任校对**:张会良 **封面设计**:七星博纳

出版发行:北京邮电大学出版社
社　　址:北京市海淀区西土城路 10 号
邮政编码:100876
发 行 部:电话:010-62282185 传真:010-62283578
E-mail:publish@bupt.edu.cn
经　　销:各地新华书店
印　　刷:保定市中画美凯印刷有限公司
开　　本:787 mm×1 092 mm 1/16
印　　张:16
字　　数:427 千字
版　　次:2006 年 2 月第 1 版 2007 年 6 月第 2 版 2012 年 1 月第 3 版 2018 年 8 月第 4 版
　　　　　2025 年 1 月第 5 版
印　　次:2025 年 1 月第 1 次印刷

ISBN 978-7-5635-7394-3　　　　　　　　　　　　　　　　　　**定价**:49.00 元

· 如有印装质量问题,请与北京邮电大学出版社发行部联系 ·

前　　言

《现代检测技术》(第 2 版)自被列入普通高等教育"十一五"国家级规划教材以来,又先后两次再版。为深入贯彻教育部关于普通高等教育国家级规划教材建设的指导思想,适应新时代科技、教育、人才的发展要求,切实提高教学质量,特再版此书。

"千里眼、顺风耳"作为古代神话传说中的形象,象征着人们对扩展自身感觉器官能力,以更好地了解客观事物本质属性的一种美好憧憬。为此,人类经历了千百年的探索与奋斗,陆续发明了各种各样的传感器、探测器,以及检测装置和测控系统等,一步一步地实现着古人的愿望。进入 21 世纪以来,科技的飞速发展更是将人们获取信息的能力提高到了一个新的水平。以检测技术为基础发展起来的各种测量方法和测量装置,已经成为人类生产生活、科学研究和防灾保护等活动中获取信息的重要工具,是现代文明的重要标志之一。因此,现代检测技术和现代化的检测系统设计技术必将成为 21 世纪教学和科研中最重要的理论基础和核心技术。

检测技术的应用领域十分广泛,就该学科的主要内容而言,它涵盖了信号获取技术即传感器技术、仪器测量精度与误差理论、测试计量技术、信号处理技术、抗干扰技术,以及这些技术在自动化系统中的应用等。检测技术的基础就是利用物理、化学和生物的原理和方法来获取被测对象的组分、状态、运动和变化的信息,并通过转换和处理,将这些信息以易于人们观察和应用的形式输出。由于检测技术在各个行业中均有广泛的应用,这使得这门技术成为现代信息链(获取→处理→传输→应用)的源头技术,其发展代表着科技进步的前沿,是现代科技发展的重要支柱之一。

科学技术与生产力水平的高度发达,依赖于更先进的检测技术与测量仪器。检测技术与科学技术密切相关,科学技术的发展促进检测技术的进步,检测技术的发展又促进科学技术水平的提高,二者相互促进,共同推动社会生产力不断前进。由于检测技术属于信息科学范畴,是信息技术三大支柱(检测控制技术、计算机技术和通信技术)之一。因此,在当今这个信息社会,现代检测技术在很大程度上决定了生产和科学技术的发展水平,而科学技术的进步又不断地为现代检测技术提供新的理论基础和工艺装备。

我们学习现代检测技术的目的是更好地了解和掌握科技领域的知识,在工程实践中进行创造性地开发与应用。为此,我们精心策划并编写了这本教材,全书包括信号的获取技术、测量信号的预处理和后续处理技术、测量误差分析处理,以及检测系统应用设计技术等主要部分。首先,本书介绍了检测装置的基本特性等基础知识;其次,介绍了信号获取的主要内容,包括各种传感器的原理和应用技术;再次,在介绍了测量仪器精度和测量误差的分析及处理后,介绍了信号的后续处理技术,即信号调理和信号处理技术;最后,介绍了检测领域的最新发展即现代检测系统和应用开发实例。

学习本课程所需的基础知识主要包括数学、物理学、电路理论或电工学、电子技术、控制理论、计算技术和信息技术等。

本书覆盖了传感器原理与应用、检测与转换技术和电子测量技术等传统课程的核心内容,对现代检测技术知识进行精选和整合,并融入了作者多年在该领域科研和教学积累的宝贵经验。本书主要聚焦于检测的基本方法及误差处理的基本概念、传感器的选型与使用,并以传感器、信号调理电路及计算机为核心构成的信息处理系统为主线,以软件作为信号处理的主体,进而引导读者学习并掌握检测系统的设计方法,最后介绍了目前现代检测技术领域的最新发展和先进技术。全书着重强调理论与实践的紧密结合,在清晰阐述重点难点的基础上,通过实例加深读者对理论和技术的理解。书中内容既具有广泛的基础性又具有先进性,使读者不仅可以学习到目前各个领域和部门在进行科学实验与工程应用时所需要的检测技术的基础,而且可以了解新一代先进检测系统和测试仪器,为从事检测技术应用和系统设计工作打下坚实的基础。

本书力求将内容的基础性与先进性相结合,将基础理论与测量功能相结合,将学习原理与在实践中可实现的技术相结合。在文字叙述上,本书力求明确简洁,并附有习题,以便于读者自学。以简单例子入门,综合例子提高,复杂例子发展,形成一个循序渐进的学习过程,使得读者能够深入掌握现代检测技术各个方面的知识,并达到能够设计研发检测装置或检测系统,以及在工程中灵活应用现代检测技术的目的。

本书是在编委会组织编写人员进行了广泛的调研及科学合理的策划,对教材内容及体系结构进行了细致认真的审定和推敲,确定了编写大纲的基础上,由东北大学秦皇岛分校的吴朝霞教授、齐世清副教授、宋爱娟高级实验师负责编写工作并共同担任主编。吴朝霞编写了本书的第 1 章、第 4 章、第 6 章,齐世清编写了本书的第 2 章、第 3 章、第 8 章,宋爱娟编写了本书的第 5 章、第 7 章、第 9 章。金伟教授仔细审阅了书稿,并提出了许多宝贵的指导意见。

在本书的编写过程中,我们参阅了许多教材、著作和论文,还得到了许多国内外有关企业和同行的支持。在此一并表示衷心的感谢。

由于作者水平有限,书中难免有疏漏和不足之处,敬请读者批评指正,不吝赐教。

目　　录

第1章 绪 论

1.1 现代检测技术概述

现代检测技术是将电子技术、光机电技术、计算机、信息处理、自动化、控制工程等多学科融为一体并综合运用的复合技术,它被广泛应用于交通、电力、冶金、化工、建材、机加工等各领域中的自动化装备及生产自动化测控系统。学习这门技术的核心目标是深入探索现代检测系统的研发并将其应用于自动化系统中。我们围绕参数检测和测量信号调理等问题进行学习、研究与开发,并将现代检测技术应用于生产的各个领域。

为了监督和控制某次生产或实验过程中对象的运动变化状态,掌握其发展变化规律,使它们处于所选工况的最佳状态,就必须掌握描述它们特性的各种参数,这就首先需要检测这些参数的大小、变化趋势、变化速度等。通常,我们把涉及检查、测量和测试等广泛概念的参数测量活动统称为检测,故围绕这方面的工作都需要以检测技术为基础。为实现参数检测的目的而组建的系统、装置及采用的设备等称为检测系统、检测装置或仪器仪表,它们位于测控系统的最前端,获取被测对象信号并将有用信息输出给自动控制系统或操作者。另外,在测量各种各样微观或宏观的物理、化学或生物等参数量值,检验产品质量,进行计量标准的传递和控制时,也需要检测技术作为基础。

随着科学技术的迅速发展,尤其是微电子、计算机和通信技术的发展,以及新材料、新工艺的不断涌现,使得检测技术在已建立的检测理论的基础上不断向着数字化、网络化和智能化方向发展。如何提高检测装置的精度、分辨率、稳定性和可靠性,以及如何开发现代化的检测系统和研究新的检测方法,是现代检测技术的主要课题和研究方向。

目前,现代检测技术的研究方向包括检测技术与自动化装置、测试计量技术及仪器,前者主要侧重自动化学科,后者则侧重测试计量学科,所对应的本科专业为测控技术与仪器专业。作为本科教学的参考书,为了拓宽基础,本书兼顾自动化和计量测试两方面,将检测控制(测控)技术和测试计量技术与仪器(计量与仪器仪表)在基础课方面加以整合,目的是使学生在本科阶段能够较好地掌握该领域的知识体系,这不仅有利于他们进一步学习深造,而且为他们今后从事应用开发和更深层次的研究工作奠定坚实的基础。

检测系统,也称为测试系统,它包含测量和试验两个方面的内容。检测系统的基本任务是获取有用信息,尤其是要从干扰中提取出有用信息。检测技术以研究信息的获取、信息的转换及测量信号调理等理论和技术为主要内容。在信息技术研究与应用中,检测技术属于信息科学范畴,是信息技术三大支柱(检测控制技术、计算机技术和通信技术)之一。

检测系统的设计过程是采用专门的传感器、测量仪器或测量系统,通过合适的实验与信号分析及处理方法,基于测得的信号求取与研究对象有关的信息量值,并将结果输出显示的过程。在现代化装备或系统的设计、制造和使用过程中,检测及测量测试工作已占据首要位置,它是保证整个自动化系统达到性能指标和正常工作的重要手段,是设备先进性和高水平的重要标志。在科学技术和社会生产力高度发达的今天,要求有与之相适应的检测技术、仪器仪表及检测系统。因此,学生不仅需要学会用好这些先进的仪器仪表,而且需要开发出更新一代的产品。

追溯检测技术的发展历史,可以从仪器仪表的发展水平中得到如下的考察结果:

第一代检测技术以物理学基本原理为基础,如力学、热力学或电磁学等,代表性的仪器仪表有很多,有的至今仍然在使用,例如,千分尺、天平、水银温度计和指针式仪表等;

第二代检测技术是以 20 世纪 50 年代的电子管和 20 世纪 60 年代的晶体管为基础的分立元件式仪表;

第三代检测技术是以 20 世纪 70 年代的数字集成电路和模拟运算放大器为基础的具有信号处理和数字显示功能的仪器仪表;

第四代检测技术是以 20 世纪 80 年代的微处理器为核心,信号处理能力更强,并配有智能化处理软件的仪器仪表。

新一代检测技术是将上述传统的检测技术与计算机技术深层次结合后的产物,正在引发一场该领域的技术革命,产生出一种全新的仪器结构——虚拟仪器——进而向集成仪器和多仪器组成的网络化大测试系统方向发展,由此构成了现代检测技术的基础。

虽然被测对象具有多样性,但归纳起来,对一般检测系统的要求如下:

① 能够测量多种参量,电参量或非电参量;

② 能够测量多种参数,具有多测量通道;

③ 能够测量动态参数,测量系统的频带宽;

④ 能够实时快速地进行信号处理,包括排除干扰信号、处理误差、量程转换和信息传送等。

这些要求在不同的领域的侧重点可能不同,但能够全面实现上述要求的检测系统,唯有新一代检测技术。

在人类的各项生产活动和科学实验中有各种各样的研究对象,如果要从数量方面对研究对象进行研究和评价,都是通过对代表其特性的物理量、化学量及生物量进行检测来实现的。而检测技术的主要研究内容就是利用各种物理、化学或生物效应(例如,光电效应、热电效应、电磁效应、红外光谱、紫外光谱、心电、脑电或肌电,等等),选择合适的方法与装置,通过各种测量方法对其中有关的特征信息进行定性或定量的分析,从而得出准确的测量结果。能够自动地完成整个检测过程的技术称为自动检测技术。自动检测技术以信息的获取、转换、显示和处理过程的自动化为主要研究内容,现已发展成为一门完整的综合性技术学科。

学习检测技术,首先要对传感器给予充分的重视,因为传感器是检测系统的最前端。

1.2 传感器概述

1.2.1 传感器的概念

传感器(Sensor)是指能够感受规定的被测量,并按一定规律将其转换成可用输出信号的器件或装置。传感器的定义包含 3 层含义:①传感器是一个测量装置,能完成检测任务;②传感器可以在规定的条件下感受被测量,如物理量、化学量或生物量等;③传感器可以按一定规律将感受的被测量转换成易于传输与处理的电信号。

关于传感器,在不同的学科领域中曾出现过多种名称,如感受器、发送器、变送器、换能器或探头等。这些名称反映了在不同的技术领域中,根据传感器用途的不同,使用不同术语对其命名,它们的内涵是相同或相近的。

1.2.2 传感器的组成

传感器一般由敏感元件、转换元件、转换电路 3 个部分组成,如图 1.2.1 所示。

图 1.2.1 传感器的组成

1. 敏感元件

敏感元件能直接感受被测量,并将被测非电量信号按一定对应关系转换为易于转换成电信号的另一种非电量信号。应变式压力传感器中的弹性元件就是一种敏感元件。

2. 转换元件

转换元件能将敏感元件输出的非电量信号或被测非电量信号转换成电量信号,它可以实现电参量转换和电能量转换。如应变式压力传感器中的应变片就是一种转换元件,它的作用是将弹性元件的输出应变转换为电阻的变化。

3. 转换电路

转换电路是一种将转换元件输出的电量信号转换为便于显示、处理、传输的电信号的电路,其主要作用是进行信号的转换。常用的转换电路有电桥、放大器、振荡器等。转换电路输出的电信号可以是电压、电流或频率等。

不同类型的传感器的组成也不同:最简单的传感器由一个转换元件(兼敏感元件)组成,它将感受的被测量直接转换为电量进行输出,如热电偶、光电池等;有些传感器由敏感元件和转换元件组成,不需要转换电路就可以输出较大信号,如压电传感器、磁电式传感器等;有些传感器由敏感元件、转换元件和转换电路组成,如电阻应变式传感器、电感传感器、电容传感器等。

1.2.3 传感器的分类

在测量和控制的应用中可以选用的传感器种类非常多。一个被测量,可以用不同种类的传感器测量,如温度既可以用热电偶测量,又可以用热电阻测量,还可以用光纤传感器测量;而同一原理的传感器,通常又可以测量多种非电量,如电阻应变传感器既可以测量重量,又可以测量压力,还可以测量加速度等。因此,传感器的分类方法有很多,主要可按以下几种方法进行分类。

1. 按输入传感器的被测量类型分类

按输入传感器的被测量类型进行分类,如表 1.2.1 所示。

表 1.2.1　按输入传感器的被测量类型分类

基本被测量类型	包含的被测量
热工量	温度、压力、压差、流量、流速、热量、比热、真空度等
机械量	位移、尺寸、形状、力、应力、力矩、加速度、振动等
物理量	湿度、密度、黏度、电场、磁场、光强等
化学量	液体、气体的化学成分以及浓度、酸碱度等
生物医学量	血压、体温、心电图、气流量、血流量、脑电信号、肌电信号等

这种分类方法的优点是明确了传感器的用途,便于使用者根据用途有针对性地查阅所需的传感器。一般工程书籍、参考书、手册按此方法对传感器进行分类。

2. 按传感器的工作原理分类

这是一种按传感器的工作原理进行分类的方法,如表 1.2.2 所示。

表 1.2.2　按传感器的工作原理分类

转换形式	中间结果参量	转换原理	传感器名称	典型应用
电参数	电阻	金属的应变效应或半导体的压阻效应	电阻应变传感器 压阻传感器	微应变、力、负荷
		电阻的温度效应	热电阻传感器	温度、温差
		电阻的光电效应	光敏电阻	光强
		电阻磁敏效应	磁敏电阻	磁场强度
		电阻湿敏效应	湿敏电阻	湿度
		电阻的气体吸附效应	气敏电阻	气体浓度
	电感	被测量引起线圈自感变化	自感传感器	位移
		被测量引起线圈互感变化	互感传感器	位移
		涡流的去磁效应	涡流传感器	位移、厚度
		压磁效应	压磁传感器	力、压力
	电容	改变电容的间隙	电容传感器	位移、力
		改变电容的极板面积		
		改变电容的介电常数		料位、湿度
	计数	利用莫尔条纹	光栅传感器	线位移、角位移
		互感	感应同步器	
		磁信号	磁栅	
	数字	数字编码	角度编码器	角位移
电能量	电动势	热电效应	热电偶	温度、热流
		电磁效应	磁电传感器	速度、加速度
		霍尔效应	霍尔传感器	磁通、电流
		光电效应	光电池	光强
	电荷	压电效应	压电传感器	动态力、加速度
		光生电子空穴对	CCD 传感器	图像传感

这种分类方法的优点是能够清楚地表达各种传感器的工作原理。

3. 按输出信号的性质分类

传感器按输出信号的性质可分类为模拟式传感器和数字式传感器。

4. 按传感器的能量转换情况分类

传感器按其能量转换情况可分类为能量控制型传感器和能量转换型传感器。

能量控制型传感器在信息转换过程中需要外电源供给能量,如电阻、电感、电容等电参量传感器均属于能量控制型传感器。

能量转换型传感器又称发电型传感器,其输出端的能量是由被测对象取出的能量转换而来。它无须外加电源就能将被测非电量转换成电量进行输出,如热电偶、光电池、压电传感器、磁电传感器等均属于能量转换型传感器。

1.2.4 传感器的发展趋势

现代信息技术的三大基础是信号的获取、传输和处理,即传感技术、通信技术和计算机技术。它们分别构成了信息系统的"感官"、"神经"和"大脑"。可见没有"感官"感受信息,或者"感官"反应迟钝,都不可能组建成准确度高、反应速度快的自动控制系统。因此,世界各国都把发展传感器技术作为重点发展方向。

传感器的发展趋势主要表现在以下几个方面。

1. 开发新材料

传感器材料是传感技术的基础。许多传感器是利用某些材料的物理效应、化学反应和生物功能等达到测量目的的。所以研究具有新功能、新效应的新材料,对敏感元件和转换元件的研制有着十分重要的意义。目前半导体敏感材料在传感器技术中占据主导地位,用半导体材料制成的力敏、光敏、磁敏、热敏、气敏、离子敏等敏感元件性能优良,得到了越来越广泛的应用。传感器材料的发展趋势为:从单晶体到多晶体、非晶体,从单一型材料到复合型材料,以及原子(分子)型材料的人工合成。另外,对陶瓷材料、智能材料的研究也在不断地深入。

2. 研制集成化、多功能化传感器

所谓集成化,就是在同一芯片上,将多个同一类型的传感器通过集成技术构成一维、二维或三维阵列形式的传感器,使传感器的参数检测实现"点—线—面—体"的多维化(如CCD),实现从单参数检测到多参数检测的提升。例如,由一个传感芯片同时实现流量、温度、压力的检测;或者在同一芯片上,将传感器与测量电路等处理电路集成一体化,使传感器由单一信号转换功能扩展为兼有放大、运算、补偿等多种功能(如集成温度传感器)。

3. 实现传感器的数字化和智能化

数字技术是信息技术的基础,数字化是智能化的前提。传感器的智能化就是把传感器与微处理器结合,使之不仅具有检测、转换和处理功能,同时还具有存储、记忆、诊断、补偿等功能。智能化传感器按构成分为组合一体化结构和集成一体式两种。

组合一体化结构,就是把传感器和与其配套的转换电路、微处理器、输出电路和显示电路等模块组装在同一壳体内,从而减小体积,增强可靠性和抗干扰能力。这是传统传感器实现小型化、智能化的主要途径。

随着微机械加工工艺、集成电路工艺等技术的日益成熟,以及微米、纳米加工技术的问世,可开发出微型传感器、微型执行器等,它们与微处理器结合可以组成闭环控制传感系统,进一步将它们集成在一个芯片上,可构成集成一体式的高级智能传感器。

4. 开发仿生传感器

大自然是生物传感器的优秀设计师和工艺师。通过漫长的进化过程,不仅造就了集多种生物传感器(感官)于一身的人类,而且还进化出了诸多功能奇特、性能超强的生物传感器。例如,狗的嗅觉灵敏度是人的一百多倍,鸟的视力是人的 50～80 倍,蝙蝠、海豚的听觉系统是一种生物雷达——超声波传感器等。这些动物的感官性能,是今后开发仿生传感器的努力方向。

智能传感器、仿生传感器、生物传感器、微机械传感器等的研制开发,将极大地推进人类了解未知世界的步伐,从而进一步促进生产、生活和科研水平的提高。

1.3 现代检测系统

1.3.1 基本结构

现代检测技术的一个明显特点是传感器采用电参量、电能量或数字传感器及微型集成传感器,信号处理采用集成电路和微处理器。故本书中主要介绍的检测系统是指电测量系统,除特别声明外,本书后续章节中的某些词语均按此理解。检测系统可以理解成由多个环节组成的能实现对某一物理量进行测量的完整系统。下面首先介绍检测系统的一般组成。

检测系统在测量过程中,首先由传感器将被测非电量从被测对象中检测出来,并将其转换成电量信号,然后输出。现代检测技术包含了更多的后续处理技术,如根据需要对第一次变换后的电信号进行时域或频域处理,最后以适当的形式输出。信号的这种变换、处理和传输过程决定了检测系统的基本组成和它们的相互关系,如图 1.3.1 所示。

图 1.3.1　检测系统的组成

一般来说,输入装置、中间变换装置和输出装置是一个测量系统的 3 个基本组成部分。

输入装置的关键部件是传感器。传感器是将力、加速度、压力、流量、温度、噪声等非电量转换成电信号的装置。简单的传感器可能只由一个敏感元件组成,如测量温度的热电偶传感器;复杂的传感器可能包括敏感元件、弹性元件,甚至变换电路,有些智能传感器还包括微处理器。传感器与被测对象接触,负责采集信号,位于整个检测系统的最前端,因此,传感器的性能对测量结果具有决定性作用。

根据不同检测情况,中间变换装置有很大的伸缩性。在简单的测量系统中,中间变换装置可以被完全省略,将传感器的输出直接显示或记录。例如,在由热电偶(传感器)和毫伏计(指示仪表)构成的测温系统中,就没有中间变换装置。就大多数测量系统而言,信号的变换包括放大(或衰减)、滤波、激励、补偿、调制和解调等。功能强大的测量系统往往还要将计算机或微处理器等作为一个中间变换装置(环节),以实现波形存储、数据采集、非线性校正等信号处理、消除系统误差、随机误差处理等功能。远距离测量时,中间变换装置还包括数据传输通信装置等。在强电磁环境中,中间变换装置还包括隔离电路等。

有各种各样的输出装置,常见的有各种指示仪表、记录仪、显示器等。根据输入这些仪器仪表的信号类型的不同,可将输出装置分为模拟输出装置和数字输出装置。

在实际测量中,由于被测信号的大小、随时间变化的快慢不同,以及对测量结果的要求不同,因此,组成的测量系统在复杂程度和中间环节的数量上存在显著差异。按被测参量的类型分类,检测系统可分为压力、振动、噪声等检测系统;按信号的传输形式分类,检测系统又可分为模拟检测系统和数字检测系统,其组成分别如图 1.3.2 和图 1.3.3 所示。图中以测量某一容器内的压力为例,说明这两种系统的基本组成。

图 1.3.2　模拟检测系统的组成

图 1.3.3　带有微处理器的数字检测系统的组成

通过比较这两个系统我们可以看出,前两个环节和最后的输出环节基本上是相同的。对于数字检测系统,目前主要是带有微处理器或计算机的系统,它的主要特点是通过 A/D 接口将模拟量转换为数字量,经过数字处理后,尤其是经过各种功能强大的软件处理后,再由 D/A 接口再将数字量转换为模拟量输出。

1.3.2　应用类型

现代检测系统的应用类型大致可分为检测型和测控型两类,检测型又分为基本型和标准接口型。检测型的主要任务是完成对被测参量的测量,对测量准确度要求较高;测控型一般应用于闭环控制系统中,对测量速度、实时性和可靠性的要求较高。

1. 基本型

基本型一般由传感器、信号调理电路、数据采集(采样保持和模数转换)、数字信号处理、数模转换电路等组成。基本型的主要任务是完成对多点多种参量的动态或静态测量。如果测量快速变化的参量,对系统各个部分的动态特性要求将会更高,那么对数字处理器的运算速度提出了更高要求。基本型现代检测系统的各组成部分的功能如下。

(1) 传感器

传感器负责完成信号的获取任务。它将被测参量,一般为模拟量转换成相应的便于处理的电信号输出。被测参量范围很广,可以是电参量或非电参量,如各种物理量或化学量等。传感器的分类方法很多,根据被测参量分类为温度传感器、压力传感器、速度传感器等;根据传感器的输出信号分类为电参量型传感器、电能量型传感器、数字型传感器等。本书在传感器的介绍中根据传感器的输出信号分类进行阐述,也便于与后续信号调理章节衔接。

(2) 信号调理电路

来自传感器的输出信号中通常包含干扰噪声,而且信号也比较微弱。因此,紧接其后的是信号调理电路,其基本作用是:①放大功能,即将微弱信号放大到与数据采集板中 A/D 转换器的转换电压范围相适配的水平;②低通滤波功能,抑制干扰噪声信号的高频分量,将信号频带压缩,以降低采样频率,避免在模数转换中产生混叠;③隔离功能,利用磁性变压器、光电或电容性器件等,耦合传输有用信号,阻隔高电压浪涌,以及较高的共模电压,从而既保护了操作人员又保护了昂贵的测量设备;④其他功能,如激励、冷端补偿、衰减等多种特殊功能,根据需要选用。如果信号调理电路同时输出规范化的标准传输信号,如 4~20 mA 的电流信号,则称其为变送器。

(3) 数据采集

数据采集环节的作用是采样保持和模数转换,有采集板或采集卡等,其主要功能是:①由可控增益放大器或衰减器实现量程自动切换;②由多路开关对多点信号进行通道切换,分时采样,将模拟信号转换为离散时间序列信号;③对采样后的信号进行模数转换生成幅值离散的数字量。

(4) 数字信号处理

数字信号处理以计算机、单片机、单片系统机、DSP、ARM 或 FPGA 等各类微处理器作为核心,通过软件编程实现高速数据运算等数字处理工作,以及完成智能化信息处理的功能。将运算结果输出给用户的形式有多种,如 CRT 显示器或数字显示器等,也可通过数字接口实现与其他计算机的数据交换,或通过网络进行远程数据交换。

(5) 数模转换电路

将数字形式的处理结果输出为模拟量,便于其他模拟系统或模拟接口的设备接收信号。

随着微电子技术的发展,传感器与信号调理电路已经能够集成在一个一体化的芯片上,甚至传感器、信号调理电路、数据采集和微处理器等组件也已经能够全部集成在一块芯片上,组成单片检测系统。因此,传感器与仪器仪表的明显分界正在消失。

2. 标准接口型

检测系统由各个功能模块组合而成,模块之间的信号传输形式包括专门接口型和标准接口型。专门接口型的接口由于其电气参数、接口形式和通信协议等均不统一,各个模块之间的信息传输互连问题相当复杂,系统设计缺乏灵活性,所以一般只应用于特殊场合或专用测量系统,应用面较窄。标准接口型的接口都按规定标准设计,组建系统时非常方便,只要将对应的接插联接件连接,就可实现信息交换。它可以灵活组建各类检测系统,也便于组建大、中型检测系统,应用面很宽。下文就标准接口型检测系统作简单介绍。

(1) GPIB

通用接口总线(General Purpose Interface Bus,GPIB)在接口的功能、电气和机械等设计上都按国际标准要求设计,内含 16 条信号线,每条线都有其特定的意义。由一台计算机安装一块 GPIB 接口卡与若干台具有 GPIB 接口的仪器构成检测系统。不同厂家的仪器产品可以方便地通过 GPIB 接口互连,组建多参数、多功能的检测系统,拆开后各仪器又可以单独使用。

(2) VXI 总线系统

VXI 总线系统是机箱式结构,多个模块式插件共存于一个机箱中组成一个系统。VXI 总线(VME Bus Extension for Instrumentation)是 VME 计算机总线在仪器领域中的扩展。它的数据能够以高速率传输,模块式插件的结构不仅使系统组建更灵活,而且使系统结构更紧凑、体积更小。

(3) PXI 总线系统

PXI(PCI Bus Extensions for Instrumentation)是 PCI 计算机总线在仪器领域中的扩展。PXI 系统在结构上类似于 VXI 系统,但它的设备成本更低、运行速度更快、结构更紧凑。基于 PCI 总线的软硬件均可应用于 PXI 系统中,从而使 PXI 系统具有良好的兼容性。因此,基于 PXI 总线的测量系统将成为主流测试平台之一。

（4）其他总线系统

基于串行数据传输的标准接口型仪器，如基于 RS232C、RS485 或 USB 接口的仪器，简称为串口仪器，以及基于现场总线技术的测试仪器等。

标准接口型现代检测系统集多种功能于一体，是计算机技术和仪器技术高度发展并深层次结合的必然结果，产生了全新概念的仪器——虚拟仪器。这使得设计高度自动化和智能化的现代检测系统成为现实。

3. 测控型

测控型是指应用于闭环控制系统或实时测控系统中的检测系统。测控型的应用范围很广泛，包括生产过程自动化领域、楼宇家电控制领域、交通运输工程控制领域、航空航天测控领域、导弹制导和武器自动控制领域、电力电子控制系统领域、生物电子控制系统等领域。

例如，在许多生产工艺中要对容器中的液位(L)进行定值控制(C)，使得被控参数保持在设定值上下的一个较小的范围内。图 1.3.4 是一个液位定值控制系统的应用示例。因为被控参数只有一个，所以此类系统也称为单回路控制系统。它是由控制器（包括设定单元、比较单元，比例积分微分运算单元和控制量输出单元等）、测量变送器和执行器组成的。在液位定值控制系统中，液位检测装置(LT)承担对容器中液位进行测量的任务，直接获取被控参数的信息，然后将测量值以标准信号的形式传送至控制器(LC)中的比较单元。因此，在液位控制系统中称液位检测装置为变送器，并担任负反馈的角色，位于定值控制系统的反馈回路中，如图 1.3.5 所示。

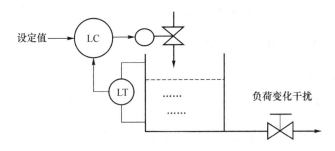

图 1.3.4　液位定值控制系统的应用示例

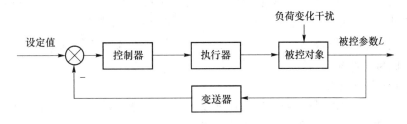

图 1.3.5　定值控制系统

为上述应用领域设计的检测系统的核心任务是对被控参数在线实时检测，具体就是准确获取参数变化的定量数值，为控制器及时提供反馈信息，使得控制器可以迅速且有效地发出控制信号，使被控参数保持在期望的设定值或按照预定的规律变化。对于生产过程控制来说，达到上述目标才能保证生产的正常进行并达到高产优质的目的。对于航空航天测控领域来说，达到上述目标才能保证飞行器的安全。检测系统位于整个测控系统获取信息的最前端，因此，人们对测控型应用的可靠性很重视。如果没有可靠的检测系统，控制器将无法获取准确的反馈信息,导致其无法做出正确的控制决策。这种情况会使整个系统变得不稳定,严重时甚至可能引发重大事故。

总之,对被控对象实现自动控制是人们长期探索的目标,只有在计算机技术和现代检测技术高速发展的今天,才能达到高水平的控制质量。前文所述的基本型和标准接口型现代检测系统,正在与测控型现代检测系统结合,发展为以现场总线(Fieldbus)为代表的分布式测控系统中的仪器仪表及智能化仪表装置和设备。

1.4 检测技术的发展趋势

进入 21 世纪,科学技术的发展更加快速,为检测技术的发展创造了极好的条件,同时,也向检测技术提出了更新更高的要求。尤其随着计算机技术和微电子技术的发展,以及计算机软件技术和数据处理技术水平的不断提高,检测技术及仪器仪表得到了空前的发展和进步。小型化、数字化、智能化、网络化、软件多功能化成为仪器仪表研发的主导方向,一种被称为微仪器的微型集成智能传感器技术已初露锋芒,目前已经诞生了芯片式的微轮廓仪、芯片式微血液分析仪等。同时在传统仪器仪表的基础上产生了革命性的新一代虚拟仪器,正以全新的面貌占领仪器仪表市场。今后,检测技术的发展总趋势将是更高、更新、更快,对各行业的影响更深,涉及的应用领域更加广阔。这样必然会将传统检测技术推向现代检测技术的快车道。伴随着现代科学技术的进步,现代检测技术的发展将侧重于检测仪器与微处理器或计算机技术的集成、软测量技术、人工智能和模糊传感器等方面。

1.4.1 检测仪器与计算机技术的集成

检测的基本任务是获得有用信息。传统方法是借助专门的仪器仪表及测量装置,通过适当的实验方法与必要的信号分析处理技术,对传感器测得的信号进行处理,然后求取与研究对象有关的信息量值的过程。随着计算机技术和人工智能技术的快速发展,并与检测技术的深层次结合,这一趋势正引领检测领域发生一场新的革命,催生出了新一代仪器仪表和测量系统——虚拟仪器、现场总线仪表和智能检测系统。新一代检测系统以数字计算机(如微处理机、PC 机、工控机、工作站、网络计算机、单片机、嵌入式系统等)作为信息处理核心,加上各种检测装置、辅助应用设备及并/串通信接口并结合相应的智能化软件,组成用于检验、测试、测量、计量、探测等的专门设备。总之,仪器仪表技术与计算机技术的集成是当今仪器仪表的最显著特点,这使得新产品的研发包括了以下内容。

1. 硬件与软件综合化

随着微电子技术的发展,微处理器的速度越来越快,价格越来越低,正被广泛应用于仪器仪表中,原本由模拟或数字器件等硬件电路完成的功能,可以通过软件来实现,甚至原来用硬件电路难以解决的许多问题,用软件可以很好地解决。另外,数字信号处理技术的发展和高速数字信号处理器的广泛采用,极大地增强了仪器的信号处理能力,使得一些由软件完成的数字信号处理算法,尤其是对于实时性要求很高的一些复杂算法,可以通过高速数字电路等硬件来完成。数字滤波、FFT、相关或卷积计算等数字信号处理中的常用算法的共同特点主要是运算都由迭代式的乘、加组成,在通用微机上用软件完成这些算法的优点是系统硬件成本低,但缺点是运算时间较长;而在数字信号处理器上完成乘、加运算,就解决了实时性的问题。随着可编程逻辑器件与模拟运算器件均实现了超大规模集成,更进一步的发展是软件实现硬件化,硬件设计软件化。因此,仪器仪表的研发过程更注重硬件与软件的综合,需要更多地考虑软硬件的优化设计问题。

2. 仪器仪表集成化、模块化

大规模集成电路 LSI 技术发展到今天,集成电路的密度越来越高,体积越来越小,内部结构越来越复杂,功能也越来越强大,从而大大提高了每个模块的集成度,进而提高了整个仪器系统的集成度。设计模块化功能硬件是现代仪器仪表的一个强有力的支持,它使得仪器更加灵活,仪器的硬件组成更加简洁。例如,在需要增加某种测试功能时,只需增加少量的硬件模块,再调用相应的软件来驱动该硬件,即可达到添加仪器功能的目的。

3. 参数整定与结构修改在线实时化

随着各种现场可编程器件和在线编程技术的发展,仪器仪表的参数甚至结构不必在设计时就确定,而是可以在仪器仪表使用的现场在线实时置入或动态修改。这为仪器仪表在使用过程中能够适应现场动态变化的需要和用户的更新需求奠定了良好的基础。

4. 硬件平台通用化

现代仪器仪表更加强调软件的灵活性对仪器仪表的作用,当选配一个或几个带共性的基本仪器硬件组成一个通用硬件平台后,通过研发或调用不同的软件来扩展或组成各种功能的仪器或系统。一台仪器大致可分解为 3 个部分:数据的采集,数据的分析与处理,存储、显示或输出。传统的仪器由厂家将上述 3 个部分根据仪器功能按固定的方式组建,一般一种类型的仪器只有一种或数种功能。而现代仪器则是将具有上述一种或多种功能的通用硬件模块组合起来,通过编制不同的软件来构成各种仪器的功能,即可完成多种复杂的测试任务。

综上所述,以现代检测技术为设计基础的仪器仪表不再是功能单一和固定不可变的结构,而是越来越表现出柔性化和智能化,适应性越来越强,功能越来越丰富。可以肯定地说:仪器与计算机技术的集成最终要取代大量的传统仪器,成为仪器领域的主流产品,成为测量、分析、控制、自动化仪表的核心,并成为机器人的核心技术。相应地,仪器仪表和检测系统的设计需要更宽的知识面,因而也更富有挑战性。

1.4.2　软测量技术

技术的进步和生产规模的不断扩大,以及工艺的日益复杂,给自动检测和自动控制技术提出了新的更高要求,以确保生产能够更安全、更环保。为此,人们提出需要对系统的稳定性指标、产品质量指标及排放物性质和量值进行实时检测和优化控制。但上述指标和参数由于技术和经济方面的原因,多数很难通过传感器或仪器仪表进行直接测量。为了解决此类测量问题,以前往往采用两种方法:其一是采用一些间接的测量方法,但效果往往不够理想;其二是采用昂贵的在线分析仪,该方法往往投资较大,维护成本高,并且信号滞后大,对生产的指导作用不大。对于某些系统即使采用了在线分析仪,但还是有很多参数指标无法进行在线分析。因此,人们迫切地需要找到一种新的技术来满足生产过程的检测和优化控制需求。

软测量技术(Soft Sensing Techniques)被认为是目前最具吸引力和卓有成效的新方法。该技术就是选择与被测变量(无法直接测量)相关的一组可测变量,构造某种以可测变量为输入,被测变量为输出的数学模型,使用计算机进行模型的数值运算,从而得到被测变量的估计值的过程。被测变量称为主导变量(Primary Variable),可测变量称为二次变量或辅助变量(Secondary Variable),软测量数学模型及相应的计算机软件被称为软测量估计器或软测量仪表。将软测量的估计值作为控制系统的被控变量或反映过程特征的工艺参数,可以为优化控制与决策提供重要的信息。软测量技术主要包括 3 部分内容。①根据某种最优化原则，研究建立软测量数学模型的方法，这是软测量技术的核心。主要的方法有机理建模方法（Modelling by Mechanism）和辨识建模方法（Modelling by Identification）。机理建模首先要根据特定目的和对象的内在物理化学规律（如热平衡、质量平衡、化学反应平衡等）做必要的简化假设；然后运用适当的数学工具，得到一个数学结构。辨识建模方法包括动态模型的间接辨识、静态模型的回归分析法辨识及采用模糊逻辑、神经网络或二者结合的非线性辨识建模等。②模型实时运算的工程化实施技术是软测量技术的关键。包括二次变量的选择、现场数据的采集和处理、软测量模型结构选择、模型参数的估计、软测量模型的现场实施技术等。③模型自校正（模型维护）技术是提高软测量准确度的有效方法，包括在线自校正和模型的离线更新技术等。

软测量技术为生产的优化控制提供了新的有用信息，在理论研究和实践中已经取得了丰富的成果，其理论体系也在逐渐形成。由于生产过程的复杂性，故不能说有了软测量技术就不需要再研究开发其他新的传感器了，而应该将两者相互结合，不断发展。因此，将各种检测技术有机结合起来将成为检测技术发展的主流方向。

1.4.3 模糊传感器

在现代控制理论中，模糊逻辑控制（Fuzzy Logic Control，FLC）作为一种新颖的高级控制方式，成为智能控制的一个重要分支。模糊控制技术的理论基础是模糊数学和模糊逻辑理论，L. A. Zadeh 教授于 1965 年在 *Information and Control* 杂志上发表的"Fuzzy Sets"一文中首次提出模糊集合的概念。模糊理论是建立在人类思维方式的基础上，能很好地表达事物的模糊性质，从而开拓了模糊控制、模糊线性规划和模糊聚类分析等研究领域，使得模糊控制及其应用发展十分迅速。正是在这种背景下，模糊传感器的研究也从 20 世纪 80 年代逐渐展开，模糊仪器仪表也应运而生，如模糊传感器、模糊控制器等，他们正在成为测控领域的一支生力军。

传统的传感器是一种数值测量装置，它将被测量映射到实数集合中，以数值的形式描述被测量状态，因此，也称之为数值传感器。传统传感器虽然具有精度高、无冗余的优点，但是也存在提供的信息简单，难以描述涉及人类感觉信息和某些高层逻辑信息的问题。因此，需要一种新的检测理论和方法来拓展和完善其功能。上述模糊传感器正适应了这个需求，可以认为模糊传感器是一种宏观传感器，能够对模糊事物进行识别和判断，可以将其应用于传统传感器无法处理的测量场合。

模糊传感器目前没有严格统一的定义，一般认为模糊传感器是以数值测量为基础，并能产生和处理与其相关的符号信息的装置。因此，可以说模糊传感器是在传统传感器数值测量的基础上经过模糊推理与知识集成，以自然语言符号的描述形式输出的传感器。信息的符号表示与符号信息系统是研究模糊传感器的基础。在模糊传感器的实现方法上，国内外研究者各有不同的特点，例如，有的研究者认为使用符号信息系统时，首先要确定符号语义与被测量信息在特定任务环境中的关系，同时，应将概念作为先验知识提供给模糊传感器，其余的信息可由运算生成；还有的研究者认为应从物理量到符号信息的转换即数值/符号转换出发，提出了模糊传感器的概念，并指出模糊传感器是一种能在线实现符号处理的智能传感器，它集成了数值/符号转换器、知识库和决策系统，输出的信号可直接用于模糊控制器。

模糊传感器虽然有一些成功的应用实例，但在此领域远远未形成完整的理论体系和技术框架。实现模糊传感器的关键技术,如传感器的训练问题、人类知识和经验的表示与存储问题,以及由被测量向自然语言符号的映射过程中的多值性等问题还没有解决。另外,在对获取的信息进行处理的过程中,除了考虑模糊问题外,也应对随机问题和非线性问题给予重视。因此,需要进一步开展更多的研究工作,使模糊传感器在测控系统中发挥重要的作用。

思考题与习题

1. 分别解释检测、检测装置、检测技术的概念。
2. 简述传感器概念、组成及各组成部分的功能。
3. 画出基本型检测系统与测控型检测系统的组成框图,并简述各环节的作用。
4. 简述检测技术的发展趋势。

第2章 检测装置基本特性

我们既可将检测装置理解为一个复杂测量系统,它由多个环节组成,是一个对被测量进行检测、调理、变换、分析处理、显示或记录的信号获取和处理系统。也可以将其理解为某一个仪器、仪表或某一简单测量环节或测量装置,如传感器或隔离放大器等。本书为便于读者参考其他书籍,在侧重应用的场合称检测装置为检测装置,简称装置,在理论分析时称检测装置为检测系统。

对检测装置或检测系统的特性分析通常应用在以下 3 个主要方面。

(1) 根据已知的检测装置或检测系统的特性和输出信号,推断输入信号。这就是通常所说的测量过程,即应用检测装置来测量未知量的过程。

(2) 根据已知的检测装置的特性和输入信号,推断输出信号。通常应用于组建多个环节的检测装置。

(3) 根据观测的输入、输出信号,采用系统参数辨识估计方法,推断检测装置的特性。通常应用于检测装置的分析、设计和研究。

根据输入信号是否随时间变化,可将检测装置的基本特性分为静态特性和动态特性。如果被测量是不变的,或者变化相当缓慢的,则只考虑检测装置的静态性能指标即可;当对迅速变化的参数进行测量时,就必须考虑检测装置的动态特性。只有动态性能指标满足一定的快速性要求,输出的测量值才能正确反映输入的被测量的变化,保证动态测量时输出信号不失真。

检测装置的最基本特性是线性特性,一般要求检测装置输入输出特性为线性特性。但是在实际应用中,检测装置总是存在着非线性因素,如许多电子器件严格来说都是非线性的,至于间隙、迟滞这些非线性环节在检测装置中也是很常见的,如果非线性比较严重,影响到测量的准确性,就要进行校正。

描述检测装置的特性可以用数学表达式(数学模型)描述,亦可以用输入输出特性曲线及对应输入输出序列的数据表格等形式来表示。在模拟时间域中,检测装置的输入输出关系由微分方程确定;在离散时间域中,其输入输出关系由差分方程描述。本章只讨论前者。

2.1 线性检测系统概述

通常,在研究检测系统时,需要在保证准确度足够的前提下,将系统作为线性时不变系统处理,以便抓住主要方面,将问题简化。

线性系统通常用下面的线性微分方程来描述,即

$$a_n \frac{\mathrm{d}^n y(t)}{\mathrm{d}t^n} + a_{n-1} \frac{\mathrm{d}^{n-1} y(t)}{\mathrm{d}t^{n-1}} + \cdots + a_1 \frac{\mathrm{d}y(t)}{\mathrm{d}t} + a_0 y(t)$$
$$= b_m \frac{\mathrm{d}^m x(t)}{\mathrm{d}t^m} + b_{m-1} \frac{\mathrm{d}^{m-1} x(t)}{\mathrm{d}t^{m-1}} + \cdots + b_1 \frac{\mathrm{d}x(t)}{\mathrm{d}t} + b_0 x(t)$$

$$(2.1.1)$$

在式(2.1.1)中,自变量 t 通常指时间,系数 $a_1,a_2,\cdots,a_n$ 和 $b_1,b_2,\cdots,b_n$ 可能是 t 的函数。在这种情况下,式(2.1.1)为变系数微分方程,所描述的是时变系统。如果这些系数不随时间变化,则式(2.1.1)描述的是时不变或定常系统。时不变系统的内部参数不随时间变化,是个常数,系统的输出仅与输入的量值有关。若系统的输入延迟一段时间,其输出也延迟相同的时间。

既是线性的又是时不变的系统称为线性时不变系统。以下讨论线性时不变系统的一些主要性质。在描述中以

$$x(t) \rightarrow y(t) \tag{2.1.2}$$

表示系统的输入、输出关系。

1. 叠加性

输入之和的输出等于各单个输入所得输出的和。即

$$x_1(t) \rightarrow y_1(t), x_2(t) \rightarrow y_2(t)$$

则有

$$x_1(t) + x_2(t) \rightarrow y_1(t) + y_2(t) \tag{2.1.3}$$

2. 齐次性

齐次性是常数倍输入的输出等于原输入所得输出的常数倍。即若存在式(2.1.2),则对于任意常数 C 有

$$Cx(t) \rightarrow Cy(t)$$

综合以上两个性质,线性时不变系统遵从以下关系:

$$C_1 x_1(t) + C_2 x_2(t) + \cdots \rightarrow C_1 y_1(t) + C_2 y_2(t) + \cdots \tag{2.1.4}$$

这意味着一个输入所得输出并不因其他输入的存在而变化。也就是说,虽然系统有多个输入,但它们之间互不干扰,每个输入各自产生相应的输出。因此,要分析多个输入共同作用所产生的总的输出结果时,可先分析单个输入产生的结果,然后再进行线性叠加。

3. 微分特性

系统对原输入微分的响应等于原输出的微分。即若存在式(2.1.2)则

$$\frac{\mathrm{d}x(t)}{\mathrm{d}t} \rightarrow \frac{\mathrm{d}y(t)}{\mathrm{d}t} \tag{2.1.5}$$

4. 积分特性

在初始条件为零的情况下,系统对原输入积分的响应等于原输出的积分。即若存在式(2.1.2)则

$$\int_0^t x(t)\mathrm{d}t \rightarrow \int_0^t y(t)\mathrm{d}t \tag{2.1.6}$$

5. 频率保持特性

如果系统的输入是某一频率的正弦函数,则系统的稳态输出为同一频率的正弦函数,而且输出、输入的振幅之比及输出、输入的相位差都是确定的。这种频率保持特性是线性系统的一个很重要的特性。用实验的方法研究系统的响应特性就是基于这个性质。

依据频率保持特性可以对系统进行分析,例如,输入是一个很好的单一频率正弦函数,其输出却包含其他频率成分或发生了畸变,那么可以断定这些其他频率成分或畸变绝不是输入引起的。一般来说,输出畸变可能是由以下几个原因引起的:外界干扰、系统内部噪声、输入信号太大使系统进入非线性区、系统中有明显的非线性环节。

2.2 检测装置的静态特性

如果检测装置的输入和输出不随时间变化而变化,则式(2.1.1)中输入和输出的各阶导数均为零,于是有

$$y(t)=\frac{b_0}{a_0}x(t) \tag{2.2.1}$$

例如,将一支温度计作为温度检测装置,输入信号是环境温度,输出信号是温度计液柱高度(即显示值),输入输出之间的关系一般就可由式(2.2.1)描述。为了更具普遍性,去掉时间变量 t,将式(2.2.1)改写为如下线性方程的形式:

$$H=f(T)=\frac{b_0}{a_0}T=kT \tag{2.2.2}$$

其中,H 为液柱高度,T 为温度,k 为斜率。

如果温度 T 为 0 时,H 不为 0,则式(2.2.2)应添加一个初始值 H_0。将式(2.2.2)改写为如下形式:

$$H=f(T)=kT+H_0 \tag{2.2.3}$$

初始值 H_0 在直角坐标系中被称为截距,在检测装置静态特性中被称为零点。把由式(2.2.2)和式(2.2.3)确定的输入输出关系的数学表达式用直角坐标系表示,称其为装置的工作曲线或静态特性曲线,如图 2.2.1 所示。与该图对应的检测装置的输入输出关系被称为检测装置的静态特性。

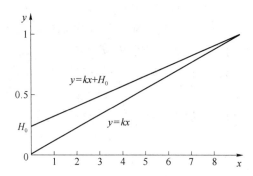

图 2.2.1 检测装置的工作曲线或静态特性曲线

对于实际的检测装置,其静态特性曲线往往不是理想直线,故其静态特性可由如下多项式表示:

$$y=C_0+C_1x+C_2x^2+\cdots+C_nx^n \tag{2.2.4}$$

其中,$C_0,C_1,C_2,\cdots,C_n$ 为常量,y 为输出量,x 为输入量。

2.2.1 静态特性参数

描述检测装置静态特性的参数主要有零点、测量范围、灵敏度和分辨率等。

1. 零点

当输入量为零时($x=0$),检测装置的输出量可能不为零,由式(2.2.4)可得输出量为 C_0,称该输出量 C_0 为零点。一般可以采用"迁移"或"设置"等方法将零点调整为零或某个常量。例如,Ⅲ型仪表变送器的标准输出信号就是将电流值 4 mA 定为零点,表示输入量为零时,输

出电流为 4 mA。

2. 测量范围

测量范围是表征检测装置能够测量或检测被测量的有效范围。例如,某一测量范围为 0～100 ℃ 的测温仪表。测量范围一般是一个具有上、下界限的区间,当被测输入量在量程范围以内时,检测装置可以按照给定的性能指标正常工作;如果输入量超越了量程范围,装置的输出就可能出现异常。量程是检测装置上、下界限之差的模。

3. 灵敏度

灵敏度是描述检测装置输出量对于输入量变化的反应能力。由输出变化量与输入变化量之比表示,如式(2.2.5)所示。

$$K = \frac{\Delta y}{\Delta x} = \frac{\mathrm{d}y}{\mathrm{d}x} \tag{2.2.5}$$

当检测装置的静态特性曲线表现为线性时,其斜率即灵敏度,且为常数。由输出量与输入量之比表示,如式(2.2.6)所示。

$$K = \frac{y}{x} \tag{2.2.6}$$

如果输入与输出的量纲相同,则灵敏度无量纲,此时可用"放大倍数"一词代替灵敏度。当静态特性是非线性特性时,灵敏度不是常数,而是静态特性曲线某微小区间的斜率。

4. 分辨率

分辨率是表征检测装置能够有效分辨的最小被测量(绝对分辨率),或仪器仪表的量程内可以划分的或者可以估计读出(估读)的最小细分数(相对分辨率)。通常,用分辨力一词来表达仪器仪表的分辨率能够实际达到的极限分辨能力,一般为仪器仪表最小分度值的 1/5～1/2。对于由数字显示的检测装置,其分辨率是指末位有效数字增加一个数字值,对应输入被测量的变化。例如,某一位移检测装置稳定显示的最小位移变化值为 0.1 mm,此检测装置的分辨率为 0.1 mm。

一般来讲,量程小的检测装置,其灵敏度和分辨率就高;量程大的检测装置,其灵敏度和分辨率就低。还应该指出,测量范围选择得越窄,灵敏度选择得越高时,检测装置的稳定性就可能会越差。因此,在选择仪表或检测装置时,并不是仅仅选择灵敏度越高的就越好,而是应该根据测量任务的具体要求合理选择检测装置的灵敏度,进而选择合适的静态特性参数。

这里应注意到检测装置的输出不仅取决于输入量,还取决于环境。环境温度、大气压力、相对湿度,以及电源电压等都可能对装置的输出造成影响。环境变化将或多或少地影响某些静态特性参数,例如,改变检测装置的灵敏度或使装置产生零点漂移,这将影响检测装置在实际工作中的特性曲线。静态特性变化情况如图 2.2.2 所示。图中直线为原装置特性曲线,曲线为产生零点漂移和灵敏度非线性变化后的非线性特性曲线。

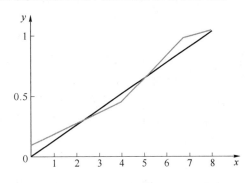

图 2.2.2　非线性特性曲线与线性特性曲线对比

因此,为了提高测量精度,减小测量误差,有必要采取一定的措施来降低或消除环境因素的影响。常采用的方法有隔离法、补偿法、高增益负反馈和计算机软件修正和补偿等方法。

2.2.2 静态特性的性能指标

检测装置静态特性的性能指标(质量指标)有滞差、重复性、线性度、精度、稳定性和可靠性,以及影响系数和输入/输出电阻等。

1. 滞差

滞差是滞后误差的简称,亦称"滞后量"或"滞环",反映了装置的输出对于输入的某种滞后现象。即当输入由小变大再由大变小时,对应同一输入值会得到大小不同的输出值。其中输出值的最大差值就称作滞差。该值用引用误差的形式表示,即输出最大差值除以量程的百分数

$$\delta_H = \frac{|\Delta y_{HM}|}{Y_{F \cdot S}} \times 100\% \tag{2.2.7}$$

其中,$|\Delta y_{HM}|$为同一输入量按正反两个方向(正反行程)变化所对应的输出量的最大差值,$Y_{F \cdot S}$为检测装置的满量程输出。

产生滞差的原因可归纳为装置内部各种类型的摩擦、间隙及某些机械材料(如弹性元件)和电磁材料(如磁性元件)的滞后特性。检测装置的滞差如图 2.2.3 所示,其值由实验测试确定。一般包含机械装置的结构性检测装置存在滞差。

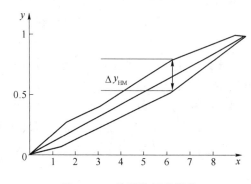

图 2.2.3　检测装置的滞差

2. 重复性

检测装置的输入量按同一方向进行多次全量程变化时,静态特性的不一致程度可以用非线性引用误差的形式表示为

$$\delta_R = \frac{|\Delta y_{RM}|}{Y_{F \cdot S}} \times 100\% \tag{2.2.8}$$

其中,$|\Delta y_{RM}|$为同一输入量按同一方向(正或反量程)变化所对应输出量的最大差值。检测装置的重复性如图 2.2.4 所示,其值由实验测试确定。一般包含机械装置的结构性检测装置存在重复性。

3. 线性度

线性度又称"直线性"。表示检测装置的静态特性与选定的拟合直线 $y = b + kx$ 的接近程度。实际测量曲线为校准曲线,校准曲线与拟合直线的最大偏差用非线性引用误差的形式表示。

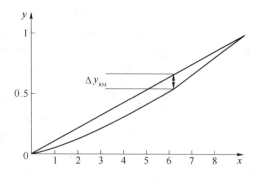

图 2.2.4　检测装置的重复性

$$\delta_{L} = \frac{|\Delta y_{LM}|}{Y_{F \cdot S}} \times 100\% \tag{2.2.9}$$

其中,$|\Delta y_{LM}|$ 为静态特性与选定的拟合直线的最大拟合偏差。检测装置的线性度如图 2.2.5 所示。

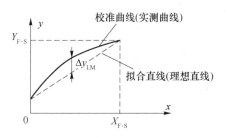

图 2.2.5　检测装置的线性度

由于拟合直线确定的方法不同,故非线性引用误差表示的线性度也会不同,目前常用的有理论线性度、平均选点线性度、最小二乘法线性度等。其中,理论线性度和最小二乘法线性度的应用最普遍,具体介绍如下。

理论线性度(绝对线性度):拟合直线的起始点为坐标原点($x=0,y=0$),终止点为满量程($x=X_{F \cdot S},y=Y_{F \cdot S}$),拟合直线为由这两点所决定的直线。

最小二乘法线性度:设拟合直线方程通式为 $Y = b + kx$,则 j 个标定点 x_j 的拟合值 Y_j 与校准曲线上相应的实测值 y_j 的偏差为 $\Delta y_j = (b + kx_j) - y_j$,最小二乘法拟合直线的原则是使 N 个标定点的均方差 $\frac{1}{N}\sum_{j=1}^{N}(\Delta y_j)^2 = \frac{1}{N}\sum_{j=1}^{N}[(b+kx_j)-y_j]^2 = f(b,k)$ 为最小值,即使其一阶偏导等于零,得到 $\frac{\partial f(b,k)}{\partial b} = 0,\frac{\partial f(b,k)}{\partial k} = 0$ 两个方程式。其中,

$$b = \frac{(\sum_{j=1}^{N}x_j^2)(\sum_{j=1}^{N}y_j) - (\sum_{j=1}^{N}x_j)(\sum_{j=1}^{N}x_jy_j)}{N(\sum_{j=1}^{N}x_j^2) - (\sum_{j=1}^{N}x_j)^2}, \quad k = \frac{N\sum_{j=1}^{N}x_jy_j - (\sum_{j=1}^{N}x_j)(\sum_{j=1}^{N}y_j)}{N(\sum_{j=1}^{N}x_j^2) - (\sum_{j=1}^{N}x_j)^2}$$

$$\tag{2.2.10}$$

通过式(2.2.10)可解得 b 和 k。

输入、输出关系为一条直线,这是一种理想情况。实际情况是,由于组成装置的某些环节采用的半导体材料、磁性材料、机械弹性材料或某些电子器件的滞后性和不稳定性等原因,检测装置的输入、输出关系是非线性的。在式(2.1.1)中的反映就是某些系数不是恒定的,特别是反映灵敏度的系数 b_0/a_0。它们和环境温度、输入信号的量值大小等有关。所以说,实际检测装置的输入、输出关系总要偏离理想直线,这可看成在线性关系的基础上叠加了非线性高次分量。这一关系可用如下的代数方程描述:

$$y(t) = k_0 + k_1 x(t) + k_2 x^2(t) + k_3 x^3(t) + \cdots \tag{2.2.11}$$

其中,k_0 为零点位置,k_1 为检测装置的灵敏度,k_2,k_3,$\cdots$ 为非线性项系数。

人们总希望检测装置具有比较好的线性特性,为此,总要设法消除或减小式(2.2.11)中的非线性项。例如,电感传感器可以通过改变气隙厚度,电容传感器可以通过改变极板距离等方法来消除或减小由于输出与输入呈双曲线关系而造成的比较大的非线性误差。在实际应用中,通常将检测装置做成差动式,以消除偶次非线性项,从而使其非线性得到改善。又如,为了

减小非线性误差,在非线性元件后引入另一个互补式非线性元件,用补偿的方法使整个装置的特性曲线接近于直线。采用高增益负反馈环节消除非线性误差也是经常使用的一种有效方法。高增益负反馈环节不仅可以消除非线性误差,而且可以用来减弱或消除环境的影响。

如果检测装置为非线性检测装置,可以采用多项式拟合方式和系统辨识参数估计方法,对多项式系数进行求解,建立拟合多项式。

实测 m 对测量数据(x_i, y_i),建立拟合多项式方程

$$Y = a_0 + a_1 x + a_2 x^2 + \cdots + a_n x^n = \sum_{k=0}^{n} a_k x^k \quad (n < m) \tag{2.2.12}$$

应用最小二乘法原理,得目标函数为

$$\varphi = \sum_{i=1}^{m} (Y_i - y_i)^2 = \sum_{i=1}^{m} \left[\left(\sum_{k=0}^{n} a_k x_i^k \right) - y_i \right]^2 = \sum_{i=1}^{m} v_i^2 \tag{2.2.13}$$

使目标函数最小的必要条件为

$$\frac{\partial \varphi}{\partial a_k} = 0 \quad (k = 0, 1, \cdots, n) \tag{2.2.14}$$

根据一阶偏导数等于零可求得待定系数 $a_0, a_1, \cdots, a_n$。应用误差理论、参数处理及矩阵分析理论可求得待定参数向量为

$$\boldsymbol{A} = (\boldsymbol{X}^{\mathrm{T}} \boldsymbol{X})^{-1} \boldsymbol{X}^{\mathrm{T}} L \tag{2.2.15}$$

其中,

$$\boldsymbol{X} = \begin{bmatrix} 1 & x_1 & x_1^2 & \cdots & x_1^n \\ 1 & x_2 & x_2^2 & \cdots & x_2^n \\ 1 & x_3 & x_3^2 & \cdots & x_3^n \\ \vdots & \vdots & \vdots & & \vdots \\ 1 & x_m & x_m^2 & \cdots & x_m^n \end{bmatrix}, \quad \boldsymbol{L} = \begin{bmatrix} y_1 \\ y_2 \\ \vdots \\ y_m \end{bmatrix}$$

可求得系数向量为 $\boldsymbol{A} = [a_0 \ a_1 \cdots a_n]^{\mathrm{T}}$

后续过程可由计算机递推求解。即从一阶开始计算求解,如果各个测试点的实际输出与拟合曲线输出的误差均小于误差阈值,拟合曲线建立完成。如果某些测试点的实际输出与拟合曲线输出的误差大于误差阈值,升阶重复上述过程,直到各个测试点的实际输出与拟合曲线输出的误差均小于误差阈值。

滞差、重复性和线性度从不同侧面表征了检测装置对应于理想特性的分散性。

4. 稳定性和可靠性

稳定性是指在规定工作条件下、在规定时间内检测装置保持性能不变的能力。例如,$0.25 \, \mathrm{mV/24 \, h}$ 是指在输入保持不变的情况下,$24 \, \mathrm{h}$ 内检测装置输出的变化不超过 $0.25 \, \mathrm{mV}$。

可靠性是指在保持使用环境和运行指标不超过极限的情况下,检测装置保持特性不变的能力。这个性能对生产过程中的检测仪表是极为重要的,其表示方法有平均无故障时间(Mean Time Between Failure, MTBF)和故障率。前者表示若干台仪器在标准工作条件下连续工作的平均无故障时间。例如,100 台仪表连续工作,某一台仪表出现故障的时间间隔是10 万小时,则 100 台仪表的平均无故障时间为 10 万小时。故障率用 MTBF 的倒数表示。例如,若干台仪器的 MTBF 为 50 万小时,则其故障率为 0.2%,表示若有 1 000 台这种仪器在工作 1 000 小时内只可能有 2 台会出现故障。

5. 影响系数和输入、输出电阻

工作环境影响包括温度、大气压、振动、电源电压及频率等外部状态变化。一般测量仪器

都有给定的标准工作条件,例如,环境温度 20 ℃、相对湿度 65%、大气压力 101.26 kPa、电源电压 220 V 等。由于在实际工作中很难达到这些要求,故又规定一个标准工作条件的允许变化范围,如环境温度(20±5)℃、相对湿度 65%±10%、电源电压(220±10)V 等。当实际工作条件偏离标准工作条件时,对检测装置或仪器指示值的影响用影响系数来表示,即指示值变化与影响量变化的比值。例如,2.2×10^{-2}/℃表示温度变化 1 ℃引起指示值变化 2.2×10^{-2}(引用误差)。

对于串联检测系统,对输入、输出电阻的要求为当检测装置作为中间环节,前级是传感器,后级是其他装置时,其输入和输出电阻要分别与前后环节的输入、输出阻抗相匹配。即要求前一级的输出阻抗远小于后一级的输入阻抗,以保证输出信号不衰减。

2.2.3 静态特性测试

某些检测装置可以用机理法建立其数学模型,即确立它的静态特性。但对于大多数检测装置,无法采用机理法推导出其数学模型,需要采用工程测试法建立数学模型并确定其特性参数和性能指标。主要方法是在检测装置的输入端输入一系列已知的标准量,并记录对应的输出量。输入的标准量一般应考虑均分并达到检测装置的量程范围,点数视具体装置和精度等实际应用情况的要求而定,一般需要 5 点以上,每点应该重复多次试验并取平均值。将记录的数据作为装置的静态特性曲线,根据这条曲线可以获得零点、灵敏度、非线性度等一系列重要的静态特性参数及性能指标。

检测装置在使用前及使用一段时间后,必须确定其特性参数和性能指标是否合格。使用标准的计量仪器对所使用的检测装置的特性参数进行测试,确定其是否符合标准,该过程称为对检测装置进行标定或校准。该过程指在规定的标准工作条件下(如水平放置、温度范围、大气压力和湿度等),由更高一级精度等级的输入量发生器给出一系列数值已知的、准确的、不随时间变化的输入量,或用比被校验的检测装置更高一级精度等级的检测装置与被校验的检测装置一同测得一系列输入、输出量。将记录的数值经过误差处理后,列表、绘制曲线或求其输入输出关系的表达式,表达出输入与输出的关系,即为静态特性。如果被校验的检测装置的特性参数偏离了标准特性,则将发生附加误差,必要时需要对检测装置进行修正及补偿。

2.3　检测装置的动态特性

检测装置的动态特性可定义为检测装置输出信号对随时间或频率变化的输入信号的响应特性。在实际工程测量中,多数被测量是随时间变化的信号,表示为 $x(t)$,即 x 是时间 t 的函数,称为动态信号。因此,对测量动态信号的检测装置就有动态特性指标的要求,并根据动态特性指标的描述反映检测装置测量动态信号的能力。

一个理想的检测装置,其输出量 $y(t)$ 与输入量 $x(t)$ 随时间变化的规律应该相同,但实际上,它们只能在一定的频率范围内、一定的动态误差范围内保持一致。本节主要讨论频率范围、动态误差与装置动态特性的关系。

2.3.1 动态特性的描述方法

动态特性是由检测装置本身的固有属性决定的,用数学模型来描述,主要有 3 种形式:时间域中的微分方程、复频域中的传递函数、频率域中的频率(响应)特性。可以说三者从不同的角度表达了检测装置的动态特性，可以在已知其一后推导出另两种形式的模型。

1. 微分方程

式(2.1.1)表示检测装置的输出信号对随时间变化的输入信号的响应特性，一般检测装置的动态特性为一阶或二阶模型，其典型的测试信号为阶跃信号。

2. 传递函数

初始条件为零时，即 $x(0)$、$y(0)$ 及各阶导数的初始值均为零的情况下，对式(2.1.1)进行拉普拉斯变换（简称拉式变换），得

$$(a_n s^n + a_{n-1} s^{n-1} + \cdots + a_1 s + a_0) Y(s) = (b_m s^m + b_{m-1} s^{m-1} + \cdots + b_1 s + b_0) X(s) \quad (2.3.1)$$

整理后得

$$H(s) = \frac{Y(s)}{X(s)} = \frac{b_m s^m + b_{m-1} s^{m-1} + \cdots + b_1 s + b_0}{a_n s^n + a_{n-1} s^{n-1} + \cdots + a_1 s + a_0} \quad (2.3.2)$$

检测装置的传递函数与测量信号无关，只表示检测装置本身在传输和转换测量信号中的特性或行为方式。

传递函数 $H(s)$ 是连续时域和频域的桥梁和纽带，对检测装置的传递函数进行拉式反变换，即为装置的时域特性，令传递函数的 $s = j\omega$，即可得到装置的频域特性。

3. 频率（响应）特性

在对检测装置进行实验研究的过程中，经常以正弦（余弦）信号作为输入求装置的稳态响应，采用这种方法的前提是装置必须是完全稳定的。假设输入为 $x(t) = X_0 \sin(\omega t)$ 正弦信号，根据线性装置的频率保持特性，输出信号的频率仍为 ω，但幅值和相角可能会有所变化，故输出信号为 $y(t) = Y_0 \sin(\omega t + \varphi)$。用指数形式表示为 $x(t) = X_0 e^{j\omega t}$，$y(t) = Y_0 e^{j(\omega t + \varphi)}$，将它们代入式(2.1.1)得

$$[a_n (j\omega)^n + a_{n-1} (j\omega)^{n-1} + \cdots + a_1 (j\omega) + a_0] Y_0 e^{j(\omega t + \varphi)}$$
$$= [b_m (j\omega)^m + b_{m-1} (j\omega)^{m-1} + \cdots + b_1 (j\omega) + b_0] X_0 e^{j\omega t} \quad (2.3.3)$$

该式反映了当信号频率为 ω 时装置的输入、输出关系，称为频率响应函数。记为 $H(j\omega)$ 或简写为 $H(\omega)$，其定义为输出的傅氏变换和输入的傅氏变换之比，即

$$H(j\omega) = \frac{Y(j\omega)}{X(j\omega)} = \frac{Y_0}{X_0} e^{j\varphi} = \frac{b_m (j\omega)^m + b_{m-1} (j\omega)^{m-1} + \cdots + b_1 (j\omega) + b_0}{a_n (j\omega)^n + a_{n-1} (j\omega)^{n-1} + \cdots + a_1 (j\omega) + a_0} \quad (2.3.4)$$

对比式(2.3.3)与式(2.3.4)可以看出，形式上将传递函数中的 s 换成 $j\omega$ 便得到了装置的频率响应函数，但必须注意两者含义上的不同。传递函数是输出的拉氏变换与输入的拉氏变换之比，其输入并不限于正弦激励，而且传递函数不仅描述了检测装置的稳态特性，也描述了它的瞬态特性。频率响应函数是在正弦信号的激励下，装置达到稳态后输出与输入之间的关系。

线性装置在正弦信号的激励下，其稳态输出是与输入同频的正弦信号，但是幅值和相位通常要发生变化，变化量随频率的不同而异。当输入正弦信号的频率沿频率轴滑动时，输出正弦信号与输入正弦信号的振幅比随频率的变化称为检测装置的幅频特性，用 $A(\omega)$ 表示；输出正弦信号与输入正弦信号的相位差随频率的变化称为检测装置的相频特性，用 $\varphi(\omega)$ 表示。幅频特性和相频特性全面地描述了检测装置的频率响应特性，这就是 $H(\omega)$。可见，频率响应特性具有明确的物理意义和重要的实际意义。

频率响应函数的模和相角的自变量可以是 ω，也可以是频率 f，换算关系为 $\omega = 2\pi f$。

2.3.2　常见检测装置的数学模型

通常,组成检测装置的各功能部件多为一阶或二阶装置,而且由于高阶装置可理解或近似为由多个一阶和二阶装置组合而成的装置,因此,熟悉一阶、二阶装置的数学模型及其特性十分重要。下面以建立基本装置微分方程为基础,分别讨论一阶、二阶装置的传递函数和频率响应函数。

1.　一阶装置的传递函数

图 2.3.1 为 3 个常见的一阶装置实例。这里先以其中熟悉度最高的一阶力学模型为对象进行讨论,并导出它的传递函数。图 2.3.1(a)为由弹簧和阻尼器组成的一阶装置。当输入为压强 $x(t)$ 时,输出为位移 $y(t)$。根据力平衡条件,可列出描述这一力学模型的运动微分方程

$$c\frac{\mathrm{d}y(t)}{\mathrm{d}t} + ky(t) = Ax(t) \tag{2.3.5}$$

图 2.3.1(b)为一个无源积分电路,其输出电压 $v(t)$ 和输入电压 $u(t)$ 之间的关系为

$$RC\frac{\mathrm{d}v(t)}{\mathrm{d}t} + v(t) = u(t) \tag{2.3.6}$$

图 2.3.1(c)为液柱式温度计,设 $T_i(t)$ 为被测温度,$T_0(t)$ 为示值温度,C 为温度计的温包(包括液柱介质)的热容,R 为传导介质的热阻,它们之间的关系为

$$RC\frac{\mathrm{d}T_0(t)}{\mathrm{d}t} + T_0(t) = T_i(t) \tag{2.3.7}$$

通过归纳法可知,不论是力学、电学还是热力学装置,只要它们是一阶装置,都可以用通式(2.3.8)表示。

$$\tau\frac{\mathrm{d}y(t)}{\mathrm{d}t} + y(t) = Kx(t) \tag{2.3.8}$$

其中,τ 为时间常数,K 为静态增益或称放大倍数。

按传递函数的定义得到一阶装置传递函数的一般形式为

$$H(s) = \frac{Y(s)}{X(s)} = \frac{K}{\tau s + 1} \tag{2.3.9}$$

对于物理结构完全不同的一阶装置,其传递函数的形式是完全相同的,标准形式如式(2.3.8)所示,只是参数 τ 和 K 的值因物理结构的不同而异。

一阶装置的频率特性为

$$H(\mathrm{j}\omega) = \frac{K}{\mathrm{j}\omega\tau + 1} \tag{2.3.10}$$

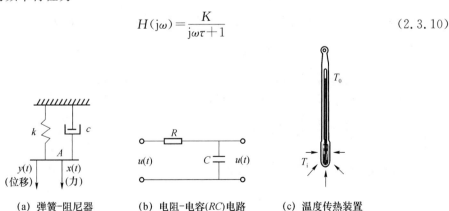

(a) 弹簧-阻尼器　　　　(b) 电阻-电容(RC)电路　　　　(c) 温度传热装置

图 2.3.1　一阶装置

2. 二阶装置的传递函数

图 2.3.2 为 3 个常见的二阶装置实例。若式(2.1.1)中的系数除 a_2、a_1、a_0 和 b_0 外,其他系数均为零,则方程为二阶微分方程

$$a_2 \frac{\mathrm{d}^2 y(t)}{\mathrm{d}t^2} + a_1 \frac{\mathrm{d}y(t)}{\mathrm{d}t} + a_0 y(t) = b_0 x(t) \tag{2.3.11}$$

对于图 2.3.2(a)的质量-弹簧-阻尼器装置和图 2.3.2(b)的电阻-电感-电容组成的 RLC 振荡电路及图 2.3.2(c)的电磁动圈式指针仪表,在工作范围内其输入输出关系均可用上述二阶微分方程〔式(2.3.11)〕描述,称它们为二阶装置或二阶环节。

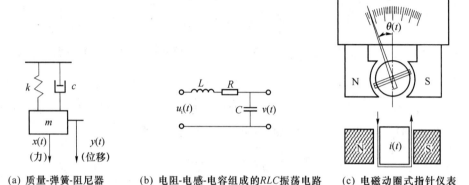

(a) 质量-弹簧-阻尼器   (b) 电阻-电感-电容组成的 RLC 振荡电路   (c) 电磁动圈式指针仪表

图 2.3.2　二阶装置

上述 3 个装置分别由运动方程、电路方程和电磁动圈运动方程描述为

$$m \frac{\mathrm{d}^2 y(t)}{\mathrm{d}t^2} + c \frac{\mathrm{d}y(t)}{\mathrm{d}t} + k y(t) = f(t) \tag{2.3.12}$$

$$LC \frac{\mathrm{d}^2 v(t)}{\mathrm{d}t^2} + RC \frac{\mathrm{d}v(t)}{\mathrm{d}t} + v(t) = u(t) \tag{2.3.13}$$

$$J \frac{\mathrm{d}^2 \theta(t)}{\mathrm{d}t^2} + \mu \frac{\mathrm{d}\theta(t)}{\mathrm{d}t} + G\theta(t) = k_i i(t) \tag{2.3.14}$$

若对以上各式进行不同形式的变量代换,则可得到描述二阶环节统一形式的微分方程

$$\frac{\mathrm{d}^2 y(t)}{\mathrm{d}t^2} + 2\xi\omega \frac{\mathrm{d}y(t)}{\mathrm{d}t} + \omega_n^2 y(t) = K\omega_n^2 x(t) \tag{2.3.15}$$

对方程的两边同时作拉氏变换,得到二阶装置统一形式的传递函数

$$H(s) = \frac{Y(s)}{X(s)} = K \frac{\omega_n^2}{s^2 + 2\xi\omega s + \omega_n^2} \tag{2.3.16}$$

其中,ω_n 为检测装置的固有角频率,ξ 为阻尼比,K 为静态增益。

将 $s = \mathrm{j}\omega$ 代入式(2.3.16),得到二阶装置的频率响应函数

$$H(\mathrm{j}\omega) = \frac{Y(\mathrm{j}\omega)}{X(\mathrm{j}\omega)} = K \frac{\omega_n^2}{(\omega_n^2 - \omega^2) + 2\mathrm{j}\xi\omega_n\omega} = \frac{K}{1 - \left(\dfrac{\omega}{\omega_n}\right)^2 + \mathrm{j}2\xi\left(\dfrac{\omega}{\omega_n}\right)} \tag{2.3.17}$$

将式(2.3.17)化简可得到 $H(\mathrm{j}\omega)$ 的模

$$|H(\mathrm{j}\omega)| = \frac{K}{\sqrt{\left[1 - \left(\dfrac{\omega}{\omega_n}\right)^2\right]^2 + 4\xi^2\left(\dfrac{\omega}{\omega_n}\right)^2}} \tag{2.3.18}$$

$H(\mathrm{j}\omega)$ 的相角为

$$\varphi(\mathrm{j}\omega) = -\arctan \frac{2\xi\left(\dfrac{\omega}{\omega_n}\right)}{1-\left(\dfrac{\omega}{\omega_n}\right)^2} \tag{2.3.19}$$

由式(2.3.18)确定的关系曲线称为幅频特性曲线,由式(2.3.19)确定的关系曲线称为相频特性曲线,两者合称为二阶装置的频率特性曲线。与一阶装置不同的是,由于反映二阶装置幅频特性的 $A(\omega)$ 是频率 ω 和阻尼比 ξ 的二元函数,因此,在二阶装置频率特性图中看到的是不同阻尼比的一组特性曲线,如图 2.3.3 所示的曲线簇。

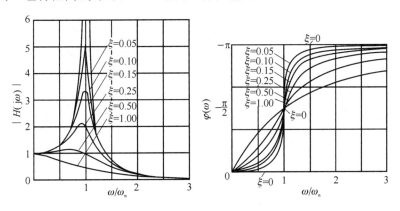

图 2.3.3　二阶装置幅频、相频特性曲线

2.3.3　检测装置动态特性分析

大多数检测装置为一阶或二阶装置,也称一阶或二阶环节,上文中已通过机理法推导出一阶和二阶装置的动态特性(数学模型),实际上,仅有较少的检测装置能够通过机理法建立其数学模型并确定特性参数,大多数检测装置需要通过工程测试法确定其动态特性参数。

1. 检测装置的时域特性

检测装置的时域特性是装置对所加激励信号的瞬态响应特性。常用的激励信号包括阶跃信号、斜坡信号和冲激信号,其中最典型的是阶跃信号。下面以阶跃信号为例,分析一阶和二阶检测装置的动态特性。

(1)一阶检测装置的时域特性

一阶检测装置的传递函数为

$$H(s) = \frac{K}{\tau s + 1} \tag{2.3.20}$$

当装置输入单位阶跃信号激励时,装置的输出信号为

$$y(t) = Kx(t)(1-\mathrm{e}^{-t/\tau}) \tag{2.3.21}$$

其对应的一阶环节阶跃响应曲线如图 2.3.4 所示。其中,
K 为静态增益,它反映检测装置稳态输出的大小,是检测装置的静态特性指标;τ 为时间常数,它反映检测装置受到激励后从原稳态过渡到新稳态的速度,是检测装置的动态特性指标。

根据测得的一阶环节单位阶跃响应曲线,采用工程测试法即可确定 K 和 τ 的值。

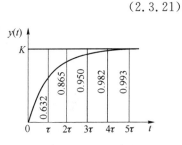

图 2.3.4　一阶环节的阶跃响应曲线

静态增益 K 的值为单位阶跃输入对应的稳态输出值。理论上,阶跃响应只有在 t 趋于无穷大时才能达到稳态值;但实际上当 $t = 4\tau$ 时,输出值已达到稳态值的 98.2%,可以认为已达到稳态。例如,单位阶跃响应曲线 4τ 后输出值为 6,则静态增益 $K = 6$。一般情况下,K 值应适度大些,但过大易引起检测系统不稳定。

时间常数 τ 的值的确定方法有两种。

① 取输出值 $y(t)$ 达到最终稳态值的 63.2% 所经过的时间作为时间常数 τ,即所谓的 0.632 法。证明:由 $y(t) = Kx(t)(1 - e^{-t/\tau})$ 可知,当 $t = \tau$ 时,对应于单位阶跃输入的输出 $y(t) = 0.632K$。

② τ 为原点切线与稳态输出交点在时间轴上的投影。该方法可根据对 $y(t) = Kx(t)(1 - e^{-t/\tau})$ 求原点切线斜率和原点方程证明。时间常数 τ 是反映检测装置动态响应速度的重要指标,τ 越小,响应速度越快,装置的惯性越小。

(2) 二阶检测装置的时域特性

二阶检测装置的传递函数为

$$H(s) = \frac{K\omega_0^2}{s^2 + 2\xi\omega_0 s + \omega_0^2} \tag{2.3.22}$$

加阶跃信号激励时,二阶装置的微分方程为

$$\frac{\mathrm{d}y^2(t)}{\mathrm{d}t^2} + 2\xi\omega_0 \frac{\mathrm{d}y(t)}{\mathrm{d}t} + \omega_0^2 y(t) = K\omega_0^2 x(t) \tag{2.3.23}$$

其中,K 为检测装置的静态增益,ξ 为阻尼比,ω_0 为无阻尼自然振荡频率即固有角频率。二阶环节的阶跃响应曲线如图 2.3.5 所示。输出响应与固有角频率和阻尼比密切相关。固有角频率 ω_0 由装置的结构参数决定,ω_0 越大,检测装置的响应速度越快。当 ω_0 一定时,装置的响应速度取决于阻尼比 ξ,阻尼比直接影响装置输出信号的振荡次数及超调量。$\xi = 0$ 为临界阻尼,装置输出等幅振荡,装置是不稳定的;$\xi > 1$ 为过阻尼,装置无超调也无振荡,但装置响应速度较慢;$\xi < 1$ 为欠阻尼,装置产生衰减振荡,经过几次衰减振荡后达到稳态。工程中,一般取 ξ 为 $0.6 \sim 0.8$,此时的最大超调量为 $2.5\% \sim 10\%$,装置稳态响应时间较短。

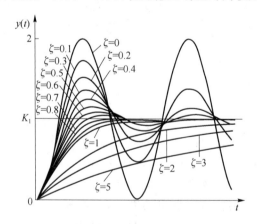

图 2.3.5　二阶环节的阶跃响应曲线

关于工程测试法确定二阶阶跃响应参数的具体方法,详见自动控制原理书籍。

2. 检测装置的频域特性

当检测装置的激励信号为正弦信号时,按照装置的频率响应特性研究其动态特性。

（1）一阶检测装置的频域响应

一阶检测装置的频率响应特性的表达式为

$$H(\mathrm{j}\omega)=\frac{K}{1+\mathrm{j}\omega\tau} \tag{2.3.24}$$

其幅频及相频特性为

$$A(\omega)=\frac{K}{\sqrt{1+(\omega\tau)^{2}}},\quad \varphi(\omega)=-\arctan(\omega\tau) \tag{2.3.25}$$

其幅频及相频特性曲线如图 2.3.6 所示。

研究一阶检测装置频率响应有两个目的。

① 在已确定检测装置幅频相频特性的情况下，根据幅频相频特性要求，确定检测装置的动态性能参数。

具体方法是由输出与输入的幅值比确定静态增益 K，由截止频率 ω_{C} 确定时间常数 τ。依据一阶检测装置截止频率的定义，当激励角频率为截止频率 ω_{C} 时，幅值为

$$A(\omega_{\mathrm{C}})=\frac{K}{\sqrt{1+(\omega_{\mathrm{C}}\tau)}}=\frac{K}{\sqrt{2}} \tag{2.3.26}$$

由此可知

$$\omega_{\mathrm{C}}\tau=1,\quad \tau=\frac{1}{\omega_{\mathrm{C}}}$$

② 在已确定检测装置性能参数的情况下，根据幅频相频特性要求，确定不失真激励信号的频率范围。研究减小幅频及相频误差的方法。

当激励信号的角频率为截止频率 ω_{C} 时，幅值为

$$A(\omega_{\mathrm{C}})=\frac{K}{\sqrt{1+(\omega_{\mathrm{C}}\tau)}}=\frac{K}{\sqrt{2}} \tag{2.3.27}$$

由此可知

$$\omega_{\mathrm{C}}\tau=1,\quad \omega_{\mathrm{C}}=\frac{1}{\tau}$$

不失真激励信号的频率范围应小于截止频率。

由幅频特性可知

$$A(\omega)=\frac{K}{\sqrt{1+(\omega\tau)^{2}}}$$

为了减小幅频及相频误差，应使 $A(\omega)=K$，故应减小时间常数 τ，降低激励信号的频率。

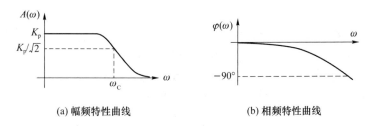

(a) 幅频特性曲线　　　　　　　　(b) 相频特性曲线

图 2.3.6　一阶装置频率特性

（2）二阶检测装置的频域响应

二阶检测装置的传递函数为

$$H(s) = \frac{\omega_0^2}{s^2 + 2\xi\omega_0 s + \omega_0^2} \tag{2.3.28}$$

其频率响应为

$$H(j\omega) = \frac{\omega_0^2}{-\omega^2 + 2j\xi\omega_0\omega + \omega_0^2} \tag{2.3.29}$$

幅频特性为

$$A(\omega) = \frac{1}{\sqrt{[1-(\omega/\omega_0)^2]^2 + (2\xi\omega/\omega_0)^2}} = \frac{1}{\sqrt{[1-(f/f_0)^2]^2 + (2\xi f/f_0)^2}} \tag{2.3.30}$$

相频特性为

$$\varphi(\omega) = -\arctan\frac{2\xi\omega_0\omega}{\omega_0^2 - \omega^2} = -\arctan\frac{2\xi f_0 f}{f_0^2 - f^2} \tag{2.3.31}$$

由上述二阶检测装置的频率响应特性可以看出,提高检测装置的固有频率,降低激励信号的频率,可大大减小幅值误差和相位误差。在确定固有频率、阻尼比及激励信号的情况下,可计算幅值误差和相位误差,由此可确定不失真激励信号的频率范围。

思考题与习题

1. 什么是检测装置的静态特性?它的质量指标有哪些?

2. 某一压力检测装置,测量压力的范围为 0~100 kPa,输出电压的范围为 0~1 000 mV。实际测量某压力时,得到装置的输出电压为 512 mV,而采用标准装置得到的输出电压为 510 mV,假设此点测量误差最大,计算:

(1) 非线性误差;

(2) 若重复测量 10 次,最大误差为 3 mV,计算重复性误差;

(3) 若正反行程各测量 10 次,正反行程间的最大误差为 4 mV,求滞差;

(4) 设检测装置为线性检测装置,求灵敏度。

3. 简述检测装置标定的目的与方法。

4. 简述检测装置的动态特性及其描述方法。

5. 某一检测装置,其一阶动态特性用微分方程表示为

$$30\frac{dy}{dt} + 3y = 0.15x$$

如果 y 为输出电压,单位为 mV;x 为输入温度,单位为 ℃,求该检测装置的时间常数和静态灵敏度。

6. 某个一阶检测装置的时间常数为 6 ms,对其输入激励信号,信号频率为 30 Hz,求此时的幅值误差及相位差。如果时间常数为 1 ms,对该装置输入激励信号,信号频率为 30 Hz,求此时的幅值误差。根据上述两种情况,讨论减小幅频误差及相位误差的方法。

7. 压电加速度传感器的动态特性用微分方程描述为

$$\frac{d^2q}{dt^2} + 3.0\times10^3\frac{dq}{dt} + 2.25\times10^{10}q = 11.0\times10^{10}a$$

其中:q 为输出电荷,单位为 pC;a 为输入加速度,单位为 m/s²。求静态灵敏度、阻尼比和固有振荡频率。

8. 在进行传感器校准时,对于每一组输入 x_i,都测得一组输出 $y_i(i=1,2,\cdots,n)$。试证明

按照最小二乘法求其拟合直线方程 $y=kx+b$ 时,结果为

$$b = \frac{(\sum\limits_{i=1}^{n} x_i^2)(\sum\limits_{i=1}^{n} y_i) - (\sum\limits_{i=1}^{n} x_i)(\sum\limits_{i=1}^{n} x_i y_i)}{n(\sum\limits_{i=1}^{n} x_i^2) - (\sum\limits_{i=1}^{n} x_i)^2} \qquad k = \frac{n\sum\limits_{i=1}^{n} x_i y_i - (\sum\limits_{i=1}^{n} x_i)(\sum\limits_{i=1}^{n} y_i)}{n(\sum\limits_{i=1}^{n} x_i^2) - (\sum\limits_{i=1}^{n} x_i)^2}$$

9. 某压力传感器的输入压力与输出电压的测量数据如题表 9 所示,试用最小二乘法建立拟合直线。

题表 9　输入压力与输出电压的测量数据

输入压力 $x/(10^5 \ Pa)$	0	0.5	1.0	1.5	2.0	2.5
输出电压 y/V	0.003 1	0.202 3	0.401 4	0.600 6	0.800 0	0.999 5

10. 某测力传感器可简化为质量-弹簧-阻尼二阶装置,已知该传感器的固有频率为 1 000 Hz,阻尼比为 0.7,用该传感器分别测量频率为 600 Hz 与 400 Hz 的正弦交变力,分别计算其输出与输入的幅值比与相位差。

11. 固有振荡频率为 800 Hz 与 1 200 Hz,阻尼比均为 0.4 的两只二阶装置,用它们分别测量频率为 400 Hz 的正弦信号,计算其振幅相对误差。选择哪一只的效果更好?并总结减小幅频误差和相频误差的方法。

第3章 电参量检测装置

电参量检测装置中的传感器属于能量控制型传感器,即由被测参量控制检测装置的输出信号。这类检测装置需要外加电源才能工作,其工作原理是由转换元件将被测量转换为电参量(如电阻、电导、电感或电容等),电阻式、电感式、电容式传感器等都属于这种类型的传感器。一般来说此类检测装置还要根据用途采用转换电路将电参量转换为电能量信号(如电压信号、电流信号等)进行输出。

3.1 电阻式传感器

电阻式传感器的工作原理是通过转换元件将被测非电量转换为电阻值,通过转换电路将电阻值转换为电信号,通过测量电信号达到测量非电量的目的。这类传感器的种类较多,大致可分为电阻应变式、压阻式、热电阻式、磁电式、光敏电阻式传感器。利用电阻式传感器可以测量应变、压力、位移、加速度和温度等非电参量。本节介绍了电阻应变式传感器、压阻式传感器、热电阻传感器、光敏电阻的工作原理、测量电路和应用。

3.1.1 电阻应变式传感器

电阻应变式传感器是一种应用广泛的传感器,它由弹性元件、电阻应变片和测量电路构成。当弹性元件感受被测物理量(力、荷重、扭力等)时,其表面产生应变,粘贴在弹性元件表面的电阻应变片的阻值将随着弹性元件的应变而产生相应变化。通过电桥进一步将电阻变化转换为电压或电流变化。

目前广泛应用的电阻应变片有两种:金属电阻应变片和半导体电阻应变片,也称金属应变片和半导体应变片。它们的工作原理是基于金属材料的应变效应或半导体材料的压阻效应。

1. 金属应变片的结构类型

金属应变片分为金属丝式应变片、金属箔式应变片和金属薄膜应变片 3 种。

(1) 金属丝式应变片

金属丝式应变片的结构如图 3.1.1 所示。金属丝式应变片的结构主要由 5 个部分组成:①电阻丝(敏感栅)是用直径为 $0.012 \sim 0.05$ mm 的合金电阻丝绕成栅栏形状制成的,它是应变片的转换元件,将应变转换为电阻的变化;②基片是用 0.05 mm 左右的薄纸(纸基),或用黏结剂和有机树脂基膜(胶基)制成的,它是将传感器弹性体的应变传递到敏感栅的中间介质,并起到电阻丝与弹性体之间的绝缘作用;③覆盖层起着保护电阻丝的作用,防蚀防潮;④黏合剂将电阻丝与基底粘贴在一起;⑤引线为直径 $0.15 \sim 0.3$ mm 的镀银或镀锡铜丝。L 为应变片的工作基长,b 为应变片的基宽,$L \times b$ 称为应变片的使用面积。应变片的规格以使用面积和电阻值表示,如 (3×10) mm^2,$120\ \Omega$。

(2) 金属箔式应变片

金属箔式应变片利用照相制版或光刻腐蚀技术,将电阻箔材($1 \sim 10\ \mu m$)制作在绝缘基底上,制成各种形状,如图 3.1.2 所示。因其具有传递应变性能好,横向效应小,散热性能好,允许通过电流大,易于批量生产等优点,而被广泛应用。

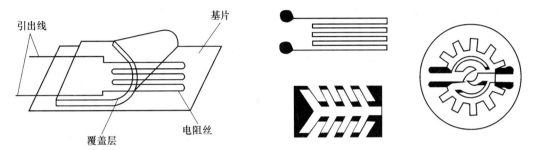

图 3.1.1　金属丝式应变片　　　　　　　　图 3.1.2　金属箔式应变片

（3）金属薄膜应变片

金属薄膜应变片是采用真空蒸镀、沉积或溅射的方法,将金属材料在绝缘基底上制成一定形状的厚度在 $0.1\,\mu m$ 以下的薄膜,从而形成的敏感栅。它具有灵敏系数高,允许通过电流大,易实现工业化生产等特点。

2. 金属丝式应变片的应变效应

金属丝式应变片是用直径为 $0.025\,mm$ 左右的具有高电阻率的电阻丝制成的。它是基于金属的应变效应工作的。金属丝的电阻随着它所受到的机械变形(拉伸或压缩)的变化而发生相应变化的现象称为金属的电阻应变效应。

图 3.1.3 为截面为圆形的单根金属电阻丝,其电阻率为 ρ,截面积为 S,长度为 l,则其电阻值为

$$R = \frac{\rho l}{S} \tag{3.1.1}$$

当电阻丝受到拉力 F 作用时,将伸长 Δl,横截面积相应减小 ΔS,电阻率将因晶格发生变形等因素而改变 $\Delta\rho$,从而引起电阻 R 的变化,对式(3.1.1)全微分得

$$dR = \frac{\rho}{S}dl - \frac{\rho l}{S^2}dS + \frac{l}{S}d\rho \tag{3.1.2}$$

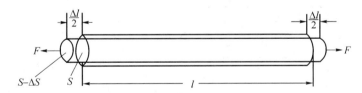

图 3.1.3　金属丝式应变片的应变效应

用相对变化量表示得

$$\frac{dR}{R} = \frac{dl}{l} - \frac{dS}{S} + \frac{d\rho}{\rho} \quad 或 \quad \frac{\Delta R}{R} = \frac{\Delta l}{l} - \frac{\Delta S}{S} + \frac{\Delta\rho}{\rho} \tag{3.1.3}$$

式中的 $\Delta l/l$ 是金属丝式应变片的轴向应变,表示为 $\varepsilon = \Delta l/l$。拉应变 $\varepsilon > 0$,压应变 $\varepsilon < 0$。

对于半径为 r 的圆导体,其面积、半径及其变化量存在如下关系:

$$\frac{\Delta S}{S} = \frac{2\Delta r}{r} \tag{3.1.4}$$

由材料力学可知,在弹性范围内,径向应变与轴向应变的关系为

$$\frac{\Delta r}{r} = -\mu \frac{\Delta l}{l} = -\mu \varepsilon \tag{3.1.5}$$

式中，μ 为材料的泊松比，一般金属的 μ 为 $0.3 \sim 0.5$。

将式(3.1.4)、式(3.1.5)代入式(3.1.3)得

$$\frac{\Delta R}{R} = (1+2\mu)\varepsilon + \frac{\Delta \rho}{\rho} = \left[(1+2\mu) + \frac{\Delta \rho / \rho}{\varepsilon}\right]\varepsilon \tag{3.1.6}$$

单位应变所引起的电阻的相对变化称为电阻丝的灵敏系数，用 K_0 表示，其表达式为

$$K_0 = (1+2\mu) + \frac{\Delta \rho / \rho}{\varepsilon} \tag{3.1.7}$$

由式(3.1.7)可知，灵敏系数一方面受材料几何尺寸变化的影响，即 $(1+2\mu)$；另一方面受电阻率变化的影响，即 $(\Delta \rho / \rho)/\varepsilon$。对于金属丝式应变片，材料的电阻率随应变产生的变化很小，可忽略。

$$\frac{\Delta R}{R} \approx (1+2\mu)\varepsilon = K_0 \varepsilon \tag{3.1.8}$$

实验表明，在电阻丝拉伸极限范围内，同一种电阻丝材料的灵敏系数为常数。

3. 应变片的特性

(1) 应变片的灵敏系数

应用于实际生活中的应变片与单丝是不同的，应变片的 K 值必须通过实验重新测定。测定时将应变片粘贴在一维应力作用下的试件上，试件材料为泊松比为 $\mu=0.285$ 的钢件。用精密电阻电桥等仪器测出应变片的电阻变化，得到应变片的电阻与其所受的轴向应变的关系。实践表明，应变片电阻的相对变化与应变片所受的轴向应变呈线性关系，即

$$\frac{\Delta R}{R} = K\varepsilon_x, \quad K = \frac{\Delta R / R}{\varepsilon_x} \tag{3.1.9}$$

对比测试结果表明应变片的灵敏系数恒小于单丝的灵敏系数，其原因是在应变片中存在着横向效应。

(2) 应变片的横向效应

应变片的敏感栅既有纵向丝栅，又有圆弧形或直线形横栅，如图 3.1.4 所示。

图 3.1.4 应变片的敏感栅

横栅既对轴向应变敏感，又对横向应变敏感。当应变片粘贴在一维拉力作用下的试件上时，应变片的纵向丝栅因纵向拉应变 ε_x 电阻值增加，而应变片的横向丝栅因受到纵向拉应变 ε_x 和横向压应变 ε_y 的作用导致电阻丝收缩电阻值减小，因此，应变片的横向丝栅部分的电阻变化将纵向丝栅部分的电阻变化抵消了一部分，减小了总电阻值的变化，从而降低了整个应变片的灵敏度，这就是应变片的横向效应。横向效应给测量带来了误差，其大小与敏感栅的结构尺寸有关。敏感栅纵向越窄、越长，横栅越宽、越短，则横向效应越小。故人们常采用箔式应变

片或将应变片的横向部分做成直线形,以减小横向效应的影响。

（3）温度误差

金属丝栅有一定的温度系数,温度改变使其阻值发生变化,由此产生的附加误差称为应变片的温度误差,产生温度误差的主要因素有两个。

① 电阻温度系数

敏感栅的电阻丝电阻随温度变化的关系为

$$R_T = R_0(1 + \alpha \Delta T) \tag{3.1.10}$$

其阻值变化为

$$\Delta R_{T\alpha} = R_T - R_0 = R_0 \alpha \Delta T \tag{3.1.11}$$

② 试件与电阻丝材料的线膨胀系数

应变片贴在试件上,当试件与电阻丝材料的线膨胀系数不同时,由于环境温度的变化,电阻丝会产生附加变形,因而产生附加电阻。

设应变片和试件的原长均为 l_0,电阻丝与试件的线膨胀系数分别为 β_S 与 β_g。

当温度变化 ΔT ℃时,电阻丝的长度为

$$l_{T\beta_1} = l_0(1 + \beta_S \Delta T) \tag{3.1.12}$$

试件的长度为

$$l_{T\beta_2} = l_0(1 + \beta_g \Delta T) \tag{3.1.13}$$

电阻丝的附加长度变形为

$$\Delta l_{T\beta} = l_{T\beta_2} - l_{T\beta_1} = l_0(\beta_g - \beta_S)\Delta T \tag{3.1.14}$$

热应变为

$$\varepsilon_{T\beta} = \frac{\Delta l_{T\beta}}{l_0} = (\beta_g - \beta_S)\Delta T \tag{3.1.15}$$

电阻丝的电阻变化值为

$$\Delta R_{T\beta} = R_0 K_0 \varepsilon_{T\beta} = R_0 K_0 (\beta_g - \beta_S)\Delta T \tag{3.1.16}$$

由于温度变化引起的总电阻值变化为

$$\Delta R_T = \Delta R_{T\alpha} + \Delta R_{T\beta} = R_0 \alpha \Delta T + R_0 K_0 (\beta_g - \beta_S)\Delta T \tag{3.1.17}$$

总的热应变为

$$\varepsilon_T = \frac{\Delta R_T / R_0}{K_0} = \frac{\alpha \Delta T}{K_0} + (\beta_g - \beta_S)\Delta T \tag{3.1.18}$$

（4）温度补偿

应变片温度补偿分为自补偿和电桥补偿。

① 应变片自补偿

采用特殊应变片,当温度变化时,产生的附加应变为零或相互抵消,这种应变片为自补偿应变片。利用这种应变片实现温度补偿的方法称为应变片自补偿。单金属敏感栅自补偿是应变片自补偿的一种,其实现条件是

$$\varepsilon_T = \frac{\Delta R_T / R_0}{K_0} = \frac{\alpha \Delta T}{K_0} + (\beta_g - \beta_S)\Delta T = 0, \quad \alpha = -K_0(\beta_g - \beta_S) \tag{3.1.19}$$

合理地选择试件和应变片的材料可以使温度引起的附加误差为 0。试件一定,β_g 一定时,选择敏感栅材料,从而确定 β_S 与 α,使等式成立。

这种方法的缺点是一种应变片只能应用在一种确定材料的试件上,局限性较大。

② 电桥补偿

电桥补偿电路如图 3.1.5 所示。电桥的输出电压为

$$U_0 = \left(\frac{R_1}{R_1+R_B} - \frac{R_3}{R_3+R_4}\right)U = \frac{R_1R_4 - R_BR_3}{(R_1+R_B)(R_3+R_4)}U \qquad (3.1.20)$$

$$U_0 = A(R_1R_4 - R_BR_3) \qquad (3.1.21)$$

其中, A 为由桥臂电阻和电源电压决定的常数, R_1 与 R_B 为特性一致的应变片, R_1 为工作应变片, R_B 为补偿应变片, 它们处于同一温度场, 且仅工作应变片 R_1 承受应变。

当温度升高或降低 ΔT 时, 两个应变片因温度变化而引起的阻值变化相同, 电桥仍处于平衡状态。即

$$U_0 = A[(R_1 + \Delta R_{1T})R_4 - (R_B + \Delta R_{BT})R_3] = 0 \qquad (3.1.22)$$

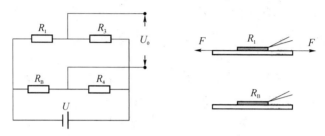

图 3.1.5　电桥补偿法

若此时被测试件承受应变 ε 的作用, 则工作应变片 R_1 又有新的增量 $\Delta R_1 = R_1K\varepsilon$, 而补偿片因不承受应变, 故不产生新的增量, 此时电桥的输出电压为

$$U_0 = AR_1R_4K\varepsilon \qquad (3.1.23)$$

其中, U_0 与 ε 呈单值函数关系, 与温度变化无关。

4. 电阻应变片的转换电路

电阻应变片将应变转换为电阻的变化, 为了测量与显示应变的大小, 还要将电阻的变化再转换为电压或电流的变化, 通常采用直流电桥或交流电桥电路。

(1) 直流电桥的平衡条件

由于应变片电桥的输出信号较微弱, 故需要将其输出连接差动放大器, 放大器的输入电阻远远大于电桥电阻, 因此, 可将电桥的输出端看成开路, 即输出空载, 如图 3.1.6 所示。

$$U_0 = U\left(\frac{R_1}{R_1+R_2} - \frac{R_3}{R_3+R_4}\right) = \frac{R_1R_4 - R_2R_3}{(R_1+R_2)(R_3+R_4)}U \qquad (3.1.24)$$

当 $R_1R_4 = R_2R_3$ 或 $\dfrac{R_1}{R_2} = \dfrac{R_3}{R_4}$ 时, 电桥处于平衡状态, $U_0 = 0$。

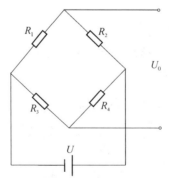

图 3.1.6　空载输出的直流电桥电路

（2）不平衡直流电桥的工作原理及输出电压

当电桥接入电阻应变片时，电桥即为应变桥。当一个桥臂、两个桥臂乃至四个桥臂接入应变片时，相应的电桥为单臂电桥、差动电桥和全臂电桥。设电桥各桥臂的电阻均有增量。

不平衡输出电压为

$$U_0 = U\frac{(R_1+\Delta R_1)(R_4+\Delta R_4)-(R_2+\Delta R_2)(R_3+\Delta R_3)}{(R_1+\Delta R_1+R_2+\Delta R_2)(R_3+\Delta R_3+R_4+\Delta R_4)} \tag{3.1.25}$$

各桥臂电阻均相等的电桥称为等臂电桥，即 $R_1=R_2=R_3=R_4=R$，其不平衡输出电压为

$$U_0 = U\frac{R(\Delta R_1-\Delta R_2-\Delta R_3+\Delta R_4)+\Delta R_1\Delta R_4-\Delta R_2\Delta R_3}{(2R+\Delta R_1+\Delta R_2)(2R+\Delta R_3+\Delta R_4)} \tag{3.1.26}$$

当 $\Delta R_i \ll R_i$ 时可略去高阶增量，得

$$U_0 = \frac{U}{4}\left(\frac{\Delta R_1}{R_1}-\frac{\Delta R_2}{R_2}-\frac{\Delta R_3}{R_3}+\frac{\Delta R_4}{R_4}\right)=\frac{UK}{4}(\varepsilon_1-\varepsilon_2-\varepsilon_3+\varepsilon_4) \tag{3.1.27}$$

式（3.1.27）亦可根据全微分方程由公式 $U_0=f'(R_1)\Delta R_1+f'(R_2)\Delta R_2+f'(R_3)\Delta R_3+f'(R_4)\Delta R_4$ 推导得出。

① 单臂电桥

设 $R_1=R_2=R_3=R_4$，R_1 为电阻应变片，R_2、R_3、R_4 为固定电阻。当 $\Delta R_1 \ll R_1$ 时，图 3.1.6 的输出电压为

$$U_0 = U\left(\frac{R+\Delta R}{2R+\Delta R}-\frac{1}{2}\right)=\frac{\Delta R}{4R}U\left(1+\frac{\Delta R}{2R}\right)^{-1}\approx\frac{\Delta R}{4R}U=\frac{U}{4}K\varepsilon \tag{3.1.28}$$

亦可根据式（3.1.27）得到输出电压为

$$U_0 = \frac{U}{4}\frac{\Delta R}{R}=\frac{U}{4}K\varepsilon$$

② 差动电桥电路

R_1、R_2 为电阻应变片，对 R_1 施加拉力、对 R_2 施加压力，R_3、R_4 为固定电阻，此时电桥的输出为

$$U_0 = U\left(\frac{R+\Delta R}{2R}-\frac{1}{2}\right)=\frac{\Delta R}{2R}U=\frac{U}{2}K\varepsilon \tag{3.1.29}$$

③ 差动全桥电路

R_1、R_2、R_3、R_4 均为电阻应变片，对 R_1、R_4 施加拉力，对 R_2、R_3 施加压力，此时电桥的输出为

$$U_0 = U\left(\frac{R+\Delta R}{2R}-\frac{R-\Delta R}{2R}\right)=\frac{\Delta R}{R}U=UK\varepsilon \tag{3.1.30}$$

通过上述分析表明，当 $\Delta R_i \ll R_i$ 时，电桥的输出电压与应变成正比。提高电桥的供电电压，增大应变片的灵敏系数，可提高电桥的输出电压。差动电桥的灵敏度为单臂电桥的 1 倍，全等臂电桥的灵敏度为单臂电桥的 4 倍。相对两桥臂应变极性一致时，输出电压为两者之和，反之为两者之差；相邻两桥臂应变极性一致时，输出电压为两者之差，反之为两者之和。

（3）非线性误差及其补偿

当 $\Delta R_i \ll R_i$ 时，电桥的输出电压与应变成正比。但当应变片承受的应变很大，或用半导体应变片测量应变时，电阻的相对变化较大，上述假设不成立。

单臂电桥的 4 个电阻均相等时的理想输出为

$$U_0 = \frac{U}{4}\frac{\Delta R}{R} \tag{3.1.31}$$

电桥的实际输出为

$$U'_0=U\frac{(R_1+\Delta R_1)R_4-R_2R_3}{(R_1+\Delta R_1+R_2)(R_3+R_4)}=U\frac{\Delta R}{4R+2\Delta R}=\frac{U}{4}\frac{\Delta R}{R}\left(1+\frac{1}{2}\frac{\Delta R}{R}\right)^{-1} \quad (3.1.32)$$

电桥的非线性误差为

$$e_L=\frac{U'_0-U_0}{U_0}=\left(1+\frac{1}{2}\frac{\Delta R}{R}\right)^{-1}-1\approx-\frac{1}{2}\frac{\Delta R}{R}=-\frac{1}{2}K\varepsilon \quad (3.1.33)$$

电阻丝应变片的 K 值较小,故其组成的单臂电桥的非线性误差较小;半导体应变片的 K 值较大,故其组成的单臂电桥的非线性误差较大。在实际应用中常采用差动半桥电路或差动全桥电路来消除非线性,提高输出灵敏度,同时起到温度补偿的作用。

差动电桥电路的输出为

$$|\Delta R_1|=|-\Delta R_2|=\Delta R$$

$$U_0=\frac{U}{2}\frac{\Delta R}{R} \quad (3.1.34)$$

全臂电桥电路的输出为

$$|\Delta R_1|=|-\Delta R_2|=|-\Delta R_3|=|\Delta R_4|=\Delta R$$

$$U_0=U\frac{\Delta R}{R}=UK\varepsilon \quad (3.1.35)$$

读者可根据差动电桥电路与全臂电桥电路自行推导输出电压。

5. 电阻应变式传感器的应用

电阻应变式传感器是一种结构型传感器,用于测量力、位移、加速度、扭矩等。它由弹性元件和粘贴在其表面的应变片组成,结构形式有柱(筒)式、悬臂梁式、环式和轮辐式。

(1) 柱(筒)式力传感器

柱(筒)式力传感器圆柱面上的贴片位置及其在桥路中的连接如图 3.1.7 所示。纵向和横向各贴 4 片应变片,纵向对称的 R_1 和 R_3 串接,R_2 和 R_4 串接,横向对称的 R_5 和 R_7 串接,R_6 和 R_8 串接,并置于桥路相对的桥臂上。纵向对称的应变片两两串接是为了减小偏心载荷及弯矩的影响,横向贴片用作温度补偿。

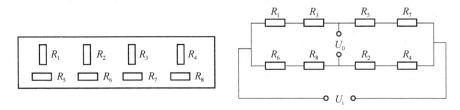

图 3.1.7 柱(筒)式力传感器圆柱面上的贴片位置及其在桥路中的连接

纵向应变片的应变为

$$\varepsilon_1=\frac{\sigma}{E}=\frac{F}{SE} \quad (3.1.36)$$

其中:E 为弹性模量,单位为 N/m^2;S 为圆柱的横截面积。

横向应变片的应变为

$$\varepsilon_2=-\mu\varepsilon_1 \quad (3.1.37)$$

将电路连接成差动全等臂电桥,设 8 个应变片的起始阻值均相等为 R。正载荷 R_1、R_2、R_3、R_4 的阻值变化为 ΔR_1,负载荷 R_5、R_6、R_7、R_8 的阻值变化为 $-\Delta R_2$。

电桥输出为

$$U_0 = \left(\frac{2R+2\Delta R_1}{4R+2\Delta R_1-2\Delta R_2} - \frac{2R+2\Delta R_2}{4R+2\Delta R_1-2\Delta R_2}\right)U_i \qquad (3.1.38)$$

$$= U_i\left(\frac{\Delta R_1-\Delta R_2}{2R}\right)\left(1+\frac{\Delta R_1}{2R}-\frac{\Delta R_1}{2R}\right)^{-1} \approx U_i\left(\frac{\Delta R_1-\Delta R_2}{2R}\right)$$

根据应变效应表达式

$$\frac{\Delta R_1}{R}=K\varepsilon_1, \qquad \frac{\Delta R_2}{R}=K\varepsilon_2=-\mu K\varepsilon_1$$

可知,电桥的输出为

$$U_0=\frac{U_i}{2}K(1+\mu)\varepsilon_1 \qquad (3.1.39)$$

(2) 悬臂梁式力传感器

等截面悬臂梁式传感器如图 3.1.8 所示。悬臂梁在其自由端部受到质量块产生的惯性力作用,导致其在距离端部 b 处的位置产生了相应的应变,该应变为

$$\varepsilon_b=\frac{6Fb}{EWt^2} \qquad (3.1.40)$$

R_1、R_2 接在悬臂梁的上表面,受到拉应力;R_3、R_4 接在悬臂梁的下表面,受到压应力,连接成全臂桥,输出电压为

$$U_0=U\frac{\Delta R}{R} \qquad (3.1.41)$$

根据应变效应表达式,可将输出电压改写为

$$U_0=UK\varepsilon_b=UK\frac{6Fb}{EWt^2} \qquad (3.1.42)$$

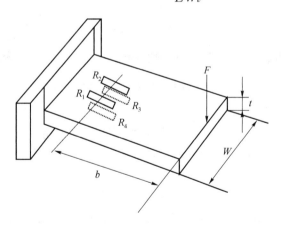

图 3.1.8　等截面悬臂梁式传感器

3.1.2　压阻式传感器

金属电阻应变片性能稳定,测量精度高,但其灵敏系数低。半导体应变片的灵敏系数是金属应变片的几十倍,在微应变测量中得到了广泛应用。半导体应变片有体型半导体应变片和扩散型半导体应变片,其工作原理均是基于半导体的压阻效应。

1. 半导体的压阻效应
半导体的压阻效应是指单晶半导体材料沿某一轴向受到作用力时,其电阻率发生变化的

现象。

长度为 L, 截面积为 S, 电阻率为 ρ 的均匀条形半导体, 受到沿其纵轴的纵向应力时, 其电阻变化为

$$\frac{\Delta R}{R} = (1+2\mu)\varepsilon + \frac{\Delta\rho}{\rho} \tag{3.1.43}$$

电阻率的相对变化为

$$\frac{\Delta\rho}{\rho} = \pi_L\sigma = \pi_L E\varepsilon \tag{3.1.44}$$

其中, π_L 为半导体的压阻系数, 它与半导体材料的种类及应力与晶轴方向的夹角有关。

$$\frac{\Delta R}{R} = (1+2\mu+\pi_L E)\varepsilon \approx \pi_L E\varepsilon = \pi_L\sigma \tag{3.1.45}$$

对于半导体材料 $\pi_L E \gg (1+2\mu)$。

2. 半导体电阻应变片的结构

体型半导体应变片是从单晶硅或锗上切下薄片制作而成的, 结构形式如图 3.1.9 所示。其优点是灵敏系数大, 横向效应和机械滞后小; 缺点是温度稳定性较差, 非线性较大。

扩散型半导体应变片是在 N 型单晶硅(弹性元件)上, 蒸镀半导体电阻应变薄膜。基于该方法制成的扩散型压阻式传感器的工作原理与体型半导体应变片近似相同。它们的不同之处在于前者采用扩散工艺制作, 后者采用粘贴方法制作。

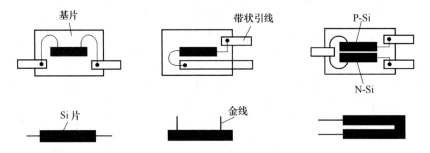

图 3.1.9　体型半导体应变片的结构形式

3. 测量电路与温度补偿

无论是体型半导体应变片还是扩散型半导体应变片, 均采用 4 个应变片组成全桥电路, 其中一对对角线电阻受拉, 另外一对对角线电阻受压, 以使电桥的输出电压最大, 如图 3.1.10 所示。

电桥的供电电源可采用恒压源或恒流源。若电桥采用恒压源供电, 设 4 个桥臂的电阻因应变电阻而产生的变化为 ΔR, 4 个桥臂的电阻因温度变化而引起的电阻值的增量为 ΔR_t, 则电桥的输出电压为

$$U_0 = \left(\frac{R+\Delta R+\Delta R_t}{2R+2\Delta R_t} - \frac{R-\Delta R+\Delta R_t}{2R+2\Delta R_t}\right)U_i = \frac{\Delta R}{R+\Delta R_t}U_i \tag{3.1.46}$$

桥路的输出受到环境温度的影响, 但影响甚微。若电桥采用恒流源供电。则电桥的输出电压为

$$U_0 = U_{BD} = \frac{1}{2}I(R+\Delta R+\Delta R_t) - \frac{1}{2}I(R-\Delta R+\Delta R_t) = I\Delta R \tag{3.1.47}$$

电桥的输出电压与电阻的变化成正比, 与恒流源的电流成正比, 与温度无关, 消除了环境

温度的影响。

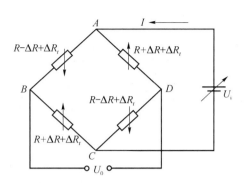

图 3.1.10　恒流(压)源供电电桥

4. 半导体压阻式传感器的应用

(1) 扩散型压阻式压力传感器的结构

扩散型压阻式压力传感器的结构如图 3.1.11 所示,其核心部分是一块圆形的硅膜片。在膜片上,利用集成电路的工艺方法设置 4 个阻值相等的电阻,用低阻导线连接成平衡电桥。膜片四周用一圆环(硅杯)固定,膜片两边有两个压力腔,一个是与被测系统相连接的高压腔,另一个是与大气相通的低压腔。当膜片两边存在压力差时,膜片产生变形,膜片上各点产生应力。

受均匀压力的圆形硅膜片上各点的径向应力和切向应力可分别由如下公式计算:

$$\sigma_r = \frac{3p}{8h^2}\left[(1+\mu)r_0^2 - (3+\mu)r^2\right] \tag{3.1.48}$$

$$\sigma_t = \frac{3p}{8h^2}\left[(1+\mu)r_0^2 - (1+3\mu)r^2\right] \tag{3.1.49}$$

其中,p 为压力,r_0、r_1、h 分别为硅膜片的有效半径、计算点半径、厚度,μ 为硅材料的泊松比。

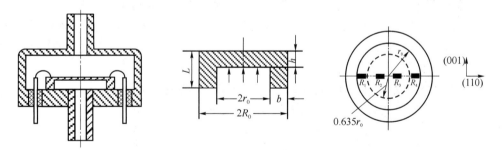

图 3.1.11　扩散型压阻式压力传感器结构

4 个电阻的配置位置由膜片上的径向应力和切向应力的分布情况确定。当 $r=0.635r_0$ 时,$\sigma_r=0$;当 $r<0.635r_0$ 时,$\sigma_r>0$ 为拉应力;当 $r>0.635r_0$ 时,$\sigma_r<0$ 为压应力。当 $r=0.812r_0$ 时,$\sigma_t=0$,仅有 σ_r 存在,且 $\sigma_r<0$。

(2) 应变片的粘贴

在设计时,应根据应力分布情况,合理安排电阻位置,组成差动电桥,输出较高的电压。

如图 3.1.11 所示,可沿径向对称于 $0.635r_0$ 两侧的方向,采用由扩散工艺制作的 4 个电阻,其中 R_1、R_4 接于电桥对角线上,R_2、R_3 接于电桥另一个对角线上。当膜片两侧存在压力差时,膜片上各点会产生应力,4 个电阻在应力的作用下,阻值发生变化,电桥失去平衡,输出相应的电压,此电压与膜片两侧的压力差成正比。测得不平衡电桥的输出电压就能求得膜片所受的压力差大小。

(3) 电桥输出电压的放大

应变电桥的输出电压较弱,一般为毫伏级电压,需要经过放大器将其放大到 A/D 转换器所需的标准电压。对于应变电桥的输出电压,由于是差动输出,故一般采用仪表放大器放大,具体转换电路见第 8 章测量信号调理。

3.1.3 热电阻传感器

热电阻传感器是利用导体或半导体的电阻值随温度变化的特性对与温度相关的参量进行检测的装置。测温范围主要在中低温区($-200 \sim 630 \, ℃$),测温元件分为金属热电阻和半导体热敏电阻两大类。

1. 金属热电阻

(1) 铂热电阻

铂是一种贵金属,其优点是物理、化学性能极其稳定,易于提纯,测温精度高,复现性好。缺点是电阻温度系数较小,不能在还原性介质中使用。

① 热电特性

铂热电阻的使用温度范围为 $-200 \sim 630 \, ℃$,其阻值与温度的关系即特性方程分为以下两种。

a. 当温度 t 为 $-200 \sim 0 \, ℃$ 时,

$$R_t = R_0 [1 + At + Bt^2 + Ct^3 (t - 100)] \tag{3.1.50}$$

b. 当温度 t 为 $0 \sim 630 \, ℃$ 时,

$$R_t = R_0 (1 + At + Bt^2) \tag{3.1.51}$$

对于纯度一定的铂热电阻,A,B,C 为常数。工业用铂热电阻主要有 $R_0 = 100 \, \Omega$ 和 $R_0 = 1 \, 000 \, \Omega$ 两种,它们的分度号分别为 P_{t100}、P_{t1000}。铂热电阻不同分度号亦有相应的分度表,即 R_t 与 t 的关系表,这样在实际测量中,只要测得热电阻的阻值 R_t,便可从分度表上查出对应的温度值。该分度表可通过查阅相关资料得到。当然也可在测得的热电阻阻值后,通过热电特性方程计算出相应的温度值。

在测温精度要求不高情况下,可按如下公式计算铂电阻的灵敏度:

$$R_t = R_0 (1 + \alpha t) \tag{3.1.52}$$

$$K = \frac{1}{R_0} \frac{dR_t}{dt} = \alpha \tag{3.1.53}$$

可以看出铂电阻的灵敏度等于其温度系数。

② 纯度

铂热电阻中的铂丝纯度用电阻比 W_{100} 表示,它是铂热电阻在 $100 \, ℃$ 时的电阻值 R_{100} 与 $0 \, ℃$ 时的电阻值 R_0 之比。按 IEC 标准,工业使用的铂热电阻的 $W_{100} > 1.385$。

(2) 铜热电阻

在一些测量精度要求不高且温度较低的场合,可采用铜热电阻进行测温,它的测量范围为 $-50 \sim 150 \, ℃$。在此温度范围内其热电特性方程为

$$R_t = R_0 (1 + \alpha t) \tag{3.1.54}$$

其中温度系数 $\alpha = 4.28 \times 10^{-3} / ℃$。

铜热电阻的两种分度号为 $Cu_{50}(R_0=50\ \Omega)$ 和 $Cu_{100}(R_0=100\ \Omega)$。它不宜在氧化性介质中使用,适合在无水分及侵蚀性介质中进行温度测量。

（3）热电阻的结构

工业用热电阻的结构如图 3.1.12 所示。它由电阻体、绝缘管、保护套管、引线和接线盒等部分组成。电阻体由电阻丝和电阻支架组成,电阻丝采用双线无感绕法绕制在具有一定形状的云母、石英或陶瓷塑料电阻支架上,电阻支架起到支撑和绝缘的作用。引出线通常采用直径为 1 mm 的银丝或镀银铜丝,它与接线盒柱相接,以便与外接线路相连从而测量显示温度。用热电阻传感器进行测温时,测量电路经常采用电桥电路,采用三线制或四线制将热电阻接于电桥电路中。图 3.1.13 为铂热电阻结构图。

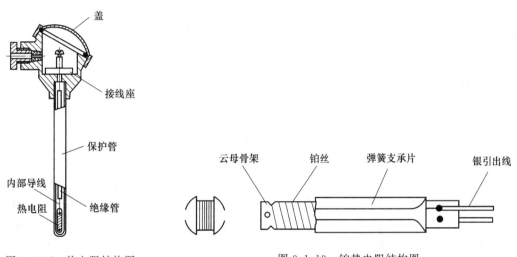

图 3.1.12　热电阻结构图　　　　　图 3.1.13　铂热电阻结构图

2. 半导体热敏电阻

半导体热敏电阻是利用半导体材料的电阻率随温度变化而变化的性质而制成的温度敏感元件。半导体与金属有着完全不同的导电机理。由于半导体中参与导电的载流子比金属中的自由电子的密度要小得多,所以半导体的电阻率大。随着温度的升高,一方面,半导体的价电子受热激发跃迁到较高的能级产生新的电子-空穴对,使载流子数目增加,电阻率减小;另外一方面,半导体材料的载流子的平均运动速度升高,阻碍载流子定向运动的能力增强,电阻率增大。因此,半导体热敏电阻主要有两种类型,即正温度系数热敏电阻 PTC 和负温度系数热敏电阻 NTC。

电阻率随着温度的升高而增大且当超过某一温度后急剧增大的电阻,为正温度系数热敏电阻。PTC 热敏电阻是由钛酸钡掺杂铝、锶等稀土元素烧结而成的陶瓷材料。它主要用于控温、保护等场合,如半导体器件的过热保护,电机、变压器、音响设备的安全保护等。

电阻率随着温度的升高而减小的热敏电阻,为负温度系数热敏电阻。NTC 热敏电阻由负温度系数很大的固体多晶体和半导体氧化物混合而成。NTC 热敏电阻主要用于测温和进行温度补偿,如人体电子体温计等。

（1）热电特性

这里讨论负温度系数的热敏电阻,其阻值与温度的关系近似呈指数关系,如图 3.1.14 所示。其关系式为

$$R_T = R_0 e^{B(1/T - 1/T_0)} \tag{3.1.55}$$

其中：T 为被测温度，单位为 K，$T=273+t$ ；T_0 为参考温度，单位为 K，$T_0=273+t_0$；R_T、R_0 为热敏电阻在温度为 T、T_0 时的阻值；B 为热敏电阻的材料常数。

B 值由如下公式确定：

$$B=\ln\left(\frac{R_T}{R_0}\right)\bigg/\left(\frac{1}{T}-\frac{1}{T_0}\right) \tag{3.1.56}$$

例：某负温度系数的热敏电阻，当温度为 298 K 时，阻值为 $R_{T_1}=3\ 144\ \Omega$；当温度为 303 K 时，阻值为 $R_{T_2}=2\ 772\ \Omega$。求该热敏电阻的材料常数 B。

解：该热敏电阻的材料常数 B 为

$$B=\ln\left(\frac{R_{T_1}}{R_{T_2}}\right)\bigg/\left(\frac{1}{T_1}-\frac{1}{T_2}\right)=\ln\left(\frac{3\ 114}{2\ 772}\right)\bigg/\left(\frac{1}{298}-\frac{1}{303}\right)=2\ 275\ \text{K} \tag{3.1.57}$$

热敏电阻的温度系数定义为温度每变化 1 ℃时，电阻值的相对变化量，其计算公式为

$$\alpha=\frac{1}{R_T}\frac{\mathrm{d}R_T}{\mathrm{d}t}=-\frac{B}{T^2} \tag{3.1.58}$$

热敏电阻的温度系数与测温点相关，在 298 K 时热敏电阻的温度系数 α 为

$$\alpha=-\frac{2\ 275}{298^2}=-2.56\%/\text{K} \tag{3.1.59}$$

热敏电阻的温度系数远远高于金属丝的温度系数。

（2）热敏电阻的伏安特性

伏安特性是指加在热敏电阻两端的电压与流过的电流之间的关系，即 $U=f(I)$

图 3.1.15 为热敏电阻的伏安特性曲线。当流过热敏电阻的电流较小时，其伏安特性符合欧姆定律，曲线为上升直线，用于测温；当电流增大到一定值时，电流引起热敏电阻自身温度升高，出现负阻特性，即虽然电流增大，但其阻值减小，端电压反而下降。在应用热敏电阻时，应尽量减小流过它的电流，从而降低自热效应的影响。一般热敏电阻的工作电流在几毫安左右。

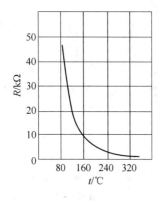

图 3.1.14　热敏电阻的热电特性

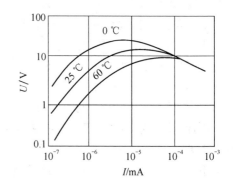

图 3.1.15　热敏电阻的伏安特性

3. 热电阻传感器的应用

（1）金属热电阻传感器

工业上广泛采用金属热电阻进行温度测量，测量电路采用电桥电路。为了减小引线电阻带来的误差，工业用铂电阻的引线不是两根而是三根或四根，相应的铂电阻测量电路为三线制测量电路和四线制测量电路。为何工业中不能采用两线制测温呢？一般工业测温场合铂电阻置于现场，通过较长导线将铂电阻连接到电桥电路，连接导线的压降会造成测量误差。两线制测量电路如图 3.1.16 所示。其输出电压为

$$U_0 = \left(\frac{R_t + 2r}{R + R_t + 2r} - \frac{R_0}{R + R_0} \right) U_i \tag{3.1.60}$$

可见两线制测量无法消除导线压降造成的误差。

三线制测量电路如图 3.1.17 所示。铂电阻一端焊接一根引出线,接电桥的一个桥臂;另一端焊接两根引出线,分别接干路和电桥的另外一个桥臂,采用恒压源或恒流源供电。由于电桥的相邻两个桥臂增加了相同的导线电阻,差动输出后,可消除导线电阻的影响。三线制测温的输出电压为

$$U_0 = \left(\frac{R_t + r}{R + R_t + r} - \frac{R_0 + r}{R + R_0 + r} \right) U_i \tag{3.1.61}$$

当 $R \gg R_t$,$R \gg r$ 时

$$U_0 = \frac{R(R_t - R_0)}{(R + R_t)(R + R_0)} U_i \tag{3.1.62}$$

消除了导线电阻的影响。

四线制测量电路如图 3.1.18 所示。铂电阻两端各焊接两根引出线。其中两根引出线通过电阻后与恒流源连接,另外两根引出线接放大器的输入端。铂电阻将温度的变化转换为阻值的变化,当铂电阻流过恒定电流时,阻值的变化转换为电压的变化,经过差动放大器将较弱信号放大到所需的电平,以便后续电路处理。四线制测温输出电压

$$U_0 = \frac{R_f}{R_i} U_i = \frac{R_f}{R_i} I R_t \tag{3.1.63}$$

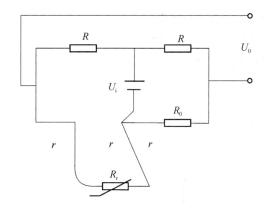

图 3.1.16　两线制测量电路

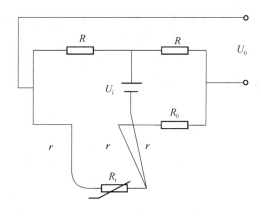

图 3.1.17　三线制测量电路

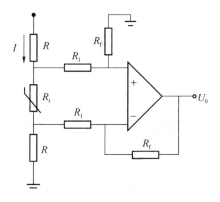

图 3.1.18　四线制测量电路

（2）热敏电阻传感器

图 3.1.19 为一温度控制器，R_t 为负温度系数的热敏电阻，可实现某一温度范围（$t_1 \sim t_2$）的温度控制。当实际温度低于设定温度 t_1 时，热敏电阻阻值较大，VT_1 的基射极间的电压大于导通电压，VT_1 导通，VT_2 也导通，继电器 J 线圈得电，其常开触点 J_1 吸合，电热丝加热，发光二极管发光，电路处于加热状态；当实际温度高于设定温度 t_2 时，热敏电阻阻值较小，VT_1 的基射极间的电压小于导通电压，VT_1 截止，VT_2 也截止，继电器 J 线圈失电，其常开触点 J_1 断开，电热丝不加热，从而达到某一小温度范围的温度控制。

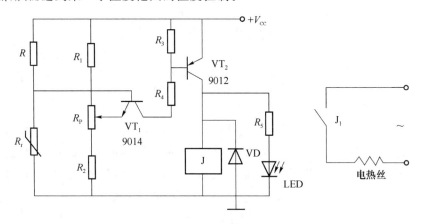

图 3.1.19　温度控制器

仪表中的零件多数是用金属丝做成的，如线圈、绕线电阻等。金属丝具有正的温度系数，采用负温度系数的热敏电阻进行补偿，可以抵消温度变化所产生的误差。

实际应用中，将负温度系数的热敏电阻与小阻值锰铜丝电阻并联后再与被补偿元件串联，如图 3.1.20 所示。

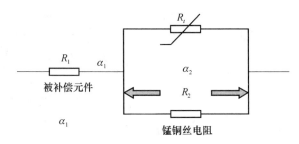

图 3.1.20　温度补偿电路

在一定的温度变化范围内，被补偿元件与并联补偿电路的阻值变化满足 $\Delta R_1 + \Delta R_2 \approx 0$，即可实现温度补偿。

3.1.4　光敏电阻

光敏电阻是基于半导体的光电效应制成的光电器件，又称为光导管。它没有极性，是一个电阻器件，使用时，可加直流电压，也可加交流电压。

1. 光敏电阻的结构与工作原理

光敏电阻的结构如图 3.1.21 所示。在玻璃基板上均匀涂上一薄层半导体物质，如硫化镉（CdS）等，然后在半导体两端装上金属电极，再将其封装在塑料壳内。为了增大光照面积，获得更高的灵敏度,光敏电阻的电极一般采用梳状电极。其工作原理如图 3.1.22 所示。

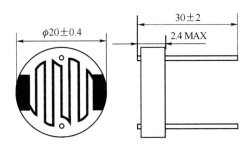

图 3.1.21 光敏电阻的结构

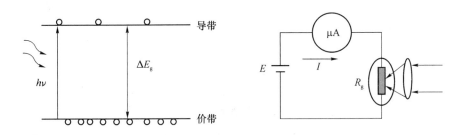

图 3.1.22 光敏电阻的工作原理

无光照时,光敏电阻的阻值很大,大多数光敏电阻的阻值在兆欧级以上,将光敏电阻接入电路,电路的暗电流很小;当受到一定波长范围的光照射时,其阻值急剧下降,电阻可降到千欧级以下,电路中的电流增大。其原因是光照射到本征半导体上,当光子能量大于半导体材料的禁带宽度时,材料中的价带电子吸收了光子能量跃迁到导带,激发出电子-空穴对,从而增强了导电性能,使阻值降低。光照停止时,电子-空穴对又复合,阻值恢复。为了产生内光电效应,要求入射光子的能量大于等于半导体的禁带宽度。

$$h\frac{c}{\lambda} \geqslant \Delta E_g \tag{3.1.64}$$

刚好产生内光电效应的临界波长为

$$\lambda_0 = \frac{1\ 293}{\Delta E_g} \tag{3.1.65}$$

单位为 ns。

制作光敏电阻的材料一般是金属硫化物和金属硒化物,CdS 的禁带宽度为 $\Delta E_g = 2.4$ eV,CdSe 的禁带宽度为 $\Delta E_g = 1.8$ eV。光敏电阻具有很高的灵敏度,很好的光谱特性,光谱响应从紫外区一直到红外区,而且体积小,重量轻,性能稳定,因此,它被广泛应用于防盗报警、火灾报警电器控制等自动化技术中。

2. 光敏电阻的主要参数和基本特性

(1) 光敏电阻的主要参数

① 暗电阻、暗电流

在室温条件下,光敏电阻在未受到光照时的阻值为暗电阻,此时电路中流过的电流为暗电流。

② 亮电阻、亮电流

光敏电阻在受到一定光强照射下的阻值为亮电阻,此时电路中流过的电流为亮电流。

③ 光电流

亮电流与暗电流之差称为光电流。即

$$I_光 = I_亮 - I_暗 \qquad (3.1.66)$$

光敏电阻的暗电阻越大，亮电阻越小，性能越好。光敏电阻的暗电阻一般在兆欧级，亮电阻在千欧级以下。

（2）光敏电阻的基本特性

① 伏安特性

在一定的光照下，光敏电阻两端所加的电压与光电流之间的关系，称为伏安特性。伏安特性曲线如图 3.1.23 所示。在给定的偏压下，光照强度越大，光电流越大；当光照强度一定时，所加偏压越大，光电流越大，并且没有饱和现象。考虑光敏电阻最大额定功率限制，所加偏压应小于最大工作电压。

② 光照特性

光敏电阻的光电流与光通量或光照度之间的关系，称为光敏电阻的光照特性。光敏电阻的光照特性为非线性，如图 3.1.24 所示。它不宜作为检测元件，一般作为开关式传感器用于自动控制系统中，如被动式人体红外报警器的控制，路灯的开启控制等。

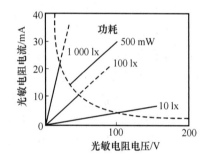

图 3.1.23　光敏电阻的伏安特性

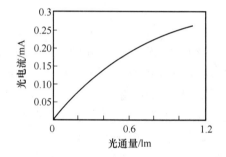

图 3.1.24　光敏电阻的光照特性

③ 光谱特性

光敏电阻输出光电流的大小不仅与入射光强度有关，还与入射光的波长相关。设光敏电阻的峰值波长 λ_{max} 对应的光电流为 I_{omax}，实际入射波长 λ 对应的光电流为 I_o，相对灵敏度为

$$K_r = \frac{I_o}{I_{omax}} \times 100\% \qquad (3.1.67)$$

相对灵敏度与入射波长的关系称为光谱特性，亦称为光谱响应。图 3.1.25 为光敏电阻的光谱特性，不同材料的峰值波长不同。硫化镉光敏电阻的光谱响应峰值波长在可见光区，硫化铅的光谱响应峰值波长在红外区。同一种材料，对不同波长入射光的相对灵敏度不同，响应电流也不同。应根据光源的性质，选择合适的光电元件，应使光源的波长与光敏元件的峰值波长接近，使光电元件得到较高的相对灵敏度。

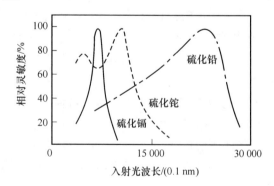

图 3.1.25　光敏电阻的光谱特性

④ 频率特性

光电流与频率的关系反映了光敏电阻的响应速度。光敏电阻受到（调制）交变光作用，光电流不能立刻随着光照的变化而变化，产生的光电流有一定的惰性，随着频率的增加，光电流下降。图 3.1.26 为光敏电阻频率特性的原理，电机带动调制盘旋转，当电机转速增加时，调制盘频率增加，通过微安表我们可以很直观地看出光电流逐步下降。

图 3.1.27 为硫化铊和硫化铅光敏电阻的频率特性。我们可以很明显地看出硫化铅光敏电阻的频率特性优于硫化铊光敏电阻，其使用范围更大。

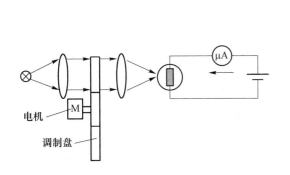

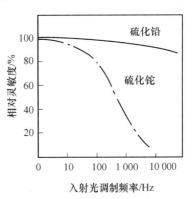

图 3.1.26　光敏电阻的响应曲线　　　　图 3.1.27　光敏电阻的频率特性

⑤ 温度特性

作为半导体元件的光敏电阻，有一定的温度系数，且受温度影响较大，当温度升高时暗电阻和灵敏度均下降，同时温度升高对光敏电阻的光谱特性也有较大的影响，光敏电阻的峰值波长随着温度上升向波长短的方向移动，如图 3.1.28 所示，其峰值波长与温度的关系满足维恩位移定律，即

$$\lambda_m = \frac{B}{T}$$

$(3.1.68)$

因此，有时为了提高光敏电阻的灵敏度或使其能够接收红外辐射，可以采取一些降温措施。

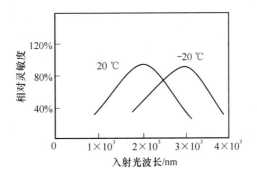

图 3.1.28　光敏电阻的温度特性

3.2　电感式传感器

电感式传感器是利用电磁感应原理，将被测量的变化转换为线圈的自感或互感变化的装置。它常用来检测位移、压力、振动、应变、流量、比重等参数。

电感式传感器的种类较多,根据转换原理的不同,可分为自感式、互感式、电涡流式等。按照结构形式的不同,自感式传感器分为变气隙式、变截面积式和螺管式,互感式传感器分为变气隙式和螺管式,电涡流传感器分为高频反射式和低频透射式。

电感式传感器具有以下优点:结构简单,工作可靠,灵敏度高,分辨率高;测量精度高,线性好,性能稳定,输出阻抗小,输出功率大;抗干扰能力强,适用于恶劣环境。电感式传感器的缺点是:频率响应较低,不宜做快速动态测量;存在交流零位信号,传感器的灵敏度、分辨率、线性度和测量范围相互制约,测量范围越大,灵敏度、分辨率越低。

3.2.1 自感式传感器

1. 自感式传感器的结构与工作原理

图 3.2.1 为自感式传感器的结构,其中铁芯和活动衔铁由导磁材料(如硅钢片或坡莫合金)制成。铁芯上绕有线圈,并加交流激励。铁芯与衔铁之间有空气隙,当衔铁上下移动时,空气隙改变,磁路磁阻发生变化,从而引起线圈自感的变化,这种自感量的变化与衔铁位置有关。因此,只要测出自感量的变化,就能获得衔铁位移量的大小,这就是自感式传感器的变换原理。

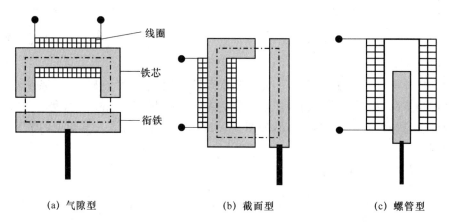

(a) 气隙型　　　　　　　　(b) 截面型　　　　　　　　(c) 螺管型

图 3.2.1　自感式传感器结构

对匝数为 W 的电感线圈通有效值为 I 的交流电产生的磁通为 Φ,电感线圈的电感量为

$$L = \frac{W\Phi}{I} \tag{3.2.1}$$

其中,Φ 为单匝线圈中的磁通。

根据磁路欧姆定律可知:

$$\Phi = \frac{WI}{R_m} = \frac{WI}{\sum_{i=1}^{n} R_{mi}} \tag{3.2.2}$$

电感值为

$$L = \frac{W^2}{\sum_{i=1}^{n} R_{mi}} \tag{3.2.3}$$

铁芯、衔铁和空气隙的总磁阻为

$$\sum_{i=0}^{2} R_{mi} = \sum_{i=0}^{2} \frac{l_i}{\mu_i S_i} = \frac{l_1}{\mu_1 S_1} + \frac{l_2}{\mu_2 S_2} + \frac{2\delta}{\mu_0 S_0} \tag{3.2.4}$$

其中，μ_0，δ，S_0 分别为气隙的磁导率（H/m），气隙（m）和截面积（m²）；μ_1，l_1，S_1 分别为铁芯的磁导率、气隙和截面积；μ_2，l_2，S_2 分别为衔铁的磁导率、气隙和截面积。

忽略铁芯、衔铁的磁阻，总磁阻为

$$R_m \approx \frac{2\delta}{\mu_0 S_0} \tag{3.2.5}$$

电感值为

$$L = \frac{N^2}{\sum\limits_{i=0}^{2} R_{mi}} \approx \frac{W^2 \mu_0 S_0}{2\delta} \tag{3.2.6}$$

式（3.2.6）为电感传感器的基本特性方程。当线圈的匝数确定后，只要气隙或气隙截面积发生变化，电感就会发生变化，即 $L = f(\delta, S)$，因此，电感式传感器在结构形式上有变气隙式和变面积式。

在圆筒形线圈中放圆柱形衔铁，当衔铁上下移动时，电感量发生变化，可构成螺管型电感传感器。

2. 变气隙式自感传感器的灵敏度及特性

（1）简单变气隙式自感传感器的灵敏度及特性

简单变气隙式自感传感器也称简单式电感传感器，其 $L\text{-}\delta$ 特性曲线如图 3.2.2 所示。当衔铁处于初始位置时，初始电感量为

$$L_0 = \frac{W^2 \mu_0 S_0}{2\delta_0} \tag{3.2.7}$$

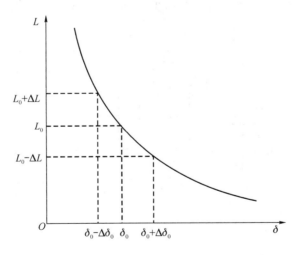

图 3.2.2　变气隙式自感传感器的 $L\text{-}\delta$ 特性曲线

当衔铁上移 $\Delta\delta$ 时，传感器气隙减小 $\Delta\delta$，即 $\delta = \delta_0 - \Delta\delta$，则此时输出电感量为

$$L = L_0 + \Delta L = \frac{N^2 \mu_0 S_0}{2(\delta_0 - \Delta\delta)} = \frac{L_0}{1 - \dfrac{\Delta\delta}{\delta_0}} \tag{3.2.8}$$

当 $\Delta\delta/\delta \ll 1$ 时，可将上式用泰勒级数展开为如下级数形式：

$$L = L_0 + \Delta L = L_0 \cdot \left[1 + \left(\frac{\Delta\delta}{\delta_0} \right) + \left(\frac{\Delta\delta}{\delta_0} \right)^2 + \cdots \right] \qquad (3.2.9)$$

$$\frac{\Delta L}{L_0} = \frac{\Delta\delta}{\delta_0} \cdot \left[1 + \left(\frac{\Delta\delta}{\delta_0} \right) + \left(\frac{\Delta\delta}{\delta_0} \right)^2 + \cdots \right] \qquad (3.2.10)$$

当衔铁下移 $\Delta\delta$ 时，传感器气隙增大 $\Delta\delta$，即 $\delta = \delta_0 + \Delta\delta$，则此时输出电感量为

$$L = L_0 - \Delta L$$

$$\frac{\Delta L}{L_0} = \frac{\Delta\delta}{\delta_0} \cdot \left[1 - \left(\frac{\Delta\delta}{\delta_0} \right) + \left(\frac{\Delta\delta}{\delta_0} \right)^2 - \left(\frac{\Delta\delta}{\delta_0} \right)^3 + \cdots \right] \qquad (3.2.11)$$

忽略式(3.2.11)中的二次项及其以上的高次项,得

$$\frac{\Delta L}{L_0} = \frac{\Delta\delta}{\delta_0} \qquad (3.2.12)$$

灵敏度为

$$K = \frac{\Delta L}{\Delta\delta} = \frac{L_0}{\delta_0} \qquad (3.2.13)$$

由上述分析可知,简单变气隙式自感传感器的测量范围与灵敏度和线性度是相互矛盾的。它适合测量微小位移,即一般 $\frac{\Delta\delta}{\delta_0} \leqslant 0.1$。为了减小非线性误差,提高传感器的灵敏度,在实际应用中广泛采用差动变气隙式自感传感器。

（2）差动变气隙式自感传感器的灵敏度及特性

差动变气隙式自感传感器也称差动式电感传感器,其结构特点是两个完全对称的简单电感传感元件合用一个活动衔铁。测量时,衔铁通过导杆与被测体相连,当被测体上下移动时,导杆带动衔铁以相同的位移上下移动,使两个磁回路中磁阻发生大小相等、方向相反的变化,导致一个线圈的电感量增加,另一个线圈的电感量减小,形成差动形式,其原理结构如图 3.2.3 所示。

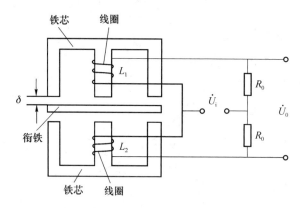

图 3.2.3　差动变气隙式自感传感器

当衔铁处于初始位置时,

$$L_1 = L_2 = L_0 = \frac{W^2 \mu_0 S_0}{2\delta_0} \qquad (3.2.14)$$

当衔铁向上移动 $\Delta\delta$ 时,

$$\Delta L_1 = L_0 \frac{\Delta\delta}{\delta_0} \cdot \left[1 + \left(\frac{\Delta\delta}{\delta_0} \right) + \left(\frac{\Delta\delta}{\delta_0} \right)^2 + \left(\frac{\Delta\delta}{\delta_0} \right)^3 + \cdots \right] \qquad (3.2.15)$$

$$\Delta L_2 = L_0 \frac{\Delta \delta}{\delta_0} \cdot \left[1 - \left(\frac{\Delta \delta}{\delta_0} \right) + \left(\frac{\Delta \delta}{\delta_0} \right)^2 - \left(\frac{\Delta \delta}{\delta_0} \right)^3 + \cdots \right] \tag{3.2.16}$$

差动电感传感器的总变化量为

$$\Delta L_1 + \Delta L_2 = 2L_0 \frac{\Delta \delta}{\delta_0} \cdot \left[1 + \left(\frac{\Delta \delta}{\delta_0} \right)^2 + \left(\frac{\Delta \delta}{\delta_0} \right)^4 + \cdots \right] \tag{3.2.17}$$

忽略式(3.2.17)中的二次项及其以上的高次项,得

$$\frac{\Delta L}{L_0} = 2 \frac{\Delta \delta}{\delta_0} \tag{3.2.18}$$

灵敏度为

$$K = \frac{\Delta L}{\Delta \delta} = 2 \frac{L_0}{\delta_0} \tag{3.2.19}$$

根据上述分析共得到以下 3 条结论:

① 差动式电感传感器的灵敏度为简单式的 2 倍;

② 简单式电感传感器的非线性误差为 $\Delta \delta / \delta_0$,差动式电感传感器的非线性误差为$(\Delta \delta / \delta_0)^2$;

③ 差动式电感传感器克服了温度等外界共模信号的干扰。

3. 变面积式电感传感器

若铁芯和衔铁材料的磁导率相同,磁路通过截面积为 S,则变面积式电感传感器的磁阻为

$$\sum R_m = \frac{l}{\mu_0 \mu_r S} + \frac{l_\delta}{\mu_0 S} \tag{3.2.20}$$

电感为

$$L = \frac{W^2}{\dfrac{l}{\mu_0 \mu_r S} + \dfrac{l_\delta}{\mu_0 S}} = \frac{W^2 \mu_0}{\dfrac{l}{\mu_r} + l_\delta} S = K_s S \tag{3.2.21}$$

其中,l_δ 为气隙的总长度,l 为铁芯与衔铁的总长度,μ_r 为铁芯和衔铁的磁导率,S 为气隙磁通的截面积。在忽略传感器气隙磁通边缘效应的条件下,输入与输出呈线性关系。变面积式电感传感器的缺点是灵敏度较低。

螺管式电感传感器的详细内容请参见有关书籍。

4. 电感式传感器测量电路

自感式传感器将被测非电量的变化转换为电感的变化,然后将电感接入相应的测量电路,把电感的变化转换为电压幅值、频率或相位的变化。常用的测量电路有变压器电桥电路、带相敏检波的电桥电路、谐振电路等。

(1) 变压器电桥电路

变压器电桥电路如图 3.2.4 所示。Z_1、Z_2 为自感式传感器两个线圈的阻抗,另外两臂为电源变压器两组副边线圈,电路空载时,输出电压为

$$u_0 = \frac{u}{Z_1 + Z_2} Z_1 - \frac{u}{2} = \frac{u}{2} \frac{Z_1 - Z_2}{Z_1 + Z_2} \tag{3.2.22}$$

初始平衡状态,$Z_1 = Z_2 = Z$,$u_0 = 0$。当衔铁偏离中间零点时

$$Z_1 = Z + \Delta Z, \quad Z_2 = Z - \Delta Z$$

将其代入式(3.3.22)得

$$u_0 = \left(\frac{u}{2}\right) \times \left(\frac{\Delta Z}{Z}\right) \tag{3.2.23}$$

当传感器衔铁向反方向移动时

$$Z_1 = Z - \Delta Z, \quad Z_2 = Z + \Delta Z$$

将其代入式(3.2.22)得

$$u_0 = -\left(\frac{u}{2}\right) \times \left(\frac{\Delta Z}{Z}\right) \tag{3.2.24}$$

传感器线圈的阻抗 $Z = R + j\omega L$,其变化量 $\Delta Z = \Delta R + j\omega \Delta L$,通常线圈的品质因数很高,即 $Q = \omega L/R$,$R \ll \omega L$,$\Delta R \ll \omega \Delta L$,故

$$u_0 = \pm\left(\frac{u}{2}\right) \times \left(\frac{\Delta L}{L}\right) \tag{3.2.25}$$

即当电路空载时,输出电压与电感的变化呈线性关系。

由于输出为交流电压,所以电路只能确定衔铁位移的大小,不能判断位移的方向。为了判断位移的方向,要在后续电路中配置相敏检波电路。

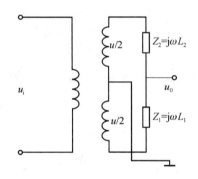

图 3.2.4 变压器电桥电路

(2) 带相敏检波的电桥电路

带相敏检波的电桥电路如图 3.2.5 所示。

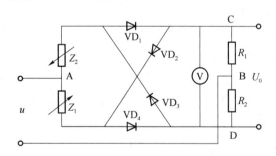

图 3.2.5 带相敏检波的电桥电路

电路作用:辨别衔铁位移方向,即 U_0 的大小反映位移的大小,U_0 的极性反映位移的方向;消除零点残余电压,使 $x = 0$ 时,$U_0 = 0$。

电桥由差动式电感传感器的线圈 Z_1 和 Z_2 及平衡电阻 R_1 和 R_2 组成,$R_1 = R_2$,$VD_1 \sim VD_4$ 构成了相敏整流器,电桥的一个对角线接交流激励电压,另一个对角线为输出电压,接电压表。

设衔铁下移使 $Z_1 = Z + \Delta Z$,$Z_2 = Z - \Delta Z$,当电源 u 输入正半周电压时(A 正,B 负),VD_1、

VD$_4$ 导通，VD$_2$、VD$_3$ 截止，电阻 R_1 上的电压大于 R_2 上的电压，$U_0>0$；当电源 u 输入负半周电压时（A 负，B 正），VD$_1$、VD$_4$ 截止，VD$_2$、VD$_3$ 导通，电阻 R_1 上的电压小于 R_2 上的电压，$U_0=U_{CD}>0$。在电源的一个周期内，电压表的输出始终为上正下负。

同理，设衔铁上移使 $Z_1=Z-\Delta Z$，$Z_2=Z+\Delta Z$，当电源 u 输入正半周电压时（A 正，B 负），VD$_1$、VD$_4$ 导通，VD$_2$、VD$_3$ 截止，电阻 R_1 上电压小于 R_2 上的电压，$U_0<0$；当电源 u 输入负半周电压时（A 负，B 正），VD$_1$、VD$_4$ 截止，VD$_2$、VD$_3$ 导通，电阻 R_1 上的电压大于 R_2 上的电压，$U_0=U_{CD}<0$。在电源的一个周期内，电压表的输出始终为上负下正。

综上所述，输出电压的幅值反映了位移的大小，输出电压的极性反映了衔铁位移的方向。

图 3.2.6 为非相敏整流电路与相敏整流电路的输出电压特性曲线比较图。根据该图我们可以看出，使用相敏整流电路时，输出电压极性不仅能够反映衔铁位移的大小和方向，而且由于二极管的整流作用，还能消除零点残余电压的影响。

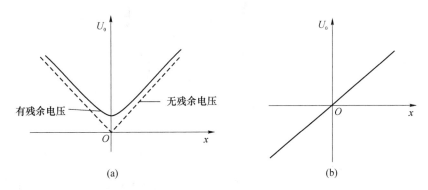

(a)　　　　　　　　　　　　　　　　(b)

图 3.2.6　非相敏整流电路与相敏整流电路输出电压特性曲线比较

（3）调频电路

传感器的自感变化将引起输出电压频率变化。将传感器的电感线圈 L 与一个固定电容 C 接到一个振荡电路 G 中，如图 3.2.7(a) 所示，电路的振荡频率为 $f=1/2\pi\sqrt{LC}$。

图 3.2.7(b) 为频率 f 与电感 L 的关系。L 变化，振荡频率 f 随之变化，根据 f 的大小可测出被测量的值。当 L 有微小变化 ΔL 时，振荡频率的变化为

$$\Delta f=-(LC)^{-3/2}C\Delta L/4\pi=-\left(\frac{f}{2}\right)\times\left(\frac{\Delta L}{L}\right) \tag{3.2.26}$$

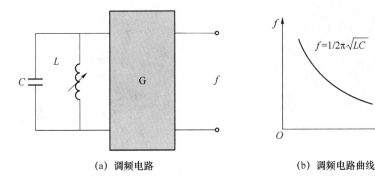

(a) 调频电路　　　　　　　　(b) 调频电路曲线

图 3.2.7　调频电路

5．电感式传感器的应用

（1）压力测量

图 3.2.8 为 C 型管压力传感器的结构与原理图,它采用变气隙式差动传感器。当被测压力 P 变化时,弹簧管的自由端产生位移,带动与自由端刚性相连的自感传感器的衔铁发生移动,使差动自感传感器的电感值一个增加,一个减小。传感器采用变压器电桥供电,输出信号的大小决定位移的大小,输出信号的相位决定位移的方向。

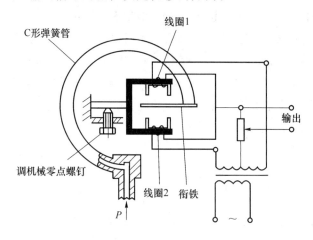

图 3.2.8　C 型管压力传感器

（2）电感式滚柱直径分选装置

图 3.2.9 为电感式滚柱直径分选装置的结构图,该装置可将加工出来的滚柱按加工精度分选到对应的料仓,其工作原理图如图 3.2.10 所示。

分选流程为将滚柱送入进料桶,通过计算机控制电磁阀,使推杆将滚柱推送到测量位限位挡板处,限位挡板处的测微头下移接触滚柱。通过计算机控制电磁阀撤推杆,测微仪开始测量,检测后通过计算机控制对应滚柱直径的料仓门开启,撤限位开关,滚柱滚落到对应直径的分选箱中,关门并复位限位开关,完成一个滚柱的分选。

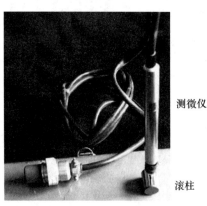

图 3.2.9　电感式滚柱直径分选装置结构图

该装置的测量原理为以标准滚柱直径为基准,衔铁处于差动式自感传感器的中间,输出电压为 0。滚柱直径偏离基准,衔铁偏离中心位置,差动输出电压,根据输出电压计算出衔铁位移,即滚柱直径的变化,据此进行分选。

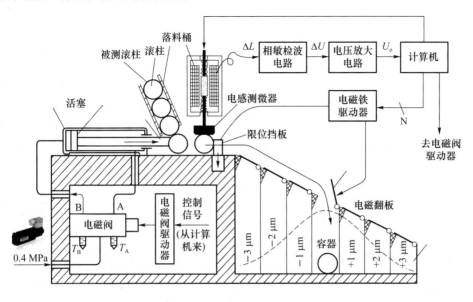

图 3.2.10　电感式滚柱直径分选装置原理图

3.2.2　互感式传感器

互感式传感器是把被非电量的变化转换为互感量的变化。由于这种传感器是根据变压器的原理制成的,故也叫差动变压器。差动变压器的结构形式主要有变间隙式、变面积式和螺线管式。虽然结构不同,但工作原理基本相同。在对非电量进行测量时,应用较多的是螺线管式,它可测量 1~100 mm 的位移,具有测量精度高、灵敏度高、结构简单、性能可靠等优点,广泛应用于位移、压力等非电量测量中。

下面对三段式螺线管式差动变压器进行分析。

1. 互感式传感器的结构与工作原理

螺线管式差动变压器的结构如图 3.2.11 所示,它由绝缘骨架、绕在骨架上的一个初级线圈、对称于初级线圈的两个次级线圈和插在线框中央的圆柱形铁芯组成。

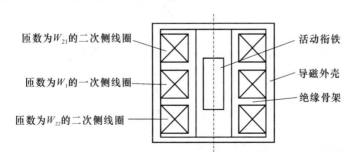

图 3.2.11　螺管式差动变压器

两个次级线圈差动连接,对初级线圈加一定频率的激励时,理想的等效电路如图 3.2.12 所示。根据变压器原理,在两个次级绕组上会产生感应电动势 $\dot{E}_{21}$ 和 $\dot{E}_{22}$。若制作工艺保证了变压器结构完全对称,当衔铁处于中间平衡位置时,初级绕组与两个次级绕组间的磁回路的磁

阻 $R_{21}=R_{22}$、磁通 $\Phi_{21}=\Phi_{22}$、互感系数 $M_1=M_2$,根据电磁感应定律可知 $\dot{E}_{21}=\dot{E}_{22}$。由于两个次级绕组差动连接,故 $\dot{U}_2=\dot{E}_{21}-\dot{E}_{22}=0$,输出为 0。

当被测量带动衔铁向次级绕组 W_{21} 方向移动时,$R_{21}<R_{22}$,$\Phi_{21}>\Phi_{22}$,$M_1>M_2$,$\dot{E}_{21}$ 增大,$\dot{E}_{22}$ 减小,$\dot{U}_2=\dot{E}_{21}-\dot{E}_{22}\neq0$,$u_{21}$、$u_{22}$、$u_2$ 随衔铁位移的变化而变化的特性曲线如图 3.2.13 所示。差动输出电压曲线由两个次级输出电压曲线合成,是一条呈 V 字形的曲线。

曲线为理想曲线,实际上,当衔铁处于中央位置时,差动输出电压并不为 0,一般为数十毫伏。差动变压器在零位时的输出电压称为零点残余电压,在实际使用时,此电压必须通过电路设法消除。

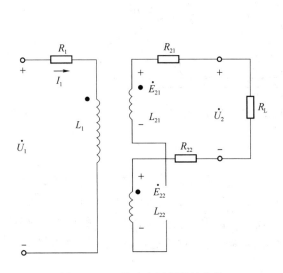

图 3.2.12　差动变压器等效电路　　　图 3.2.13　差动变压器的输出电压特性曲线

2. 基本特性

（1）等效电路

根据差动变压器等效电路可知,当次级开路时,初级线圈的电流为

$$\dot{I}_1=\frac{\dot{U}_1}{R_1+\mathrm{j}\omega L_1} \tag{3.2.27}$$

根据电磁感应定律,二次线圈由于互感产生的互感电动势为

$$e_{21}=-\frac{\mathrm{d}\phi_{21}}{\mathrm{d}t}=-M_1\frac{\mathrm{d}i_1}{\mathrm{d}t}=-\mathrm{j}\omega M_1 I_\mathrm{m}\mathrm{e}^{\mathrm{j}\omega t} \tag{3.2.28}$$

$$e_{22}=-\frac{\mathrm{d}\phi_{22}}{\mathrm{d}t}=-M_2\frac{\mathrm{d}i_1}{\mathrm{d}t}=-\mathrm{j}\omega M_2 I_\mathrm{m}\mathrm{e}^{\mathrm{j}\omega t}$$

其中,$i_1=I_\mathrm{m}\mathrm{e}^{\mathrm{j}\omega t}$,互感电动势的复频域表达式为

$$\dot{E}_{21}=-\mathrm{j}\omega M_1\dot{I}_1 \tag{3.2.29}$$

$$\dot{E}_{22}=-\mathrm{j}\omega M_2\dot{I}_1$$

两个次级绕组差动连接,且次级开路,输出电压为

$$\dot{U}_2=\dot{U}_{21}-\dot{U}_{22}=\mathrm{j}\omega(M_1-M_2)\dot{I}_1=\frac{\mathrm{j}\omega(M_1-M_2)\dot{U}_1}{R_1+\mathrm{j}\omega L_1} \tag{3.2.30}$$

输出电压的有效值为

$$U_2 = \frac{\omega(M_1 - M_2)U_1}{\sqrt{R_1^2 + (\omega L_1)^2}} = \pm \frac{2\omega\Delta M U_1}{\sqrt{R_1^2 + (\omega L_1)^2}} \qquad (3.2.31)$$

在电路其他参数为定值时,差动变压器的输出电压与互感的差值成正比。求出互感 M_1、M_2 与活动衔铁位移 x 的关系,代入式(3.2.31)即可确定位移的大小。根据输出电压的有效值表达式对差动变压器的基本特性进行分析。

当衔铁处于中间位置时

$$M_1 = M_2 = M, \quad U_2 = 0$$

当衔铁向 W_{21} 方向移动时

$$M_1 = M + \Delta M, \quad M_2 = M - \Delta M, \quad U_2 = \frac{2\omega\Delta M U_1}{\sqrt{R_1^2 + (\omega L_1)^2}} \qquad (3.2.32)$$

当衔铁向 W_{22} 方向移动时

$$M_1 = M - \Delta M, \quad M_2 = M + \Delta M, \quad U_2 = -\frac{2\omega\Delta M U_1}{\sqrt{R_1^2 + (\omega L_1)^2}} \qquad (3.2.33)$$

输出阻抗为

$$Z = R_{21} + R_{22} + \mathrm{j}\omega L_{21} + \mathrm{j}\omega L_{22} \qquad (3.2.34)$$

幅值为

$$Z = \sqrt{(R_{21} + R_{22})^2 + (\omega L_{21} + \omega L_{22})^2} \qquad (3.2.35)$$

差动变压器的次级绕组可等效为电压为 U_2,输出阻抗为 Z 的电动势源。

(2) 灵敏度

差动变压器的灵敏度指差动变压器初级线圈在单位电压的激励下,铁芯移动一个单位距离时的输出电压,以 V/(mm/V) 表示。

为提高差动变压器的灵敏度,可采取以下措施:

① 在不使初级线圈过热的情况下,提高激励电压;

② 提高线圈的品质因数 Q 的值;

③ 增大衔铁直径,选择磁导率高、铁损小、涡流损失小的材料。

(3) 频率特性

频率过低,差动变压器的灵敏度会降低;频率过高,差动变压器出现铁损、磁滞、涡流等现象的可能性显著增加,从而导致灵敏度降低。具体应用时,激励电压频率在 $10\sim30$ kHz 比较合适。

(4) 线性范围

理想的差动变压器的次级输出电压应与铁芯位移呈线性关系,且差动输出电压相角为一定值。为使传感器有较好的线性度,测量范围为骨架长度的 1/10 左右。采用相敏整流电路对输出电压进行处理,可改善差动变压器的线性度。

(5) 零点残余电压及消除方法

零点残余电压使传感器输出特性在零点附近不灵敏,非线性增大,有用信号被阻塞。

产生零点残余电压的原因有两个:①由于两个二次测量线圈的等效参数不对称,使两个次级输出的基波感应电动势的幅值和相位不能同时相同;②由于铁芯的 B-H 特性的非线性,产生高次斜波不同,不能相互抵消。

为减小零点残余电压,采取下列措施:①在制作工艺上力求结构对称、磁路对称、线圈对称,铁芯和线圈材料均匀;②采用补偿电阻、电容补偿电路、差动整流电路等。

补偿电路如图 3.2.14 所示。补偿电阻可改变二次测量线圈输出电压的大小和相位,对基波正交分量有很好的补偿效果;电容补偿电路对高次斜波分量有较好的抑制作用。应用过程中可根据实际情况选择所需补偿电路。

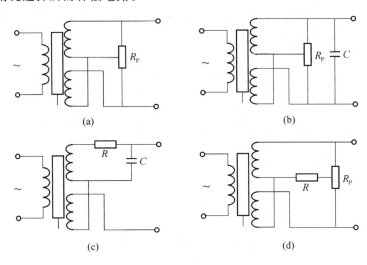

图 3.2.14　零点残余电压补偿电路

3. 测量电路

由差动变压器的等效电路可知,差动输出电压的大小可反映衔铁位移的大小,由于输出电压仍然是交流电压,故它不能反映被测量移动的方向。为了达到能辨别衔铁移动方向和消除零点残余电压的目的,测量中采用差动整流电路和相敏检波电路。

(1) 差动整流电路

差动整流电路的几种电路形式如图 3.2.15 所示,结合该图中的电路,分析两种差动整流电路的工作原理。

① 全波电压输出型

初级线圈激励电压正半周,差动变压器两个次级输出电压的相位为 a 正、b 负、c 正、d 负,次级线圈 W_{21} 输出交流电压 e_{21},经桥式整流后,在 2 端、4 端输出直流电压 U_{24}。同理,次级线圈 W_{22} 输出交流电压 e_{22},经桥式整流后,在 6 端、8 端输出直流电压 U_{68}。差动变压器的输出电压为

$$U_2 = U_{24} - U_{68} \tag{3.2.36}$$

同理,初级线圈激励电压负半周,差动变压器两个次级输出电压的相位为 a 负、b 正、c 负、d 正,输出交流电压 e_{21} 经桥式整流后,输出电压仍为 U_{24} 且极性不变;输出交流电压 e_{22} 经桥式整流后,输出电压仍为 U_{68} 且极性不变,差动输出电压的表达式不变。

衔铁在零位时,$U_{24} = U_{68}$,$U_2 = 0$;当衔铁向上移动时,e_{21} 的幅值大于 e_{22} 的幅值,$U_{24} > U_{68}$,$U_2 > 0$;当衔铁向下移动时,e_{21} 的幅值小于 e_{22} 的幅值,$U_{24} < U_{68}$,$U_2 < 0$。

可以看出,输出电压的大小反映衔铁位移的大小,输出电压的极性反映衔铁位移的方向。同时,差动整流电路可以消除零点残余电压,通过 R_0 调整零点残余电压。

② 全波电流输出型

设衔铁上移,不论差动变压器初级线圈的激励电压为正半周还是负半周,均有

$$|e_{21} > e_{22}|, \quad U_{12} > U_{34}, \quad I_2 > 0 \quad (\text{电流由 a 到 b})$$

同理,设衔铁下移,不论差动变压器初级线圈的激励电压为正半周还是负半周,均有

$$|e_{21}<e_{22}|, \quad U_{12}<U_{34}, \quad I_2<0 \quad (电流由 b 到 a)$$

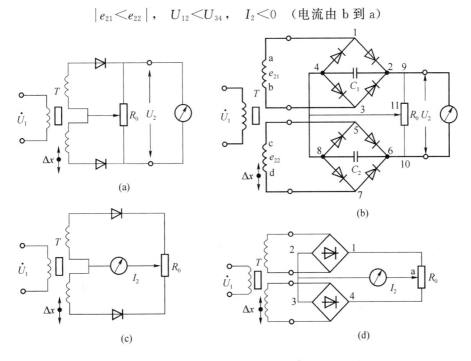

图 3.2.15　差动整流电路

(2) 相敏检波电路

相敏检波电路如图 3.2.16(a) 所示，4 个性能相同的二极管与限流电阻同向串联，形成环形电桥。差动变压器的输出电压 u_2 经过变压比为 n_1 的变压器 T_1 加到环形电桥的一个对角线上，与差动变压器激励电压 u_1 同频同相的参考电压 u_S 经过变压比为 n_2 的变压器 T_2 加到环形电桥的另外一个对角线上。输出电压信号由 T_1、T_2 的中间抽头引出。参考电压 u_S 的幅值远远大于差动变压器输出电压 u_2 的幅值。4 个二极管的导通状态取决于参考电压的极性。

当 $\Delta x>0$ 时，u_2 与 u_S 同频同相，当 u_2 与 u_S 为正半周时，二极管 VD_1、VD_4 截止，VD_2、VD_3 导通，等效电路如图 3.2.16(b) 所示。

$$u_{S1}=u_{S2}=\frac{u_S}{2n_2} \tag{3.2.37}$$

$$u_{21}=u_{22}=\frac{u_2}{2n_1} \tag{3.2.38}$$

根据叠加定理，输出电压 u_0 的表达式为

$$u_0=\frac{R_L u_{22}}{R/2+R_L}=\frac{R_L u_2}{n_1(R+2R_L)} \tag{3.2.39}$$

其中，u_{S1}、u_{S2} 与 R_L 相互抵消。

u_2 与 u_S 为负半周时，二极管 VD_2、VD_3 截止，VD_1、VD_4 导通，等效电路如图 3.2.16(c) 所示。根据图 3.2.16(c) 可知，输出电压 u_0 的表达式与式 (3.2.39) 相同。

当 $\Delta x>0$ 时，不论 u_2 与 u_S 为正半周还是负半周，负载电阻 R_L 的两端电压 u_0 始终为正；当 $\Delta x<0$，u_2 与 u_S 同频反相时，采用与上述方法相同的电路分析方法，得到负载电阻 R_L 两端电压 u_0 的表达式为

$$u_0=-\frac{R_L u_2}{n_1(R+2R_L)} \tag{3.2.40}$$

当 $\Delta x<0$ 时，不论 u_2 与 u_S 为正半周还是负半周，负载电阻 R_L 的两端电压 u_0 始终为负。

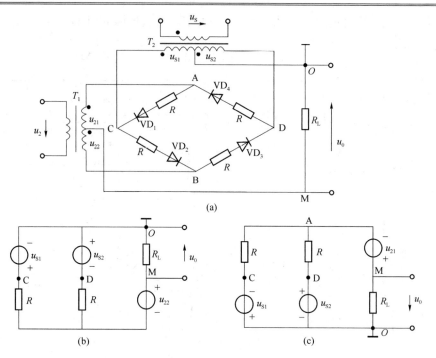

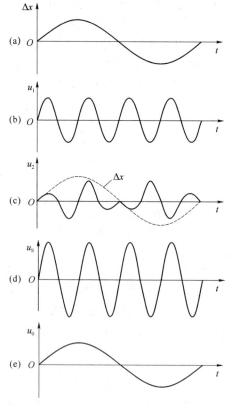

图 3.2.16　相敏检波电路

u_2 的电压波形是由 Δx 调相调幅的波形，即 u_2 与 u_S 的相位关系取决于 Δx 的极性，u_2 的幅值取决于 Δx 的大小。相敏检波电路的输出电压 u_0 的大小反映位移的大小，极性反映位移的方向，其波形图如图 3.2.17 所示。

图 3.2.17　相敏检波电路电压波形

4. 差动变压器的应用

(1) 微压力传感器

将传感器与弹性敏感元件(如膜片、膜盒和弹簧管等)相结合,可以组成各种压力传感器,图 3.2.18(a)是微压力传感器的结构。

在被测压力为零时,膜盒在初始位置,固接在膜盒中间的衔铁位于差动变压器线圈的中间位置,因此,输出电压为零。当被测压力由接头传入膜盒时,其中央自由端产生一个正比于被测压力的位移,并带动衔铁在差动变压器中移动,使差动变压器输出电压。输出经过相敏检波和滤波后,其直流输出电压反映被测压力的数值。

微压力传感器的测量电路如图 3.2.18(b)所示。通过稳压电源和振荡器,提供给差动变压器一次线圈一定频率的稳幅激励电压,差动变压器的输出经过半波整流和阻容滤波后,输出对应压力的直流电压。由于输出电压较大,线路中不需要放大器。

这种压力传感器可测量$-4\times10^4\sim6\times10^4$ Pa 的压力,输出电压为 0～50 mV。

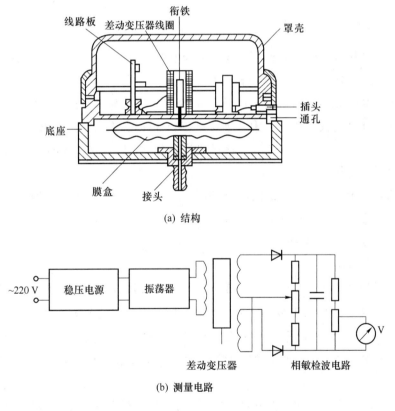

(a) 结构

(b) 测量电路

图 3.2.18　微压力传感器的结构及测量电路

(2) 差动变压器式加速度传感器

图 3.2.19 是差动变压器式加速度传感器的结构和测量电路,它用于测量振动体的加速度,要求惯性测振系统的固有频率大于被测体振动频率的 4 倍以上。由于传感器的固有频率$\omega_0=\sqrt{k/m}$,其中,k 为弹性元件的刚度,m 为运动系统的质量,m 主要由衔铁的质量决定。一般情况下,衔铁的质量不能太小,弹性元件的刚度不能过大,否则传感器灵敏度会下降,因此,传感器的固有频率存在一个上限,一般在 150 Hz 以内。

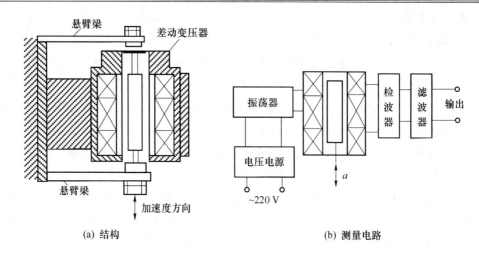

(a) 结构　　　　　　　　　　　　　　　　(b) 测量电路

图 3.2.19　差动变压器式加速度传感器的结构和测量电路

3.2.3　电涡流式传感器

将块状金属导体置于变化的磁场中或在磁场中作切割磁力线运动时，导体内将产生涡旋状的感应电流，此电流在导体内是闭合的，称为涡流。

涡流的大小与金属体的电阻率 ρ、磁导率 μ、厚度 t、线圈与金属体的距离 x，以及线圈的激励电流频率 f 等参数有关。固定其中若干参数，就能根据涡流大小测量出另外一些参数。

涡流传感器的特点是对位移、厚度、材料缺陷等实现非接触式连续测量，其动态响应好，灵敏度高，工业应用广泛。

涡流传感器在金属体内产生涡流，其渗透深度与传感器线圈的激励电流的频率高低有关，故涡流传感器分为高频反射式和低频透射式两类。

1. 高频反射式涡流传感器

（1）基本工作原理

高频反射式涡流传感器原理如图 3.2.20 所示。将高频信号 i_h 加在电感线圈 L 上，L 产生同频率的高频磁场 ϕ_i 作用于金属表面，由于趋肤效应，高频电磁场在金属板表面感应出涡流 i_e，涡流产生的反磁场 ϕ_e 反作用于 ϕ_i，使线圈的电感和电阻发生变化，从而使线圈阻抗发生变化。传感器线圈受电涡流影响时产生的等效阻抗 Z 的函数关系式为

$$Z = F(\rho, \mu, r, f, x) \tag{3.2.41}$$

如果 ρ，μ，r，f 参数已定，那么 Z 成为线圈与金属板距离 x 的单值函数，由 Z 可知 x。

（2）等效电路分析

导体与线圈的等效电路如图 3.2.21 所示。线圈与导体之间的互感随着两者的靠近而增大。在线圈两端加激励电压，根据基尔霍夫电压定律，列出如下线圈和导体的回路方程：

$$R_1 \dot{I}_1 + j\omega L_1 \dot{I}_1 - j\omega M \dot{I}_2 = \dot{U}_1 \tag{3.2.42}$$

$$-j\omega M \dot{I}_1 + (R_2 + j\omega L_2) \dot{I}_2 = 0 \tag{3.2.43}$$

可求得线圈的阻抗为

$$Z = \frac{\dot{U}}{\dot{I}_1} = R_1 + \frac{\omega^2 M^2}{R_2^2 + (\omega L_2)^2} R_2 + \mathrm{j}\omega \left[L_1 - \frac{\omega^2 M^2}{R_2^2 + (\omega L_2)^2} L_2 \right] = R_{\mathrm{eq}} + \mathrm{j}\omega L_{\mathrm{eq}} \qquad (3.2.44)$$

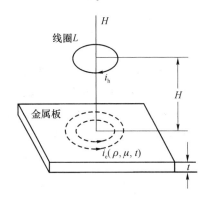

图 3.2.20　涡流传感器的工作原理

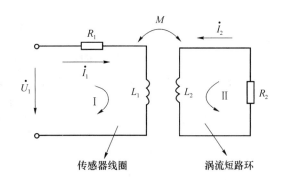

图 3.2.21　高频涡流传感器的等效电路

线圈的等效品质因数 Q 的值为

$$Q = \frac{\omega L_{\mathrm{eq}}}{R_{\mathrm{eq}}} = Q_1 \left(1 - \frac{L_2}{L_1} \times \frac{\omega^2 M^2}{Z_2^2} \right) \Big/ \left(1 + \frac{R_2}{R_1} \times \frac{\omega^2 M^2}{Z_2^2} \right) \qquad (3.2.45)$$

由于涡流的影响,线圈阻抗的实数部分增大,这是因为涡流损耗、磁滞损耗将使市布增加。具体来说,等效电阻与互感 M 和导体电阻 R_2 有关。

在等效电阻的虚部表达式中,L_1 与静磁效应有关,即与被测导体是不是磁性材料有关,线圈与被测导体组成一个磁路,其有效磁导率取决于此磁路的性质。若金属导体为磁性材料,有效磁导率随导体与线圈距离的减小而增大,L_1 将增大;若金属导体为非磁性材料,有效磁导率与导体和线圈的距离无关,L_1 不变。等效电感的第二项为反射电感,与涡流效应有关,它随着距离的减小而增大,从而使等效电感减小。因此,当靠近传感器线圈的被测导体为非磁性材料或硬磁性材料时,传感器线圈的等效电感减小;若被测导体为软磁材料时,由于静磁效应,故传感器线圈的等效电感增大。

总之,被测量的变化将引起线圈电感 L、阻抗 Z 和品质因数 Q 的变化,通过测量电路将 Z 或 L 或 Q 转换为电信号,即可测量被测量。

（3）传感器的结构

传感器的结构如图 3.2.22 所示。它由一个安装在框架上的扁平圆形线圈构成。线圈既可以粘贴在框架上,又可以绕在框架的槽内。线圈一般用高强度的漆包线,要求高的,可用银线或银合金线。

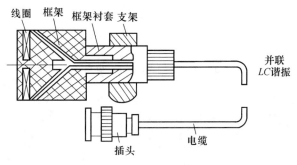

图 3.2.22　传感器的结构

（4）被测体材料对谐振曲线的影响

实际应用中的涡流传感器为一只线圈与一只电容器并联,构成 LC 并联谐振电路。

当无被测体时,将传感器调谐到某一频率 f_0,

$$f_0 = \frac{1}{2\pi \sqrt{LC}} \tag{3.2.46}$$

若被测体为非磁材料,线圈的等效电感减小,谐振曲线右移;若被测体为软磁材料,线圈的等效电感增大,谐振曲线左移。这两种情况都会使回路失谐,传感器的阻抗及品质因数降低。

根据图 3.2.23(传感器的谐振曲线)可以看出,当激励频率一定时,LC 回路阻抗既反映电感的变化,又反映 Q 值的变化。距离越近,LC 回路的输出阻抗越低,输出电压越低。

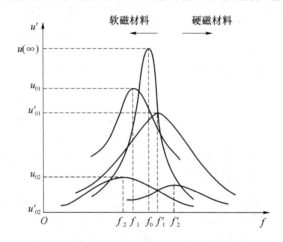

图 3.2.23　传感器的谐振曲线

（5）测量方法

测量方法分为定频调幅法和调频法。

① 定频调幅法

使用稳频稳幅的高频激励电流对并联 LC 电路供电,其测量原理如图 3.2.24 所示。

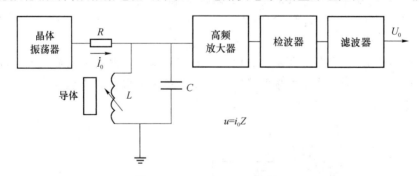

图 3.2.24　定频调幅测量原理

无被测体时,LC 回路处于谐振状态,LC 回路阻抗最大,输出电压最大。

被测体靠近线圈时,由于被测体内产生涡流,使线圈电感值减小,回路失谐,回路阻抗下降,输出电压下降。输出电压为高频载波的等幅电压或调幅电压,需将这个高频载波电压变换成直流电压。为此,回路的输出电压须经过交流放大电路使电平抬高,经过检波电路提取等幅电压,经过滤波电路滤出高频杂散信号,取出与距离(振动)对应的直流电压 U_0。

当距离在 $1/5D \sim 1/3D$(D 为线框直径)时,U_0 与距离 x 呈线性关系,如图 3.2.25 所示。

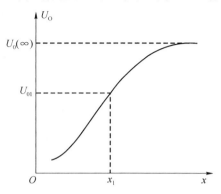

图 3.2.25   传感器的输出特性曲线

② 调频法

调频测量电路的原理如图 3.2.26 所示,将传感器接入振荡电路中,振荡器可采用电容三点式振荡器和射极跟随器组成,其振荡频率为 $f = \dfrac{1}{2\pi \sqrt{L_x C}}$。

当传感器与被测导体的距离发生变化时,在涡流的影响下,传感器线圈的电感发生变化,导致输出频率变化。输出频率可直接用数字频率计测量,也可通过鉴频器将频率变为电压,通过电压表测出。

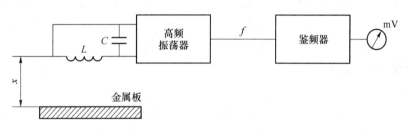

图 3.2.26   调频测量电路的原理

2. 低频透射式涡流传感器

图 3.2.27 为透射式涡流传感器的原理。发射线圈和接收线圈分别置于被测材料 M 的上方和下方。将由振荡器产生的音频激励电压 u 加到 L_1 的两端,线圈流过同频率的交变电流,并在周围产生一个交变磁场。如果两个线圈之间没有被测材料 M,L_1 产生的磁场直接贯穿 L_2,在 L_2 两端产生一个交变电势 E。

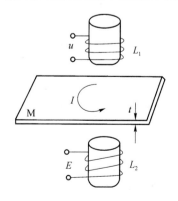

在 L_1 和 L_2 之间放置一个金属板 M 后,L_1 产生的磁力线切割 M(M 可看作一个短路线圈),并在其中产生了涡流 I,这个涡流损耗了部分磁场的能量,使达到 L_2 的磁力线减少,从而导致了 E 的下降。M 的厚度 t 越大,涡流损耗越大,E 就越小。E 的大小间接地反映了 M 的厚度,这就是测厚原理。

理论分析和实践表明,$E \propto \mathrm{e}^{-\frac{t}{Q_s}}$,$Q_s \propto \sqrt{\rho/f}$,其中,$Q_s$ 为渗透深度,f 为激励频率,t 为材料厚度,ρ 为材料电

图 3.2.27   透射式涡流传感器原理

阻率。频率、材料一定时,板越厚,接收线圈的 E 越小,如图 3.2.28 所示。板厚、材料一定时,频率越高,接收线圈的 E 越小。图 3.2.29 为某材料不同渗透深度(不同频率)下的 E 与 t 的关系。

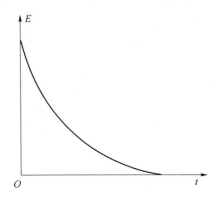

图 3.2.28　线圈的感应电势与厚度的关系

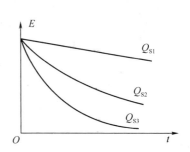

图 3.2.29　不同渗透深度下的 E 与 t 的关系

在 t 较小的情况下,频率较高即渗透深度 Q_S 较小的曲线斜率较大;而在 t 较大的情况下,频率较低即渗透深度 Q_S 较大的曲线斜率较大。所以,为了得到较高的灵敏度,测量薄板时应选用较高的频率,而测量厚板时应选用较低的频率。

当频率一定,被测材料电阻率不同时,渗透深度也不同,从而引起 $E\text{-}t$ 曲线形状的变化,为了在测量不同电阻率 ρ 的材料时得到形状相近的曲线,需要在 ρ 变化时相应地改变 f,即测 ρ 较小的材料(如紫铜)时,选用较低的频率 $f(300\ \text{Hz})$;而测 ρ 较大的材料(如黄铜)时,选用较高的 $f(2\ \text{kHz})$,从而保证传感器在测量不同的材料时的线性度和灵敏度。

3. 涡流传感器的应用

(1) 厚度测量

根据图 3.2.30 微机测厚仪测量板厚。x_1 和 x_2 由涡流传感器测出,经调理电路转换为对应的电压值,再经 A/D 转换器,转换为数字量,送入微机。微机分别计算出 x_1 和 x_2 值,然后由公式 $d = D - (x_1 + x_2)$ 计算出板厚,其中 D 值由键盘设定。最后,将板厚值送入显示器进行显示。

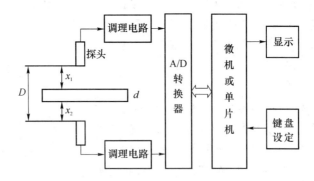

图 3.2.30　微机测厚仪原理

(2) 转速测量

在软磁材料制成的旋转体上开数条槽或将其做成齿轮状,在旁边安装电涡流传感器,如图 3.2.31 所示。当旋转体旋转时,电涡流传感器便周期地输出电信号,此电压脉冲信号经放大、

整形后,用频率计测出其频率,轴的转速与槽数及频率的关系为

$$n = \frac{60f}{N}(\text{r/min}) \qquad (3.2.47)$$

其中:f 为频率,单位为 Hz;N 为旋转体的槽(齿)数;n 为被测轴的转速。

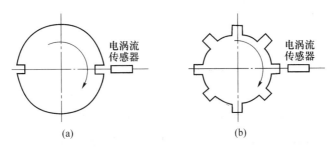

图 3.2.31　转速测量

在航空发动机等试验中,常需要测得轴的振幅和转速关系曲线,方法是将转速计输出的频率值经过 F/U 转换接入 x-y 函数记录仪的 x 轴输入端,而把振幅计的输出接入 x-y 函数记录仪的 y 端,利用 x-y 函数记录仪可直接画出转速-振幅曲线。

（3）涡流风速仪

图 3.2.32 为三杯式涡流风速仪的结构原理。它的结构是在碗式风杯转轴上固定金属片圆盘,当风杯受风转动时,圆盘上的金属片便不断地接近或离开涡流传感器探头中的振荡线圈,造成回路失谐,输出电压下降(磁回路间断短路)。

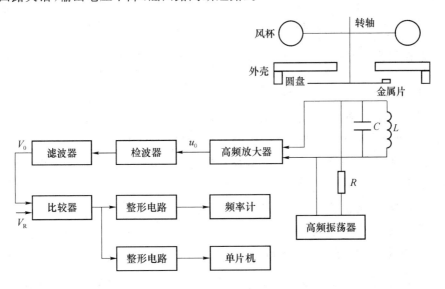

图 3.2.32　三杯式涡流风速仪的结构原理

当金属片未靠近探头时,LC 并联谐振回路的阻抗较大,输出电压大。通过设计,处理后的输出电压 V_0 大于比较器的参考电压 V_R,比较器输出高电平。当金属片靠近探头时,LC 谐振回路失谐,阻抗下降,输出电压减小,此时 $V_0 < V_R$,比较器输出低电平。

圆盘转动圈数、涡流产生的次数及比较器输出的脉冲数均相等。这样就将风速转换为了电脉冲信号。如果频率速度转换常数为 K,单位为(Hz/m·s),则风速为 $v = f/K$,单位为 m/s。

将脉冲送入单片机的计数口 T_1、T_0,定时 1 min,如果 T_1 中的计数值为 N,则风速为

$$v = \frac{N}{60 \times K} \tag{3.2.48}$$

若想提高分辨能力,可在圆盘上等距放置多个金属片,转一圈输出多个脉冲。此时风速的计算公式为

$$v = \frac{N}{60 \times K \times Z} \tag{3.2.49}$$

其中,Z 为圆盘上放置的金属片个数。

（4）涡流探伤

涡流传感器可用于检查金属表面的裂纹、热处理裂纹及焊接部位的探伤等。使传感器与被测体之间的距离保持不变,如有裂纹出现,将引起金属的电阻率、磁导率变化,在裂纹处这些综合参数的(x、ρ、μ)变化将引起传感器阻抗变化,从而使传感器输出电压产生变化,达到探伤的目的。例如,可以用涡流探伤仪检测工件的焊缝质量。

3.3 电容式传感器

电容传感器是一种将被测非电量的变化转换为电容量变化的传感器。它具有结构简单,体积小,分辨率高,测量精度高,可实现非接触测量,并能够在高温、辐射和振动等恶劣条件下工作等一系列优点,被广泛应用于压力、位移、加速度、液位、振动及湿度等参量的测量。

3.3.1 电容式传感器结构与工作原理

使用两块平行平板组成一个电容器,忽略其边缘效应,其电容量为

$$C = \frac{\varepsilon S}{d} = \frac{\varepsilon_r \varepsilon_0 S}{d} \tag{3.3.1}$$

其中,ε 为电容极板间介质的介电常数,ε_0 为真空介电常数($\varepsilon_0 = 8.83 \times 10^{-12}$ F/m),ε_r 为极板间的相对介电常数,S 为两平行极板覆盖的面积,d 为两极板之间的距离。

当 S、δ、ε 中任意一个参数变化时,电容 C 发生变化。电容传感器可分为变极距式、变面积式和变介电常数式。

1. 变极距式电容传感器

（1）简单变极距式电容传感器

简单变极距式电容传感器的结构如图 3.3.1 所示。由定极板和动极板组成的电容器的初始电容为 $C_0 = \dfrac{\varepsilon S}{d}$。若电容器动极板因被测量变化上移 Δd,极板间距离的初始值 d 缩小 Δd,电容量增大 ΔC,则有

$$C = \frac{\varepsilon S}{d - \Delta d} = \frac{\varepsilon S}{d} \frac{1}{1 - \Delta d/d} = C_0 \frac{1 + \Delta d/d}{1 - (\Delta d/d)^2} \tag{3.3.2}$$

若 $\Delta d/d \ll 1$,则

$$C \approx C_0 (1 + \Delta d/d) \tag{3.3.3}$$

一般在最大位移小于间距的 1/10 时,C 与 Δd 近似呈线性关系。传感器的灵敏度为

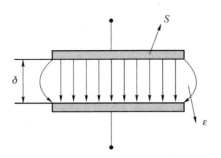

图 3.3.1　简单变极距式电容传感器结构

$$K = \frac{\Delta C}{\Delta d} = \frac{C_0}{d} \tag{3.3.4}$$

若以容抗为输出，

$$X_C = \frac{1}{\omega C} = \frac{1}{\omega C_0}\left(1 - \frac{\Delta d}{d}\right) \tag{3.3.5}$$

X_C 与 Δd 呈线性关系，无须满足 $\Delta d \ll d$。

在实际应用中，为了减小非线性，提高灵敏度，减少外界干扰，一般将电容传感器做成差动式。

（2）差动变极距式电容传感器

差动变极距式电容传感器的结构如图 3.3.2 所示，相当于两个简单变极距式电容传感器反向串联。

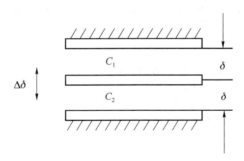

图 3.3.2　差动变极距式电容传感器结构

设动极板上移 Δd ，则有

$$C_1 = C_0(1 - \Delta d/d)^{-1} = C_0[1 + \Delta d/d + (\Delta d/d)^2 + \cdots] \tag{3.3.6}$$

$$C_2 = C_0(1 + \Delta d/d)^{-1} = C_0[1 - \Delta d/d + (\Delta d/d)^2 - \cdots] \tag{3.3.7}$$

$$\Delta C = C_1 - C_2 = 2C_0 \Delta d/d[1 + (\Delta d/d)^2 + (\Delta d/d)^4 + \cdots] \tag{3.3.8}$$

$$\Delta C \approx 2C_0 \Delta d/d \tag{3.3.9}$$

$$K = \frac{\Delta C}{\Delta d} = 2\frac{C_0}{d} \tag{3.3.10}$$

根据上述公式可知，差动变极距式电容传感器的灵敏度提高了 1 倍。

差动电容传感器的非线性误差为

$$\delta_{\mathrm{L}}=\left|\dfrac{2C_0\dfrac{\Delta d}{d}\left(\dfrac{\Delta d}{d}\right)^2}{2C_0\dfrac{\Delta d}{d}}\right|\times100\%=\left|\left(\dfrac{\Delta d}{d}\right)^2\right|\times100\% \tag{3.3.11}$$

单极非线性误差为

$$\delta_{\mathrm{L}}=\left|\dfrac{C_0\dfrac{\Delta d}{d}\left(\dfrac{\Delta d}{d}\right)}{C_0\dfrac{\Delta d}{d}}\right|\times100\%=\left|\left(\dfrac{\Delta d}{d}\right)\right|\times100\% \tag{3.3.12}$$

根据式(3.3.11)和式(3.3.12)可知,差动变极距式电容传感器的非线性误差大大减小。

2. 变面积式电容传感器

变面积式电容传感器的特点是测量范围大,输出与输入呈线性关系。一般有 4 种类型,即平板电容器、圆柱形电容器、角位移电容器和容栅式电容器。下面以平板电容器和角位移电容器为例说明其结构和工作原理。图 3.3.3 为变面积式平板电容传感器的原理图。

Δx 是两极板有效面积变化,它引起电容量变化,电容量变化为

$$\Delta C=C-C_0=\frac{\varepsilon_0\varepsilon_{\mathrm{r}}(a-\Delta x)b}{d}-\frac{\varepsilon_0\varepsilon_{\mathrm{r}}ab}{d}=-\frac{\varepsilon_0\varepsilon_{\mathrm{r}}b}{d}\Delta x$$

灵敏度为

$$k_{\mathrm{g}}=-\Delta C/\Delta x=\frac{\varepsilon b}{d} \tag{3.3.13}$$

ΔC 与 Δx 呈线性关系。

图 3.3.4 为变面积式角位移电容传感器的原理图。当 $\theta=0$ 时

$$C_0=\frac{\varepsilon_0\varepsilon_{\mathrm{r}}s_0}{d} \tag{3.3.14}$$

当动极板相对于定极板有一个角位移时,即 $\theta\neq0$ 时

$$C=\frac{\varepsilon_0\varepsilon_{\mathrm{r}}\left(1-\dfrac{\theta}{\pi}\right)S}{d}=C_0-C_0\,\frac{\theta}{\pi} \tag{3.3.15}$$

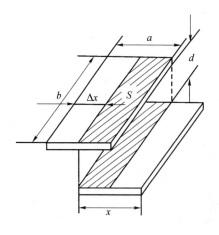

图 3.3.3 变面积式平板
电容传感器原理

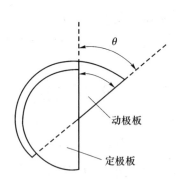

图 3.3.4 变面积式角位移
电容传感器原理

电容的变化量为

$$\Delta C = = C - C_0 = -C_0 \frac{\theta}{\pi} \qquad (3.3.16)$$

灵敏度为

$$K = \frac{\Delta C}{\theta} = -\frac{C_0}{\pi} \qquad (3.3.17)$$

ΔC 与 θ 呈线性关系。

3. 变介电常数式电容传感器

当在电容器两个极板之间充空气以外的其他介质时,介电常数产生相应变化,电容量发生变化,构成了变介电常数式电容传感器。

变介电常数式电容传感器具有多种结构,其中一些利用了非导电固体的湿度变化,此类电容传感器介质本身的介电常数变化,可以用来测量粮食、纺织品、木材、煤等物质的湿度。还有一些变介电常数式电容传感器,其介质本身的介电常数并没有变化,但是极板之间的介质成分发生了变化,即从一种介质变为两种或两种以上介质,引起电容变化。利用这一原理的传感器可用来测量位移、液位等。下面对这两种传感器予以讨论。

(1)介质本身的介电常数变化的电容传感器

图 3.3.5 为变介电常数式电容传感器结构。

初始时,电容器的电容量为

$$C = \frac{\varepsilon S}{d} = \frac{\varepsilon_r \varepsilon_0 S}{d} \qquad (3.3.18)$$

如果介质的介电常数发生变化 $\varepsilon_r \to \varepsilon_r + \Delta \varepsilon_r$,则电容量的变化为

$$C + \Delta C = \frac{(\varepsilon_r + \Delta \varepsilon_r) \varepsilon_0 S}{d} = C + \frac{\varepsilon_0 S}{d} \Delta \varepsilon_r \qquad (3.3.19)$$

电容量的变化量为

$$\Delta C = \frac{\varepsilon_0 S}{d} \Delta \varepsilon_r \qquad (3.3.20)$$

灵敏度为

$$K_\varepsilon = \frac{\Delta C}{\Delta \varepsilon_r} = \frac{\varepsilon_0 S}{d} \qquad (3.3.21)$$

传感器的输出特性是线性的,高分子薄膜电容器利用这一原理来测量湿度。

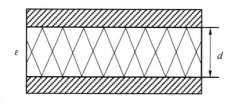

图 3.3.5 变介电常数式电容传感器结构

(2)介质成分变化的电容传感器

这种传感器常用于检测容器中液面的高度、物体的位移等。

图 3.3.6 是一种电容式液面计。在液体中放入两个同心圆柱状极板,插入深度为 h,若液体的介电常数为 ε_1,气体的介电常数为 ε_2,内筒和外筒两极板间构成电容式传感器。设容器中的介质为不导电液体(导电液体电极需要绝缘),总电容等于气体介质间的电容量 C_2 和液体介

质间的电容量 C_1 之和,即

$$c = c_1 + c_2 = \frac{2\pi\varepsilon_1 h}{\ln\dfrac{D}{d}} + \frac{2\pi\varepsilon_2(H-h)}{\ln\dfrac{D}{d}}$$

$$= \frac{2\pi\varepsilon_2 H}{\ln\dfrac{D}{d}} + \frac{2\pi h(\varepsilon_1 - \varepsilon_2)}{\ln\dfrac{D}{d}} = A + Bh \tag{3.3.22}$$

式(3.3.22)表明传感器的电容 C 与液位的高度 h 呈线性关系。

图 3.3.7 是另一种变介质电容传感器。它可测量被测介质的插入深度。

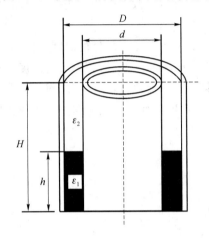

图 3.3.6　电容式液面计

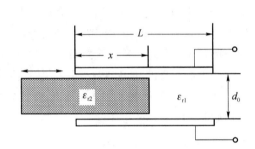

图 3.3.7　变介质介电常数电容传感器

将介电常数为 ε_{r2} 的介质插入电容器中,改变了两种介质的极板覆盖面积,传感器的总电容量为

$$C = C_1 + C_2 = \varepsilon_0 b_0 \frac{\varepsilon_{r1}(L-x) + \varepsilon_{r2}x}{d_0} \tag{3.3.23}$$

当 $x=0$ 时,传感器的初始电容为

$$C_0 = \frac{\varepsilon_0 \varepsilon_{r1} L b_0}{d_0} \tag{3.3.24}$$

当被测介质进入极板间 x 深度后,引起的电容相对变化量为

$$\frac{\Delta C}{C_0} = \frac{C - C_0}{C_0} = \frac{\left(\dfrac{\varepsilon_{r2}}{\varepsilon_{r1}} - 1\right)x}{L} \tag{3.3.25}$$

电容的变化量与介质的插入深度 x 成正比。

3.3.2　电容式传感器的等效电路

在大多数情况下,电容传感器的使用环境温度不高、湿度不大,可用一个纯电容代表。

如果考虑温度、湿度和电源频率等外界影响,电容传感器就不是一个纯电容,有引线电感和分布电容等。电容式传感器的等效电路如图 3.3.8 所示,C 为传感器电容,包括寄生电容;R 包括引线电阻、极板电阻和金属支架电阻;L 为引线电感和电容器电感之和;R_P 为极板间的等效损耗电阻。

高频激励,在忽略 R 和 R_P 的前提下,传感器的有效电容 C 可表示为

$$\frac{1}{\mathrm{j}\omega C_{\mathrm{e}}} = \mathrm{j}\omega L + \frac{1}{\mathrm{j}\omega C}$$

$$C_{\mathrm{e}} = \frac{C}{1 - \omega^2 LC} \tag{3.3.26}$$

当被测量发生变化时,等效电容的增量为

$$\Delta C_{\mathrm{e}} = \frac{\Delta C}{(1 - \omega^2 LC)^2} \tag{3.3.27}$$

等效电容的相对变化量 $\dfrac{\Delta C_{\mathrm{e}}}{C_{\mathrm{e}}}$ 为

$$\frac{\Delta C_{\mathrm{e}}}{C_{\mathrm{e}}} = \frac{1}{1 - \omega^2 LC} \times \frac{\Delta C}{C} \tag{3.3.28}$$

由 $k_{\mathrm{c}} = \dfrac{\Delta C}{\Delta d}$ 可知,传感器的等效灵敏度为

$$k_{\mathrm{e}} = \frac{\Delta C_{\mathrm{e}}}{\Delta d} = \frac{k_{\mathrm{c}}}{(1 - \omega^2 LC)^2} \tag{3.3.29}$$

k_{e} 与传感器的固有电感(包括电缆电感)有关,且随 ω 变化而变化。使用电容传感器时,不宜随便改变引线电缆的长度,改变激励频率或改变电缆长度都要重新校正传感器的灵敏度。

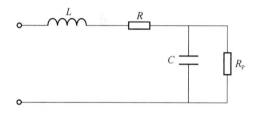

图 3.3.8　电容式传感器的等效电路

3.3.3　电容式传感器的测量电路

电容传感器的输出电容十分微小(一般为十几皮法),需借助测量电路检测这一微小的电容变化量,并将其转换为与之有确定关系的电压、电流或频率值,才能进一步显示、传输和处理。测量电路种类较多,常用的有调频电路、运算放大器电路、双 T 形电桥电路和脉冲宽度调制电路。

1. 调频电路

将电容式传感器作为振荡器谐振电路的一部分,当被测量发生变化使电容变化时,振荡频率产生变化。由于振荡器的频率受电容的调制,所以该电路称为调频电路。图 3.3.9 为直放式调频电路的原理。

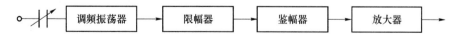

图 3.3.9　直放式调频电路的原理

振荡器的频率如下:

$$f = \frac{1}{2\pi\sqrt{LC}} \tag{3.3.30}$$

其中,L 为振荡回路的总电感,C 为振荡回路的总电容。C 由传感器的自身电容 C_0、谐振回路

的固定电容 C_1 和电缆导线的分布电容 C_c 组成,$C=C_0+C_c+C_1$。

对于变极距式电容传感器,$\Delta d=0$,$\Delta C=0$,振荡频率为常数,有

$$f_0=\frac{1}{2\pi\sqrt{L(C_1+C_c+C_0)}}\tag{3.3.31}$$

当极距发生变化时,$\Delta d\neq0$,$\Delta C\neq0$,有

$$f_0\mp\Delta f=\frac{1}{2\pi\sqrt{L(C_1+C_c+C_0\pm\Delta C)}}\tag{3.3.32}$$

振荡器的输出是一个频率受到被测信号调制的高频波,此信号经过限幅放大、鉴频输出电压。由于频差较小,因此,输出电压变化较小,不宜测量,在实际应用中采用外差式调频电路测量。

图 3.3.10 为外差式调频电路的原理。将接有电容器的外接振荡器输出与本机振荡器输出共同输入到混频器中,混频后得到中频信号输出。当 $\Delta d=0$,$\Delta C=0$ 时,

$$f_d=f_0-f_1=465\text{ kHz}\tag{3.3.33}$$

当 C_0 变为 $C_0\pm\Delta C$ 时,外接振荡器的频率 f_0 变为 $f_0\mp\Delta f$,此时

$$f_d=f_0\mp\Delta f-f_1=465\text{ kHz}\mp\Delta f\tag{3.3.34}$$

混频后,输出为受到被测信号调制的中频调频波。混频器的作用有两个:一是经过差频后可消除温度等因素造成的频率漂移现象;二是降低载波频率,增大频偏,为提高鉴频器的灵敏度创造条件。

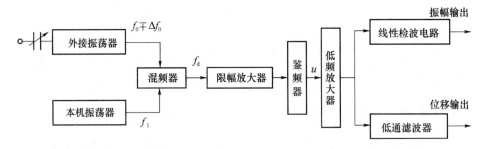

图 3.3.10　外差式调频电路的原理

2. 运算放大器电路

运算放大器电路的特点为能克服变极距式电容传感器的非线性。C_x 是传感器电容,C 是固定电容,u_0 是输出电压信号。可将运算放大器视为理想的反相比例放大器,如图 3.3.11所示。

输出电压为

$$u_0=-\frac{1/(j\omega C_x)}{1/(j\omega C)}u=-\frac{C}{C_x}u\tag{3.3.35}$$

由 $C_x=(\varepsilon S)/d$

$$u_0=-\frac{uC}{\varepsilon S}d\tag{3.3.36}$$

为了保证测量的准确度,要求电源电压及固定电容稳定。

3. 双 T 形电桥电路

分析双 T 形电桥电路的方法有两种。下面对这两种方法予以讨论。

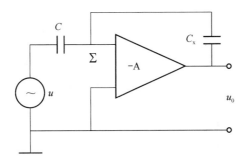

图 3.3.11 运算放大器电路

（1）二端口网络法

图 3.3.12 为双 T 形电桥电路，它实现了 $U_0 = \dfrac{RR_L(R+2R_L)}{(R+R_L)^2} U_E f(C_1 - C_2)$。此电路要求电源为对称的方波高频电源，幅值为 U_E。C_1、C_2 为差动电容传感器的两个电容。

$R_1 = R_2 = R$，VD_1 和 VD_2 为特性一致的二极管。

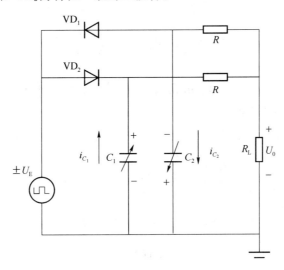

图 3.3.12 双 T 形电桥电路

在双 T 形电桥电路中，当电源为正半周时，二极管 VD_1 导通，VD_2 截止，C_1 瞬间充电至 U_E，根据等效电源定理将 C_2 的二端口网络电路等效成一阶动态电路，如图 3.3.13（a）所示。根据一阶线性电路暂态分析的三要素法，可得到 R_L 的电压为

$$u_L(t) = u_L(\infty) + [u_L(0) - u_L(\infty)] e^{-\frac{t}{\tau_1}}$$

$$u_L(t) = \frac{U_E + \dfrac{R_L}{R+R_L} U_E}{R + \dfrac{RR_L}{R+R_L}} \times \frac{RR_L}{R+R_L} \times e^{-\frac{t}{\tau_1}} \tag{3.3.37}$$

其中，$\dfrac{R_L}{R+R_L} U_E$ 为 C_2 的二端口开路电压，$\tau_1 = \left(R + \dfrac{RR_L}{R+R_L}\right) C_2 = \dfrac{R(R+2R_L)}{R+R_L} C_2$

同理，当电源为负半周时，U_E 上负下正，VD_1 截止，VD_2 导涌，电容 C_2 瞬间充电到 U_E，根据等效电源定理将 C_1 的二端口网络电路等效成一阶动态电路，如图 3.3.13（b）所示。使用同样的分析方法得到 R_L 的电压为

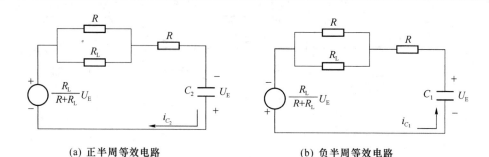

(a) 正半周等效电路   (b) 负半周等效电路

图 3.3.13　正负半周等效电路

$$u'_L(t) = u'_L(\infty) + [u'_L(0) - u'_L(\infty)]e^{-\frac{t}{\tau_2}}$$

$$u'_L(t) = \frac{U_E + \frac{R_L}{R+R_L}U_E}{R + \frac{RR_L}{R+R_L}} \times \frac{RR_L}{R+R_L} \times e^{-\frac{t}{\tau_2}} \tag{3.3.38}$$

综上所述,负载 R_L 上的平均电压为

$$\dot{U}_L = \frac{1}{T}\int_0^{\frac{T}{2}} [u_L(t) - u'_L(t)]dt = \frac{RR_L(R+2R_L)}{(R+R_L)}fU_E(C_1 - C_2) \tag{3.3.39}$$

(2) 暂态响应法

双 T 形电桥电路的正负半周等效电路如图 3.3.14 所示。利用一阶线性电路暂态分析的三要素法,正半周负载电阻上的电压为

$$u_L(t) = u_L(\infty) + [u_L(0) - u_L(\infty)]e^{-\frac{t}{\tau_1}} \tag{3.3.40}$$

$$u_L(t) = \frac{R_L}{R+R_L}U_E(1 - e^{-\frac{t}{\tau_1}}) \tag{3.3.41}$$

负半周负载电阻上的电压为

$$u'_L(t) = u'_L(\infty) + [u'_L(0) - u'_L(\infty)]e^{-\frac{t}{\tau_2}} \tag{3.3.42}$$

$$u'_L(t) = \frac{R_L}{R+R_L}U_E(1 - e^{-\frac{t}{\tau_2}}) \tag{3.3.43}$$

其中,时间常数 $\tau_1 = \frac{R(R+2R_L)}{R+R_L}C_2$,$\tau_2 = \frac{R(R+2R_L)}{R+R_L}C_1$。

综上所述,负载电阻 R_L 上的平均电压为

$$\dot{U}_L = \frac{1}{T}\int_0^{\frac{T}{2}} [u'_L(t) - u_L(t)]dt = \frac{RR_L(R+2R_L)}{(R+R_L)}fU_E(C_1 - C_2) \tag{3.3.44}$$

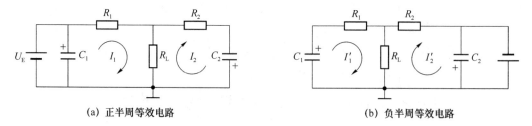

(a) 正半周等效电路   (b) 负半周等效电路

图 3.3.14　双 T 形电路的正负半周等效电路

在电压频率、幅值和电路参数一定的情况下,输出电压与电容的差值成正比。双 T 形电

路的特点是①线路简单,器件可全部安装在探头内,大幅缩短了电容引线,减小了寄生电容的影响;②二极管工作在高电平下,非线性失真小。电路可用于动态测量,要求方波电源、差动电容 C_1、C_2 和负载电阻 R_L 一点接地。

4. 脉冲宽度调制电路

图 3.3.15 为脉冲宽度调制电路。C_1、C_2 为传感器的两个差动电容,电路由两个电压比较器 IC1、IC2,一个双稳态触发器和两个充放电回路 R_1、C_1 和 R_2、C_2 组成。将直流参考电压 U_r 加在比较器的反相输入端,双稳态触发器的两个输出端由比较器控制,比较器翻转由差动电容充放电回路控制,差动电容充放电回路由触发器控制。差动电容传感器、双稳态触发器、比较器及低通滤波器有机配合,实现

$$U_0 = \frac{C_1 - C_2}{C_1 + C_2} U_1 \tag{3.3.45}$$

接通电源后,设触发器(如 RS 触发器)Q 端(A 点)为高电平,$\overline{Q}$ 端(B 点)为低电平。差动电容传感器上的电压 $U_F = U_G = 0$。触发器 Q 端的输出电压 U_1 通过 R_1 对 C_1 充电。F 点电位逐渐增大。当 $U_F \geqslant U_r$ 时,比较器 IC1 翻转,(如 RS 触发器的 $R_d = 1$,$S_d = 0$),双稳态触发器复位。Q 端为低电平,$\overline{Q}$ 端为高电平。电容 C_1 通过二极管 VD_1 快速放电至零,$\overline{Q}$ 端输出电压 U_1 通过 R_2 对 C_2 充电,G 点电位逐渐增大。当 $U_G \geqslant U_r$ 时,比较器 IC2 翻转,(如 RS 触发器的 $S_d = 1$,$R_d = 0$),双稳态触发器置位。Q 端为高电平,$\overline{Q}$ 端为低电平。周而复始,循环上述过程,在 A、B 两点分别输出宽度受 C_1、C_2 调制的矩形脉冲。矩形脉冲经低通滤波器得到其平均电压 U_0。

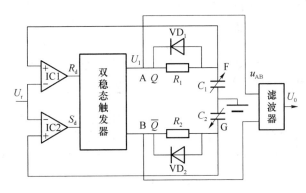

图 3.3.15　脉冲宽度调制电路

当 $C_1 = C_2$ 时,各点的电压波形如图 3.3.16(a)所示。Q 端与 $\overline{Q}$ 端电平脉冲的宽度相等,输出电压的平均值为零。当 $C_1 \neq C_2$ 时,C_1、C_2 的充电时间常数发生变化,设 $C_1 > C_2$ 即 $\tau_1 > \tau_2$,各点的电压波形如图 3.3.16(b)所示。可以看出 C_1 的充电速度慢于 C_2,u_A 为高电平的持续时间长于 u_B 为高电平的持续时间。

由图 3.3.16 的电压波形可知,经过低通滤波器后输出电压的平均值为

$$U_0 = \frac{T_1}{T_1 + T_2} U_1 - \frac{T_2}{T_1 + T_2} U_1 = \frac{T_1 - T_2}{T_1 + T_2} U_1 \tag{3.3.46}$$

其中,T_1、T_2 分别为 C_1、C_2 的充电时间,U_1 为触发器输出的高电平。

C_1 充电时,电路为零状态响应。F 点的电压为

$$u_F = U_1 (1 - e^{-\frac{t}{R_1 C_1}}) \tag{3.3.47}$$

经过 T_1 时间 F 点的电位增加到 U_r,此时有

$$U_r = U_1(1 - e^{-\frac{T_1}{R_1 C_1}}) \qquad (3.3.48)$$

经过整理得

$$T_1 = R_1 C_1 \ln \frac{U_1}{U_1 - U_r} \qquad (3.3.49)$$

同理

$$T_2 = R_2 C_2 \ln \frac{U_1}{U_1 - U_r} \qquad (3.3.50)$$

将式(3.4.49)和式(3.4.50)代入式(3.4.46)中得

$$U_0 = \frac{C_1 - C_2}{C_1 + C_2} U_1 \qquad (3.3.51)$$

输出电压与传感器电容的差值成正比。

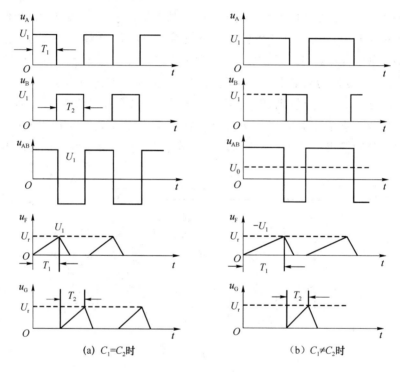

(a) $C_1 = C_2$ 时   (b) $C_1 \neq C_2$ 时

图 3.3.16　脉冲宽度调制电路的电压波形图

对于变极距式电容传感器

$$C_1 = \frac{\varepsilon S}{d - \Delta d}, \quad C_2 = \frac{\varepsilon S}{d + \Delta d} \qquad (3.3.52)$$

$$U_0 = \frac{C_1 - C_2}{C_1 + C_2} U_1 = \frac{\Delta d}{d} U_1 \qquad (3.3.53)$$

其输出电压与极距变化成正比。

对于变面积式电容传感器

$$C_1 = \frac{\varepsilon(S + \Delta S)}{d}, \quad C_2 = \frac{\varepsilon(S - \Delta S)}{d} \qquad (3.3.54)$$

$$U_0 = \frac{C_1 - C_2}{C_1 + C_2} U_1 = \frac{\Delta S}{S} U_1 \qquad (3.3.55)$$

其输出电压与面积变化成正比。

脉冲宽度调制电路的特点是①适用于变极距式及变面积式电容传感器,并具有线性特性②转换效率高,直流供电,经过低通滤波器就有较大的直流输出,且调宽频率的变化对输出没有影响。

3.3.4　电容式传感器的应用

1. 电容式差压传感器

电容式差压传感器,如图 3.3.17 所示。

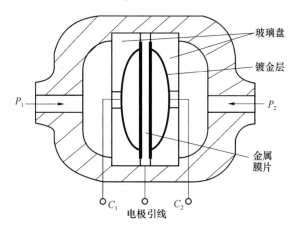

图 3.3.17　电容式差压传感器

金属膜片为动极板,镀金凹形玻璃圆片为定极板。当被测压力通过过滤器及导压介质进入压力腔时,压力差使膜片变形产生位移,该位移使两个电容的电容量一增一减。电容量的变化经过测量电路转换成与压力差相对应的电流或电压的变化。具体地,当 $P_1 > P_2$ 时,差动电容的值为

$$C_1 = \frac{\varepsilon S}{d + \Delta d} = C_0 - \Delta C \tag{3.3.56}$$

$$C_2 = \frac{\varepsilon S}{d - \Delta d} = C_0 + \Delta C \tag{3.3.57}$$

位移量与压差成正比

$$\Delta d = k_1 \Delta P \tag{3.3.58}$$

由此可得

$$\frac{C_2 - C_1}{C_1 + C_2} = \frac{\Delta d}{d} = \frac{k_1}{d} \Delta P = k \Delta P \tag{3.3.59}$$

传感器结合脉宽调制电路可将压力差转换为电压输出,即

$$U_0 = \frac{C_2 - C_1}{C_1 + C_2} U_1 = \frac{\Delta d}{d} U_1 = \frac{k_1}{d} U_1 \Delta P \tag{3.3.60}$$

电容式差压传感器结构简单、灵敏度高、响应速度快(约为 100 ms),能测量微小压差(0~0.73 Pa)和绝对压力。

2. 差动式电容测厚传感器

图 3.3.18 为差动式电容测厚传感器的结构图。传感器上下两个极板与金属板上下表面间构成电容传感器。

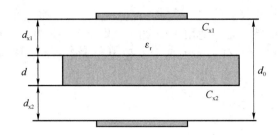

图 3.3.18　差动式电容测厚传感器结构

将电容传感器 C_{x1} 和 C_{x2} 分别接于两个调频振荡器中,电路如图 3.3.19 所示。

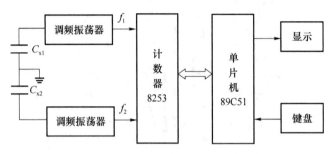

图 3.3.19　调频差动式电容测厚传感器原理

振荡器输出频率分别为

$$f_1 = \frac{1}{2\pi\left[L(C_{x1}+C_0)\right]^{\frac{1}{2}}} \tag{3.3.61}$$

$$f_2 = \frac{1}{2\pi\left[L(C_{x2}+C_0)\right]^{\frac{1}{2}}} \tag{3.3.62}$$

电容器的电容量分别为

$$C_{x1} = \frac{\varepsilon_r A}{d_{x1}} \tag{3.3.63}$$

$$C_{x2} = \frac{\varepsilon_r A}{d_{x2}} \tag{3.3.64}$$

将式(3.3.61)和式(3.3.62)分别代入式(3.3.63)和式(3.3.64)得

$$d_{x1} = \frac{4\pi^2 \varepsilon_r A L f_1^2}{1-4\pi^2 LC_0 f_1^2}, \quad d_{x2} = \frac{4\pi^2 \varepsilon_r A L f_2^2}{1-4\pi^2 LC_0 f_2^2} \tag{3.3.65}$$

将 f_1 和 f_2 送入计数器 8253 的计数口,单片机定时 1 s,计数器 8253 的计数值即为 f_1,f_2。由式(3.3.60)计算得到 d_{x1}、d_{x2} 后,由式 $\delta = d_0 - (d_{x1}+d_{x2})$ 计算板厚。

电容式传感器也可检测加速度、湿度、料位等参数。

思考题与习题

1. 什么叫金属丝的电阻应变效应?怎样利用这种应变效应将其制成应变片?

2. 什么叫半导体的压阻效应?怎样利用这种应变效应将其制成半导体应变片?

3. 金属电阻应变片与半导体应变片的工作原理有何区别?分别有何优、缺点?

4. 什么是电阻应变片的横向效应?为什么箔式应变片能减小或消除横向效应?

5. 题图 5 为一悬臂梁式电阻应变传感器,在悬臂梁上下表面轴向各贴两片特性一致的应变片,其中,U 为电源电压,R 为固定电阻。

当 $R_1 = R_2 = R_3 = R_4$,且 $\Delta R_i \ll R_i$ 时:

(1) 推导电桥电路〔题图 5(a)～题图 5(d)〕的输出电压。

(2) 对比说明题图 5 中电路的输出电压比值。

(3) 哪种电路可补偿温度的影响?

(4) 对于电路(d)若 4 片应变片特性有微小差别,如何调零?

(5) 对于电路(d)若 4 片应变片特性有微小差别且激励电压为交流电,如何调零?

(6) 对于电路(d)若加恒流源激励,推导其输出电压,并比较说明恒压源与恒流源电路,哪一种抗共模干扰信号好?

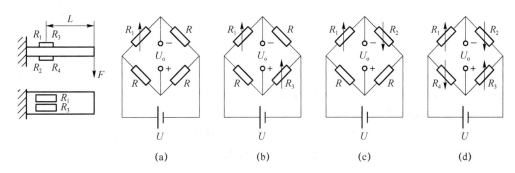

(a)　　　　　　(b)　　　　　　(c)　　　　　　(d)

题图 5　悬臂梁式电阻应变传感器

6. 采用 4 片相同的金属丝应变片 $K=2$,将其粘贴在如题图 6 所示的实心圆柱形弹性元件上。已知拉力 $F=10$ kN,圆柱横截面半径为 $r=1$ cm,材料的杨氏模量 $E=2 \times 10^7$ N/cm^2,泊松比 $\mu=0.3$。

(1) 画出应变片在圆柱上的粘贴位置及相应的电桥电路。

(2) 求各个应变片电阻的相对变化量。

(3) 若电桥供电电压为 12 V,求桥路输出电压。

(4) 此种电路能否补偿环境温度对测量的影响,说明理由。

7. 工业用铂电阻测温,为何采用三线制或四线制测温?

8. 简述热敏电阻的温度补偿原理。

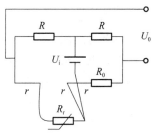

题图 6　实心圆柱形
弹性元件

9. 简述光敏电阻的工作原理,并说明为何不宜使用光敏电阻制作检测元件?

10. 三线铂电阻测温电路如题图 10 所示,其中,$R_0 = 1$ kΩ,$R = 100$ kΩ,$U_i = 6$ V,$R_t = R_0(1+\alpha t)$,$\alpha = 3.85 \times 10^{-3}/^{\circ}\text{C}$。设输出电压为 $U_0 = \dfrac{R_t - R_0}{R} U_i$,实测输出电压为 20 mV,求温度。

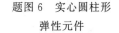

题图 10　三线制测温电路

11. 四线制铂电阻测温电路如题图 11 所示,其中,$I=1$ mA,铂电阻为 PT100。设差动放大器的放大倍数为 10 倍,实测输出电压为 1.15 V,求温度。

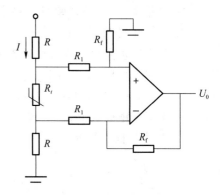

题图 11　四线制测温电路

12. 比较差动自感式传感器与差动变压器的相同点和不同点。

13. 高频反射式电涡流传感器测距的工作原理是什么?

14. 试推导差动自感传感器的灵敏度,并说明它的优点。

15. 根据题图 15 的差动变压器等效电路,推导输出电压的表达式。

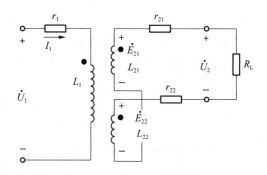

题图 15　差动变压器等效电路

16. 某一变气隙式电感传感器,衔铁横截面积 $S=16$ mm^2,气隙长度为 $\delta_0=0.5$ mm,假设衔铁位移 $\Delta\delta=0.05$ mm,使气隙减小,激励线圈匝数 $N=2\,500$ 匝,空气磁导率为 $\mu_0=4\pi\times10^{-7}$。

(1)求线圈的电感值。

(2)若衔铁产生 $\Delta\delta$ 的位移,求电感的变化量。

(3)将传感器组成差动电感传感器,接到变压器电桥,变压器副边电压的有效值为 12 V,求输出电压。

(4)电路能否辨别位移方向,若不能应采取何种电路?

17. 差动式变极距式电容传感器的动极板相对于定极板移动了 $\Delta d=0.4$ mm 时,若初始电容量 $C_1=C_2=80$ pF,初始距离 $d=4$ mm。

(1)计算其灵敏度。

(2)计算其非线性误差。

(3)若将差动式变极距电容器接入电桥电路,变压器副边的输出电压有效值为 10 V,试求输出电压的有效值。

（4）若将差动式变极距电容器接入差动脉冲宽度调制测量电路，双稳态触发器输出电压为 5 V，试求输出电压的平均值。

（5）若将差动式变极距电容器接入双 T 形电桥电路，假设电路的 R_L 为无穷大，输出电压为 $U_0 = 2fU_E R(C_1 - C_2)$，其中，C_1 和 C_2 的差值为 8 pF，激励源频率为 100 kHz，激励源电压为 10 V，电阻 R 为 10 kΩ，试求输出电压的平均值。

18. 圆筒电容传感器如题图 18 所示。传感器内筒直径为 d，外筒直径为 D，筒高为 H，内外筒之间气体的介电常数为 ε。试证明圆筒电容器的电容量为 $C = \dfrac{2\pi\varepsilon H}{\ln\dfrac{D}{d}}$。

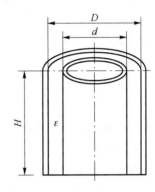

题图 18 圆筒电容传感器

第4章 电能量检测装置

电能量检测装置中的传感器属于能量变换型传感器,可以在无须外加电源的情况下将被测参量转换为检测装置的输出信号。在这类检测装置中,输出端电信号的能量是由被测对象或被测参量中的能量转换而来的,是将被测的非电量的能量转换为电能量输出的,一般为电压信号或电流信号。例如,热电偶、光电池、压电传感器、磁电传感器等都属于这种类型的传感器。一般来说,这类检测装置的输出信号比较弱,需要根据用途采用转换电路将其电能量信号进行放大输出。

4.1 热电偶传感器

热电偶传感器是一种将温度变化转换为电势变化的传感器。在冶金、电力、石油、化工等工业生产中具有广泛的应用。它的优点是结构简单,动态性能好,测温范围广($-200 \sim 2\,000\ ℃$),输出信号便于传输和处理。热电偶有多种规格和型号,使用者可根据精度、测量范围等不同要求选用不同规格和型号的热电偶。

4.1.1 热电偶测温原理

热电偶的工作机理是建立在导体的热电效应上的。将两种不同的导体(A 和 B)构成一个闭合回路,当两个接点温度不同时($T > T_0$),回路中会产生热电势 $E_{AB}(T, T_0)$,这种现象称为热电效应,如图 4.1.1 所示。其中,T 端称为热端(工作端),T_0 端称为冷端(自由端),A、B 称为热电极,热电势 $E_{AB}(T, T_0)$ 的大小由两种材料的接触电势和单一材料的温差电势决定。

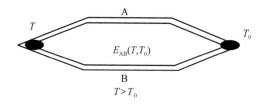

图 4.1.1 热电偶热电效应

1. 接触电势(帕尔帖电势)

当两种不同的导体紧密接触时,由于其内部自由电子的密度不同,设 $N_A > N_B$,在单位时间内由导体 A 扩散到导体 B 的自由电子数要比由导体 B 扩散到导体 A 的电子数多。因此,导体 A 因失去电子带有正电,导体 B 因得到电子带有负电,A、B 接触处会形成一定的电位差,称为接触电势(帕尔帖电势)。这个电势将阻碍电子的进一步扩散,当电子扩散能力与电场的阻力平衡时,接触处的电子扩散达到了动态平衡,接触电势达到一个稳态值,此过程如图 4.1.2 所示。

接触电势的大小可表示为

$$e_{AB}(T) = \frac{KT}{e} \ln \frac{N_{AT}}{N_{BT}} \qquad e_{AB}(T_0) = \frac{KT_0}{e} \ln \frac{N_{A0}}{N_{B0}} \tag{4.1.1}$$

其中:N_A、N_B分别为导体 A、B 的自由电子密度;K 为玻尔兹曼常数,K$=1.381\times10^{-23}$ J/K;e 为电子电荷量,e$=1.602\times10^{-19}$ C;T 与 T_0 为接点的绝对温度,单位为 K。

接触电势的大小与两种导体材料的性质及接触点的温度有关。

2. 温差电势

温差电势是因同一导体两端的温度不同而产生的一种热电势。设均质导体 A 的两端温度分别为 T 和 T_0,$T>T_0$,其两端的温度不同,电子能量就不同。高温端的电子能量大,电子从高温端向低温端扩散的数量多,最后达到动态平衡,如图 4.1.3 所示。在导体 A 两端形成一定的电位差,即温差电势。

其大小为

$$e_A(T,T_0) = \int_{T_0}^{T} \sigma_A \mathrm{d}T \quad e_B(T,T_0) = \int_{T_0}^{T} \sigma_B \mathrm{d}T \tag{4.1.2}$$

其中:σ_A、σ_B为汤姆逊系数,单位为 μV/℃。

温差电势与 A、B 两种导体材料的性质及两端的温度有关。

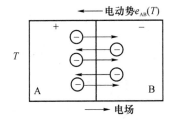

图 4.1.2　热电偶的接触电势

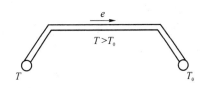

图 4.1.3　热电偶的温差电势

3. 热电偶回路的总热电势

热电偶回路的原理结构及热电势如图 4.1.4 所示。可以看出,回路的总热电势由两个接触电势 $e_{AB}(T)$、$e_{AB}(T_0)$ 和两个温差电势 $e_A(T,T_0)$、$e_B(T,T_0)$ 组成。

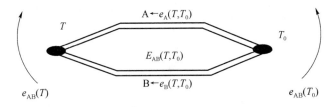

图 4.1.4　热电偶回路的电势分布

沿顺时针方向写出热电偶回路的热电势

$$\begin{aligned} E_{AB}(T,T_0) &= [e_{AB}(T) - e_{AB}(T_0)] - [e_A(T,T_0) - e_B(T,T_0)] \\ &= \frac{KT}{e} \ln \frac{N_A}{N_B} - \frac{KT_0}{e} \ln \frac{N_{A0}}{N_{B0}} - \int_{T_0}^{T} (\sigma_A - \sigma_B) \mathrm{d}T \end{aligned} \tag{4.1.3}$$

由式(4.1.3)可以看出:若 A、B 两个导体的材料相同,则回路的热电势为零;若热电偶的两个接点的温度相同,则回路的热电势为零。

热电偶热电势只与两导体的材料和两接点的温度有关,当材料确定后,回路的热电势是两个接点温度函数的差值,即

$$E_{AB}(T,T_0) = f(T) - f(T_0) \tag{4.1.4}$$

当冷端温度固定时,即 $f(T_0) = C(常数)$,$E_{AB}(T,T_0)$ 为工作端 T 的单值函数,即

$$E_{AB}(T,T_0) = f(T) - C = \phi(T) \tag{4.1.5}$$

相较于接触电势,温差电势的数值甚小,可以忽略。因此,在工程技术中,可认为热电势近似等于接触电势。

在实际工程应用中,测量出热电偶回路的热电势后,通常不是由公式计算被测温度,而是用查热电偶分度表的方式来确定被测温度。分度表是在冷端(参考端)温度为 0 ℃ 时,通过计量标定实验建立起来的热电势与工作端温度之间的数值对应关系表。测得热电势,查分度表确定温度值。有关热电偶分度表的详细知识请查阅相关技术资料。

在一些温度测量范围不大,精度要求不高的场合,可以认为热电势与温度呈线性关系,可根据热电偶热电系数值,确定被测温度。

通过实验研究人员发现了一些热电定律,这些定律为热电偶实用化测温奠定基础。

4.1.2　热电偶的基本定律

1. 中间温度定律

热电偶的热电势仅取决于热电偶的材料和两个接点的温度,与温度沿热电极的分布及热电极的形状无关。

在热电偶回路中,如果存在一个中间温度 T_n,则热电偶回路产生的总热电势等于热电偶热端、冷端分别为 T、T_n 时的热电势 $E_{AB}(T,T_n)$ 与同一热电偶热端、冷端分别为 T_n、T_0 所产生的热电势 $E_{AB}(T_n,T_0)$ 的代数和。用公式表示为

$$E_{AB}(T,T_0) = E_{AB}(T,T_n) + E_{AB}(T_n,T_0) \tag{4.1.6}$$

在忽略温差电势的情况下,中间温度定律证明如下:

$$E_{AB}(T,T_n) + E_{AB}(T_n,T_0) = e_{AB}(T) - e_{AB}(T_n) + e_{AB}(T_n) - e_{AB}(T_0)$$
$$= e_{AB}(T) - e_{AB}(T_0) = E_{AB}(T,T_0)$$

中间温度定律为制定热电偶分度表奠定了基础。根据中间温度定律,只需列出冷端温度为 0 ℃ 时,各工作端温度与热电势的关系表(分度表),当冷端温度不为 0 ℃ 时,所产生的热电势按式(4.1.6)计算。

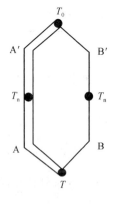

图 4.1.5　中间温度定律

例:已知用镍铬-镍硅(K 型)热电偶测温,热电偶参考端(冷端)温度为 30 ℃,测得热电势为 28 mV,求热端温度。

实际测量的热电偶热电势为　$E(T,30\ ℃)=28\ \text{mV}$

查热电偶分度表得　$E(30\ ℃,0\ ℃)=1.203\ \text{mV}$

根据中间温度定律得　$E(T,0\ ℃)=(28+1.203)\ \text{mV}=29.203\ \text{mV}$

查 K 型热电偶分度表得　$T=701.5\ ℃$

2. 中间导体定律

热电偶测温必须在回路中引入测量导线和仪表(放大器、毫伏表等)。当引入了导线与仪表后,会不会影响热电势呢?中间导体定律表明,在热电偶回路中,只要接入的第三导体两端的温度相同,就对回路总的热电势没有影响,如图 4.1.6 所示。

中间导体定律证明如下:

回路中的总热电势等于各接点的接触电势之和,即

$$E_{ABC}(T,T_0)=e_{AB}(T)+e_{BC}(T_0)+e_{CA}(T_0) \tag{4.1.7}$$

当 $T=T_0$ 时,有

$$e_{BC}(T_0)+e_{CA}(T_0)=-e_{AB}(T_0) \tag{4.1.8}$$

$$E_{ABC}(T,T_0)=e_{AB}(T)-e_{AB}(T_0)=E_{AB}(T,T_0) \tag{4.1.9}$$

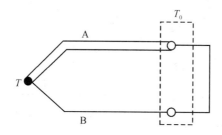

图 4.1.6　中间导体定律

3. 标准电极定律

当温度为 T、T_0 时,用导体 A、B 组成的热电偶的热电势等于用 A、C 组成的热电偶和用 C、B 组成的热电偶的热电势代数和。

$$E_{AB}(T,T_0)=E_{AC}(T,T_0)+E_{CB}(T,T_0) \tag{4.1.10}$$

标准电极 C 用纯铂丝制成,铂的化学性能稳定。求出各种热电极对铂电极的热电势,可以用标准电极定律算出任选两种材料配成热电偶后的热电势值,可大大简化热电偶的选配工作。

4.1.3　热电偶的冷端处理和补偿

使用热电偶测温时,必须在固定冷端温度的情况下,此时其输出的热电势才是热端温度的单值函数。工程上广泛使用的热电偶分度表和根据分度表刻画的测温显示仪表的刻度,都是基于冷端温度为 0 ℃制作的。若冷端保持 0 ℃,则由测得热电势值查找相应的分度表,可得到准确的温度值。但在实际应用中,热电偶的两端距离很近,冷端受热源及周围环境的影响,既不为 0 ℃,也不为恒值,引入误差。为此需对冷端进行处理,本小节介绍以下几种冷端处理方法。

1. 补偿导线法

采用与热电偶热电特性相同或相近的补偿导线,将热电偶的原冷端引至温度恒定的新冷端,此方法为补偿导线法。热电特性相同是指在 100 ℃以下的温度范围内,补偿导线产生的热电势等于工作热电偶在此温度范围内产生的热电势,即

$$E_{AB}(T_0', T_0) = E_{A'B'}(T_0', T_0) \tag{4.1.11}$$

其中,T_0 为原冷端,T_0' 为新冷端。

补偿导线分为延长型和补偿型。一般对于廉价热电偶,采用延长型,即采用与热电偶热电极相同的材料做补偿导线,直接将热电偶的热电极延长至温度恒定的新冷端,用字母"X"附在热电偶分度表后表示延长型补偿,如用"KX"表示与 K 型热电偶相配的延长型补偿导线。对于贵重金属热电偶,采用补偿型,即采取与热电偶热电特性相同或相近的其他材料做补偿导线。用字母 C 附在热电偶分度表后表示补偿型补偿,如用"SC"表示与 S 型热电偶相配的补偿型补偿导线。常用热电偶补偿导线的型号、线芯材质和绝缘层着色如表 4.1.1 所示。

表 4.1.1 补偿导线的型号、线芯材质和绝缘层着色

补偿导线型号	配用热电偶	补偿导线的线芯材料		绝缘层着色	
		正极	负极		
SC 或 RC	铂铑 10-铂	SPC(铜)	SNC(铜镍)	红	绿
KC	镍铬-镍硅	KPC(铜)	KNC(铜镍)	红	蓝
KX	镍铬-镍硅	KPX(铜镍)	KNX(镍硅)	红	黑
NX	镍铬硅-镍硅	NPS(铜镍)	NNX(镍硅)	红	灰
EX	镍铬-铜镍	EPX(镍铬)	ENX(铜镍)	红	棕
JX	铁-铜镍	JPX(铁)	JNX(铜镍)	红	紫
TX	铜-铜镍	TPX(铜)	TNX(铜镍)	红	白

连接补偿导线与热电偶时需要使用热电偶专用连接器。

2. 0 ℃恒温法(冰浴法)

在实验室及精密测量中,通常把冷端放入装满冰水混合物的容器中,如图 4.1.7 所示,以便使冷端温度保持 0 ℃。使用该方法可直接从仪表中读出热电势值,然后通过查分度表得出被测点的温度值。

0 ℃恒温法是一种准确度很高的冷端处理方法,但在实际使用中需冰、水两相共存,一般只适用于实验室。

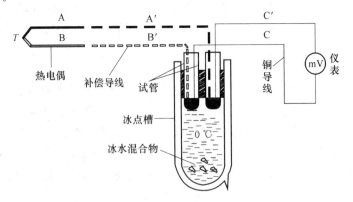

图 4.1.7 0 ℃恒温法原理

3. 冷端温度修正法

在实际使用中,热电偶的冷端往往不是 0 ℃,而是环境温度 T_n,此时测得的热电势值为 $E_{AB}(T, T_n)$,根据中间温度定律可知

$$E_{AB}(T,0)=E_{AB}(T,T_n)+E_{AB}(T_n,0) \tag{4.1.12}$$

首先,由测温仪器测量出环境温度 T_n,从分度表中查出 $E_{AB}(T_n,0)$ 的值;然后,将其与测得的热电势值 $E_{AB}(T,T_n)$ 相加,得到 $E_{AB}(T,0)$ 值;最后,查热电偶分度表,得到被测热源的温度 T。

4. 冷端温度自动补偿法(补偿电桥法)

补偿电桥法是利用不平衡电桥产生的不平衡电压作为补偿信号,来自动补偿热电偶测量过程中因参考端温度不为 0 ℃或变化而引起的热电势变化。

补偿电桥由 3 个电阻温度系数较小的锰铜丝绕制的电阻 R_1、R_2、R_3,电阻温度系数较大的铜丝绕制的电阻 R_{Cu} 和稳压电源组成。补偿电桥的铜电阻与热电偶参考端处在同一环境温度。设环境温度为室温 $T_0=20$ ℃。室温时,电桥平衡,即

$$R_1 R_3 = R_2 R_{Cu}$$

此时 $U_{ab}=0$,热电偶与补偿电桥串联回路的电势为 $E_{AB}(T,T_0)$

当冷端温度由 T_0 变化为 $T_0 \pm \Delta T$ 时,根据中间温度定律可知,热电偶产生的热电势为

$$E_{AB}(T,T_0 \pm \Delta T)=E_{AB}(T,T_0)-E_{AB}(T_0 \pm \Delta T,T_0)$$

此时串联回路的总电势为

$$E_{AB}(T,T_0 \pm \Delta T)+U_{ba}=E_{AB}(T,T_0)-E_{AB}(T_0 \pm \Delta T,T_0)+U_{ba}$$

其中,$E_{AB}(T_0 \pm \Delta T,T_0)$ 为误差项,设计补偿电桥电路,输出不平衡电压 U_{ba} 作为补偿信号,使 $-E_{AB}(T_0 \pm \Delta T,T_0)+U_{ba} \approx 0$,即可保证串联回路的热电势为 $E_{AB}(T,T_0)$。

补偿原理是通过补偿电桥产生的不平衡电压 U_{ba} 作为补偿信号,自动补偿热电偶在测量过程中由于冷端温度变化而引起的热电势变化值 $E_{AB}(T_0 \pm \Delta T,T_0)$。具体补偿过程说明如下:

当冷端温度由 T_0 变化为 $T_0+\Delta T$ 时,$\Delta T>0$,热电偶热电势误差项 $E_{AB}(T_0 \pm \Delta T,T_0)>0$。同时与热电偶冷端处于同一温度场的铜电阻 R_{Cu} 增加,a 点电位下降,$U_{ba}>0$,使 $-E_{AB}(T_0 \pm \Delta T,T_0)+U_{ba} \approx 0$,最终,保证热电偶与补偿电桥总回路的电势值为 $E_{AB}(T,T_0)$,如图 4.1.8 所示。

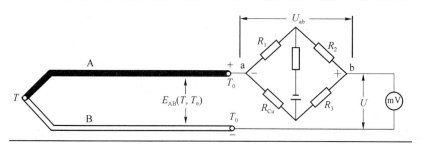

图 4.1.8　电桥补偿法电路

4.1.4　热电偶的实用测温电路

实用热电偶测温电路由热电极、补偿导线、热电势检测仪表组成。常用的检测仪表有毫伏电压表、数字电压表、电位差计等。

1. 测量单点温度的基本电路

由于热电偶产生的热电势很小,一般 1 ℃产生数十微伏电压,故其所配接的模拟表 M 可为毫伏计或电位差计,从而读出热电势值,然后查分度表以确定被测温度。多数检测仪表采用

数字仪表测量温度,但必须加入输入放大电路和模数转换电路,通过放大电路将热电偶输出的微弱信号放大,通过模数转换电路将对应热电势的模拟量转换为数字量,根据热电势与温度的关系,通过微机编程确定被测温度。图4.1.9(a)为配接放大器的单点测温电路组成,图4.1.9(b)为配接温度变送器的单点测温电路组成。后者将热电偶接到温度变送器输入端,通过温度变送器将温度转换为 4~20 mA 或 1~5 V 的标准信号。

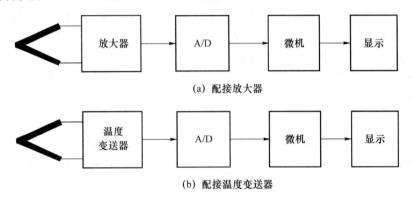

(a) 配接放大器

(b) 配接温度变送器

图 4.1.9　单点测温电路组成框图

2. 测量两点之间温差的电路

用两只相同型号的热电偶,配接相同的补偿导线,反向串联,如图 4.1.10 所示。产生的热电势为

$$E_T = E_{AB}(T_1, T_0) - E_{AB}(T_2, T_0) \tag{4.1.13}$$

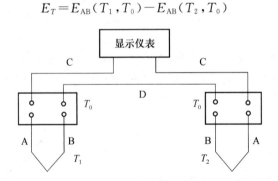

图 4.1.10　测量两点之间温差的电路

3. 测量平均温度电路

将几只型号特性相同的热电偶并联在一起,测量它们输出热电势的平均值,如图 4.1.11 所示。

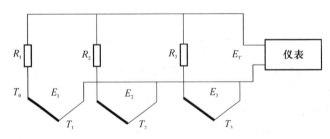

图 4.1.11　测量平均温度电路

该电路的优点是仪表的分度表和单独配用一个热电偶时一样,缺点是当有一只热电偶烧毁时不能很快发现。回路的热电势为

$$E_T = \frac{(E_1 + E_2 + E_3)}{3} \tag{4.1.14}$$

4. 测量温度和电路

将同类型的热电偶串联,测量它们输出热电势的和,如图 4.1.12 所示。该电路的特点是当有一只热电偶烧断时,总的热电势消失,可以立即知道有热电偶烧断。

总的热电势为

$$E_T = E_1 + E_2 + E_3 \tag{4.1.15}$$

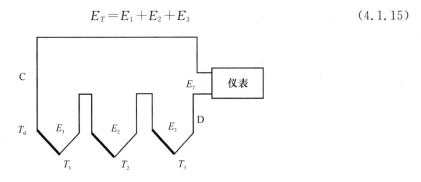

图 4.1.12　测量温度和电路

5. 实用热电偶测温电路

图 4.1.13 是采用 AD594C 的温度测量电路实例。AD594C 片内除放大电路外,还有温度补偿电路,对于 J 型热电偶经激光修整后可得到 10 mV/℃ 的输出。在 0～300 ℃ 的测量范围内,精度为 ±1 ℃。若将 AD594C 的输出接 A/D 转换器,则可构成数字显示温度计。电路中 2B20B 是电压/电流变换器,将运放 A_1 放大的与温度相应的电压信号变换为 4～20 mA 的电流环进行远距离传送。

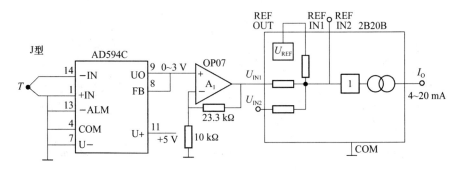

图 4.1.13　热电偶测温电路

4.2　压电式传感器

压电式传感器的工作原理是基于某些介质材料(石英晶体和压电陶瓷)的压电效应。压电效应分为正压电效应和逆压电效应,利用压电效应实现力与电荷的双向转换。压电传感器具有体积小、重量轻、结构简单、动态性能好等特点,可测量与力相关的物理量,如各种动态力、机械冲击与振动,在声学、医学、力学、宇航等方面都得到了非常广泛的应用。

4.2.1 压电式传感器的工作原理

当某些电介质在受到一定方向的压力或拉力而产生变形时,其内部将发生极化现象,在其表面产生电荷,若去掉外力,它们又重新回到不带电状态,这种能将机械能转换为电能的现象称为正压电效应。反过来,在电介质两个电极面上,加以交流电压,压电元件会产生机械振动,当去掉交流电压,振动消失,这种能将电能转换为机械能的现象称为逆压电效应,亦可称为电致伸缩效应。常见的压电材料有石英晶体和压电陶瓷。利用正压电效应可制成引爆器、防盗装置、声控装置、超声波接收器等,利用逆压电效应可制成晶体振荡器、超声波发生器等。

1. 石英晶体的压电效应

石英晶体是单晶体结构。图 4.2.1(a)表示了天然结构的石英晶体的外形。它是一个正六面体,其各个方向的特性是不同的。在直角坐标系中,如图 4.2.1(b)所示,它有 3 个轴,x 轴经过正六面体的棱线,垂直于光轴,垂直于此轴面上的压电效应最强,称为电轴;y 轴垂直于棱柱面,机械变形最大,称为机械轴;z 轴垂直于 xOy 平面,在此方向施加外力,无压电效应,称为光轴。

从石英晶体上沿轴向(x 或 y)切下薄片,制成晶体薄片,如图 4.2.1(c)所示。当沿电轴方向加作用力 F_x 时,在与电轴 x 垂直的平面上将产生电荷,其大小为

$$q_x = d_{11} F_x \tag{4.2.1}$$

其中:d_{11} 为 x 轴方向受力的压电系数,单位为 C/N。

产生的电荷与几何尺寸无关,称为纵向压电效应。

当沿机械轴 y 方向施加作用力 F_y 时,仍在与 x 轴垂直的平面上产生电荷 q_x,其大小为

$$q_x = d_{12} \frac{l}{h} F_y = -d_{11} \frac{l}{h} F_y \tag{4.2.2}$$

其中:d_{12} 为 y 轴方向受力的压电系数,$d_{12} = -d_{11}$;l、h 为晶体切片长度和厚度。

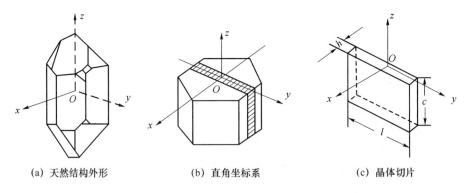

| (a) 天然结构外形 | (b) 直角坐标系 | (c) 晶体切片 |

图 4.2.1 石英晶体

从式(4.2.2)可以看出,当沿机械轴方向的力作用在晶体上时,产生的电荷量与晶体切片的几何尺寸有关。式中的负号说明沿 x 轴的压力所引起的电荷极性与沿 y 轴的压力所引起的电荷极性是相反的,此压电效应为横向压电效应。图 4.2.2 为受力方向与电荷极性的关系。

图 4.2.3 为石英晶体的压电效应结构原理。石英晶体 SiO_2 的 3 个硅离子 Si^{4+} 与 6 个氧离子 O^{2-} 构成一个正六边形,当晶体未受外力作用时,正、负离子正好分布在正六边形的顶角上,形成三个互成 $120°$ 夹角的电偶极矩 P_1、P_2、P_3,如图 4.2.3(a)所示。$P_1 + P_2 + P_3 = 0$,正负电荷中心重合,晶体垂直于 x 轴表面不出现电荷,呈中性。

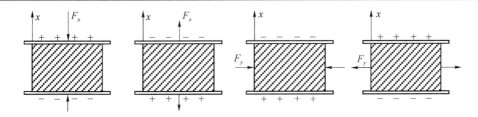

图 4.2.2 晶体切片电荷极性与受力方向的关系

当晶体受到 x 轴方向的压力作用时，晶体沿 x 轴方向将产生压缩变形，正负离子的相对位置也随之变动，如图 4.2.3(b)所示。此时正负电荷中心不再重合，电偶极矩在 x 方向上的分量由于 P_1 的减小和 P_2、P_3 的增加而不等于零，即 $(P_1+P_2+P_3)<0$。在 x 轴的正方向上出现负电荷，电偶极矩在 y 轴方向上的分量仍为零，不出现电荷。

当晶体受到沿 y 轴方向的压力作用时，晶体的变形如图 4.2.3(c)所示，P_1 增大，P_2、P_3 减小。在垂直于 x 轴正方向上出现正电荷，在 y 轴方向上不出现电荷。

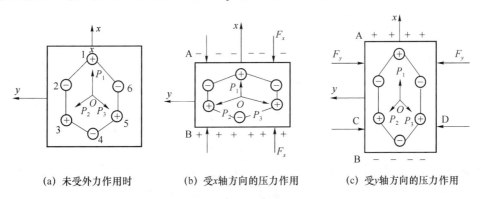

(a) 未受外力作用时   (b) 受 x 轴方向的压力作用   (c) 受 y 轴方向的压力作用

图 4.2.3 石英晶体的压电效应结构原理

当晶体受到沿 z 轴方向的作用力时，晶体在 x 轴方向和 y 轴方向上产生的形变完全相同，所以正负电荷中心保持重合，电偶极矩矢量和等于零。这表明沿 z 轴方向施加作用力，晶体不会产生压电效应。当作用力 F_x、F_y 的方向相反时，电荷的极性也随之改变。

石英晶体是一种天然晶体，它的介电常数和压电常数的温度稳定性好，固有频率高，多用在校准用的标准传感器或精度很高的传感器中，也用于钟表及微机中的晶振。

2. 压电陶瓷的压电效应

压电陶瓷是人工制造的多晶体压电材料。材料内部的晶粒有许多自发极化的电畴，它有一定的极化方向，从而存在电场。在无外电场作用时，电畴在晶体中杂乱分布，它们的极化效应被相互抵消，压电陶瓷内极化强度为零。因此，原始的压电陶瓷呈中性，不具有压电性质，如图 4.2.4(a)所示。

(a)未极化的陶瓷   (b)正在极化的陶瓷   (c)极化后的陶瓷

图 4.2.4 压电陶瓷的极化

为了使压电陶瓷具有压电效应,必须对其进行极化处理。即在一定的温度下对压电陶瓷施加强电场,(如 $20\sim30\,kV/cm$ 的直流电场),经过一定时间后,电畴的极化方向转向,与电场方向基本一致,如图 4.2.4(b)所示,将极化方向定义为 z 轴。当去掉外电场时,其内部仍存在着很强的剩余极化强度,这时的材料具备压电性能,在陶瓷极化的两端出现了束缚电荷,一端为正电荷,一端为负电荷,极化后的电畴结构如图 4.2.4(c)所示。由于束缚电荷的作用,陶瓷片的电极表面吸附了一层外界的自由电荷,这些电荷与陶瓷片内的束缚电荷方向相反,数值相等,屏蔽和抵消了陶瓷片内极化强度的对外作用,因此,陶瓷片对外不表现极性。压电陶瓷束缚电荷与自由电子电荷的关系如图 4.2.5 所示。当压电陶瓷受到外力作用时,电畴的界限发生移动,剩余极化强度将发生变化,吸附在其表面的部分自由电荷将被释放。释放的电荷量的大小与外力成正比,即

$$q_z = d_{33} F_z \tag{4.2.3}$$

其中,d_{33} 为压电陶瓷的压电系数。

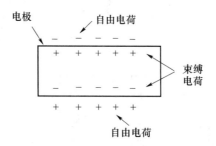

图 4.2.5 压电陶瓷束缚电荷与自由电荷的关系

这种将机械能转换为电能的现象,就是压电陶瓷的正压电效应。压电陶瓷具有压电常数高、制作简单、耐高温、耐湿等特点,在检测电子技术、超声波等领域有广泛应用,如超声波测流速、测距,热释电人体红外报警器等。

4.2.2 压电元件的等效电路及其连接方式

1. 压电元件的等效电路

压电元件两电极之间的压电陶瓷或石英晶体为绝缘体,构成一个电容器,其电容量为

$$C_a = \frac{\varepsilon_0 \varepsilon_r S}{h} \tag{4.2.4}$$

压电传感器可等效成一个电荷源 Q 与一个电容并联的电路,如图 4.2.6(a)所示。也可等效成一个电压源 U 与一个电容串联的电路,如图 4.2.6(b)所示。

产生的电压与电荷的关系为

$$U = \frac{Q}{C_a} \tag{4.2.5}$$

在测量变化频率较低的参数时,必须保证负载 R_L 具有很大的数值,以保证电路有很大的时间常数 $R_L C_a$,不至于造成较大误差,R_L 要达到数百兆欧以上,一般在其后接前置放大器。

2. 连接方式

为增大传感器的灵敏度,压电传感器采用多片压电元件。它们的连接方式有串联和并联两种。

并联方式的总电容、电荷、电压与单体电容、电荷、电压的关系为

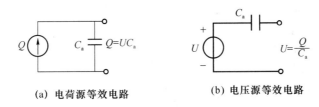

(a) 电荷源等效电路　　　　(b) 电压源等效电路

图 4.2.6　压电传感器的等效电路

$$C' = nC, \quad U' = U, \quad q' = nq \tag{4.2.6}$$

并联方式的特点为输出电荷大、时间常数大，并联方式适合测量慢变信号，适用于以电荷为输出的场合。

串联方式的总电容、电荷、电压与单体电容、电荷、电压关系为

$$C' = \frac{C}{n}, \quad U' = nU, \quad q' = q \tag{4.2.7}$$

串联方式的特点为输出电压大，电容、时间常数小，串联方式适用于以电压为输出，高输入阻抗的场合。

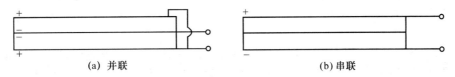

(a) 并联　　　　　　　　　　(b) 串联

图 4.2.7　两个压电片的连接方式

4.2.3　压电式传感器的测量电路

由于压电元件的输出信号非常微弱，故在测量时，需把压电传感器用电缆接于高阻抗的前置放大器。前置放大器有两个作用：①把传感器的高输出阻抗转换为低输出阻抗；②放大传感器输出的微弱信号。压电式传感器的输出可以是电压，也可以是电荷。因此，实际的测量电路有电压放大器电路和电荷放大器电路。

1. 电压放大器

将压电元件与电压放大器相连，其等效电路如图 4.2.8 所示。

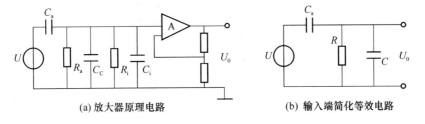

(a) 放大器原理电路　　　　　(b) 输入端简化等效电路

图 4.2.8　电压放大器电路原理及其等效电路

其中，R_i、C_i 为放大器的输入电阻、电容，C_c 为导线电容，R_a、C_a 为传感器的电阻、电容。等效电阻 $R = R_a /\!/ R_i$，等效电容 $C = C_i + C_c$。

如果压电元件受到交变力 $F = F_m \sin \omega t$ 的作用，压电元件的压电系数为 d，在力的作用下产生的电压按正弦规律变化，即 $u = \dfrac{q}{C_a} = \dfrac{df}{C_a} = \dfrac{dF_m}{C_a} \sin \omega t$。

送入放大器输入端的电压为 u_i，将其写成复数形式，则得到

$$\dot{u}_i = \dot{u}\,\frac{j\omega RC_a}{1+j\omega R(C+C_a)} = \frac{d\dot{F}}{C_a} \times \frac{j\omega RC_a}{1+j\omega R(C+C_a)} = d\dot{F}\,\frac{j\omega R}{1+j\omega R(C+C_a)} \tag{4.2.8}$$

输入端电压 u_i 的幅值是

$$u_{im} = \frac{dF_m\omega R}{\sqrt{1+\omega^2 R^2\,(C_a+C_i+C_c)^2}} \tag{4.2.9}$$

相位差是

$$\varphi = \frac{\pi}{2} - \arctan\,\omega(C_a+C_C+C_i)R \tag{4.2.10}$$

此时传感器的灵敏度为

$$k_u = \frac{u_{im}}{F_m} = \frac{d}{\sqrt{\dfrac{1}{\omega^2 R^2} + (C_a+C_i+C_c)^2}} \tag{4.2.11}$$

高频段的 $\omega R \gg 1$，$k_u = \dfrac{d}{C_a+C_i+C_c}$ 为定值。低频段的 $1/\omega R$ 较大，灵敏度较小。当作用在压电元件上的力为静态力时，前置放大器的输入电压为零，其原因是电荷会通过放大器的输入电阻和传感器本身的泄漏电阻漏掉。从原理上讲压电式传感器不宜测量静态物理量，它的高频响应好。

将压电式传感器与电压放大器配合使用时应注意以下几点：①电缆不宜过长，否则，C_c 增大，传感器的电压灵敏度下降；②要使电压灵敏度为常数，应使压电片与前置放大器的连接导线为定长，以保证 C_c 不变。

测量低频信号时，应增大前置放大器的输入电阻，使测量回路的时间常数增大，以保证较高的灵敏度。

2. 电荷放大器

电荷放大器常作为压电式传感器的输入电路，由一个反馈电容 C_f 和高增益运算放大器构成，当略去并联电阻 R_a 和 R_i 后，电荷放大器的等效电路如图 4.2.9 所示。电荷放大器可看作是具有深度电容负反馈的高增益放大器。

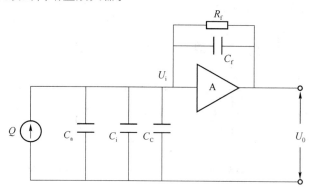

图 4.2.9　电荷放大器的等效电路

总电荷为

$$Q = Q_i + Q_f$$

反馈电容的电荷为

$$Q_f = (U_i - U_0)C_f = \left(-\frac{U_0}{A} - U_0\right)C_f = -(1+A)\frac{U_0}{A}C_f \tag{4.2.12}$$

净输入电荷为

$$Q_i = CU_i = -C\frac{U_0}{A} \tag{4.2.13}$$

总电荷为

$$Q = -\frac{C+(1+A)C_f}{A}U_0 \tag{4.2.14}$$

输出电压为

$$U_0 = -\frac{AQ}{C+(1+A)C_f} \approx -\frac{Q}{C_f} \tag{4.2.15}$$

其中,A 为放大器的开环增益。电荷放大器的特点是输出电压与电缆电容 C_c 无关,即与电缆长度无关,且与输出电荷成正比。

4.2.4　压电式传感器的应用

1. 压电式加速度传感器

图 4.2.10 为压缩式压电加速度传感器的结构。图中压电元件由两片压电片组成,采用并联接法,输出端一端用引线接至两片压电片中间的金属片上,另一端直接与基座相连。在压电片采用压电陶瓷制成。在压电片上放一块高比重的金属制成的质量块,用一根弹簧压紧,以对压电元件施加一个预载荷。整个组件装在一个有厚基座的金属壳体中。

测量时,通过基座底部的螺孔将传感器与试件刚性地固定在一起,传感器感受与试件相同频率的振动。由于弹簧的刚性很大,质量块也感受与试件相同频率的振动。因此,质量块有一个正比于加速度的交变力作用在压电片上,由于压电效应,在压电片的两个表面上有电荷产生。传感器的输出电荷(电压)与作用力成正比,即与试件的加速度成正比。将传感器的输出接到前置放大器后,就可以用测量仪器测出试件的加速度,在放大器中加入积分电路,就可以测量试件的振动速度或位移。

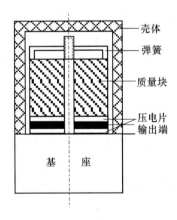

图 4.2.10　压缩式压电加速度传感器的结构

压电式加速度传感器工作原理如图 4.2.11 所示。

图 4.2.11　压电式加速度传感器工作原理

由图 4.2.11 可知,可选用较大的 m 和 d 来提高压电式加速度传感器的灵敏度。但质量增大将引起传感器固有频率下降,频带减小,体积、重量增大,从而对被测对象产生影响。因此,通常采用具有较大压电常数的材料或多片压电片组合的方法来提高灵敏度。

2. 压电引信

压电引信是一种利用钛酸钡压电陶瓷的压电效应制成的军用弹丸起爆装置。它具有瞬发度高,不需要配置电源等优点,常应用于破甲弹上,对提高弹丸的破甲能力起着重要的作用,其结构如图 4.2.12 所示。

整个引信由压电元件和起爆装置两部分组成。压电元件安装在弹丸的头部,起爆装置设置在弹丸的尾部,它们通过导线互连。压电引信的原理如图 4.2.13 所示。平时电雷管 E 处于短路保险安全状态,即使压电元件受压,其产生的电荷也可以通过电阻 R 释放掉,不会引爆电雷管。

弹丸发射后,引信起爆装置解除保险状态,开关 K 从 a 点断开与 b 点接通,处于工作状态。当弹丸与装甲目标接触时,碰撞压力使压电元件产生电荷,经过导线传递给电雷管使其起爆,引起弹丸爆炸,锥孔炸药爆炸形成的能量使药形罩熔化,形成高温高流速的能量流,将坚硬的钢甲穿透,起到摧毁的目的。

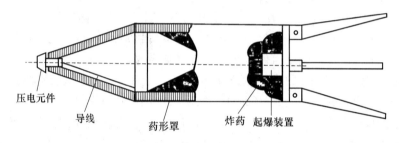

图 4.2.12　破甲弹压电引信结构

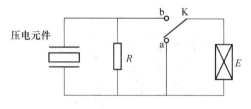

图 4.2.13　压电引信工作原理

3. 压电式玻璃破碎报警器

在银行、宾馆等部门,为了防止盗窃,工作人员通常会在玻璃上安放压电传感器。玻璃受撞击破碎时,将产生一定频带宽度的振动信号,通过对此信号进行放大及带通滤波,将振动信号转换为电信号。振动产生的电信号与设定的阈值电压比较,若大于阈值电压,比较器输出高电平信号,从而触发电话报警及声光报警。压电式玻璃破碎报警电路原理如图 4.2.14 所示。

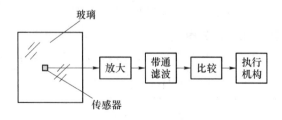

图 4.2.14　压电式玻璃破碎报警电路原理

4.3　磁电式传感器

磁电式传感器是通过磁电作用将被测量(如振动、位移、速度、转速、磁场强度等)转换成电信号的一种传感器。制作磁电式传感器的材料有、导体、半导体、磁性体等。利用导体和磁场的相对运动产生感应电势的电磁感应原理,可制作各种磁电感应式传感器;利用半导体材料的霍尔效应可制作霍尔器件。它们的工作原理不完全相同,各有各的特点和应用范围,本节对其分别加以讨论。

4.3.1　磁电感应式传感器

磁电感应式传感器是利用电磁感应定律,将输入运动速度变换成感应电势输出的装置。它不需要辅助电源,就能将被测对象的机械能转换为易于测量的电信号。由于它有较大的输出功率,故其配用电路简单、性能稳定,可应用于转速、振动、扭矩等被测量的测量。

不同类型的磁电感应式传感器实现磁通变化的方法不同,有恒磁通的动圈式与动铁式磁电感应式传感器,有变磁通(变磁阻)的开磁路式或闭磁路式的磁电感应式传感器。

1. 恒磁通磁电感应式传感器

(1) 磁电感应式传感器的工作原理

根据法拉第电磁感应定律,N 匝线圈在磁场中做切割磁力线运动或穿过线圈的磁通量变化时,线圈中产生的感应电动势 E 与磁通 Φ 的变化率有如下关系:

$$E = -N \frac{\mathrm{d}\Phi}{\mathrm{d}t} \tag{4.3.1}$$

图 4.3.1(a)与图 4.3.1(b)为恒磁通磁电感应式传感器测量线速度和角速度的原理。当线圈垂直于磁场方向运动时,线圈相对于磁场的运动速度为 v 或 ω。对于磁场强度为 B 的恒磁通,式(4.3.1)可写成

$$E = -NBl_a v \quad 或 \quad E = -NBS\omega \tag{4.3.2}$$

其中:B 为磁感应强度,单位为 T;l_a 为每匝线圈的平均长度,单位为 m;S 为线圈的截面积,单位为 m^2。

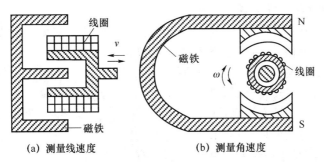

(a) 测量线速度　　　　　　　(b) 测量角速度

图 4.3.1　恒磁通磁电感应式传感器原理

恒磁通磁电感应式传感器为结构型传感器,当其结构参数 N、B、l_a、S 为定值时,其感应电动势与线速度或角速度成正比。

恒磁通磁电感应式传感器适合测量动态量。如果在电路中接入如图 4.3.2(a)所示的积分电路,感应电势与位移成正比;如果在电路中接入如图 4.3.2(b)所示的微分电路,感应电势

与加速度成正比。因此,恒磁通磁电感应式传感器可以测量位移或加速度。

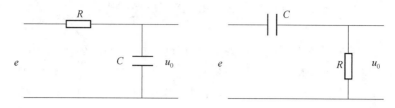

图 4.3.2　无源积分、微分电路

（2）恒磁通磁电感应式传感器的结构及要求

恒磁通磁电感应式传感器有两个基本系统:①产生恒定直流磁场的磁路系统,包括工作气隙和永久磁铁;②线圈,由它与磁场中的磁通交链产生感应电动势。应合理地选择它们的结构形式、材料和结构尺寸,以满足传感器的基本性能要求。对恒磁通磁电感应式传感器的基本要求如下:

① 工作气隙

工作气隙大,一方面线圈窗口面积大,线圈匝数多,传感器灵敏度高;另一方面,磁路的磁感应强度下降,灵敏度下降,气隙磁场不均匀,输出线性度下降。为了使传感器具有较高的灵敏度和较好的线性度,应在保证足够大的窗口面积的前提下,尽量减小工作气隙 d,一般取 $d/l_a \approx 1/4$。

② 永久磁铁

永久磁铁是用永磁合金材料制成的,它提供工作气隙磁能能源。为了提高传感器的灵敏度并减小传感器的体积,一般选用具有较大磁能面积(较高矫顽力 H_c、磁感应强度 B)的永磁合金。

③ 线圈组件

线圈组件由线圈和线圈骨架组成。它要求线圈组件的厚度小于工作气隙的长度,以保证在线圈相对永久磁铁运动时,两者之间没有摩擦。

在对精度要求较高的场合中,线圈中感应电流产生的交变磁场会叠加在恒定工作磁通上,对恒定磁通起到消磁作用,需要将补偿线圈与工作线圈串联进行补偿。另外,当环境温度变化较大时,应采取温度补偿措施。

2. 变磁通磁电感应式传感器

变磁通磁电感应式传感器也称变磁阻磁电感应式传感器。变磁阻磁电感应式传感器的结构分为开磁路和闭磁路两种,常用来测量旋转物体的转速。

（1）开磁路磁电感应式传感器的工作原理

开磁路磁电感应式转速传感器如图 4.3.3 所示。传感器的线圈和磁铁部分静止不动,测量齿轮(导磁材料制成)安装在被测转轴上,随之一起转动。安装时,将永久磁铁产生的磁力线通过软铁端部对准齿轮的齿顶,当齿轮旋转时,齿的凹凸引起磁阻变化,使磁通变化,在线圈中感应出交变电动势,其频率等于齿轮的齿数与转速的乘积,即

$$f = \frac{Zn}{60} \tag{4.3.3}$$

当齿数 Z 已知时,测得感应电势的频率 f 就可以知道被测轴的转速 n,即

$$n = \frac{60f}{Z} \tag{4.3.4}$$

其中,n 的单位为 r/min。

开磁路转速传感器结构简单,但输出信号较小,当被测轴振动较大,转速较高时,输出波形失真大。

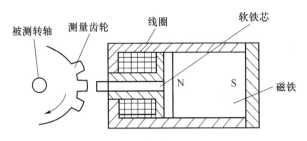

图 4.3.3　开磁路磁电感应式转速传感器

（2）闭磁路磁电感应式传感器的工作原理

图 4.3.4 为闭磁路磁电感应式转速传感器的结构原理。转子 2 与转轴 1 固紧,传感器转轴与被测物相连,转子 2 与定子 5 都是用工业纯铁制成的,它们和永久磁铁 3 构成磁路系统。转子 2 和定子 5 的环形端部都均匀地铣削了一些等间距的齿和槽。测量时,被测物转轴带动转子 2 转动,当定子与转子齿凸凸相对时,气隙最小,磁阻最小,磁通最大;当转子与定子的齿凸凹相对时,气隙最大,磁阻最大,磁通最小。随着转子的转动,磁通周期性地变化,在线圈中感应出近似正弦波的电动势信号,经施密特电路整形变为矩形脉冲信号,送到计数器或频率计。测得频率即可算出转速 n。

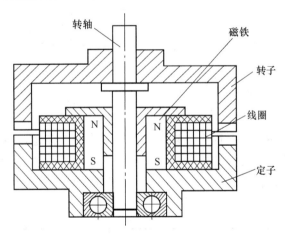

图 4.3.4　闭磁路磁电感应式转速传感器

3. 磁电感应式传感器的动态特性

磁电感应式传感器适用于测量动态物理量,因此,动态特性是它的主要性能。这种传感器是机电能量变换型传感器,其等效的机械系统如图 4.3.5 所示,磁电式传感器可等效成 $m\text{-}c\text{-}k$ 二阶机械系统。图中,v_0 为外壳(被测物)的运动速度,v_m 为质量块的运动速度,v 为惯性质量块相对于外壳(被测物)的运动速度。

运动方程为

$$m\frac{\mathrm{d}v_m(t)}{\mathrm{d}t} + cv(t) + k\int v(t) = 0 \tag{4.3.5}$$

$$m\frac{\mathrm{d}v(t)}{\mathrm{d}t} + cv(t) + k\int v(t) = -m\frac{\mathrm{d}v_0(t)}{\mathrm{d}t} \tag{4.3.6}$$

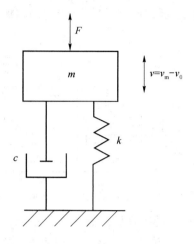

图 4.3.5 等效机械系统

传递函数为

$$H(s) = -\frac{ms^2}{ms^2 + cs + k} \tag{4.3.7}$$

频域特性为

$$H(j\omega) = \frac{m\omega^2}{k - m\omega^2 + jc\omega} = \frac{(\omega/\omega_n)^2}{1 - (\omega/\omega_n)^2 + j2\zeta(\omega/\omega_n)} \tag{4.3.8}$$

幅频特性为

$$A_v(\omega) = \frac{(\omega/\omega_n)^2}{\sqrt{[1 - (\omega/\omega_n)^2]^2 + [2\zeta(\omega/\omega_n)]^2}} \tag{4.3.9}$$

相频特性为

$$\varphi_v(\omega) = -\arctan\frac{2\zeta(\omega/\omega_n)}{1 - (\omega/\omega_n)^2} \tag{4.3.10}$$

其中：ω 为被测振动角频率；ω_n 为固有角频率，$\omega_n = \sqrt{k/m}$；ξ 为阻尼比，$\xi = c/2\sqrt{mk}$。

图 4.3.6 为磁电式速度传感器的频率响应特性曲线。从频率响应特性曲线可以看出，在 $\omega \gg \omega_n$ 的情况下(一般取 $\xi = 0.5 \sim 0.7$)，$A_v(\omega) \approx 1$，相对速度 $v(t)$ 的大小可作为被测振动速度 $v_0(t)$ 的量度。

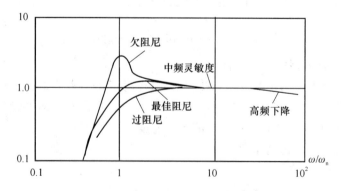

图 4.3.6 磁电式速度传感器的频率响应特性曲线

4.3.2　霍尔传感器

霍尔传感器是利用霍尔效应原理实现磁电转换,从而将被测物理量转换为电动势的传感器。1879 年,霍尔在金属材料中发现霍尔效应,由于金属材料的霍尔效应太弱,未得到实际应用。直到 20 世纪 50 年代,随着半导体和制造工艺的发展,人们才利用半导体元件制造出霍尔元件。我国从 20 世纪 70 年代开始研究霍尔元件,现在已经能生产各种性能的霍尔元件。由于霍尔传感器具有灵敏度高、线性度好、稳定性高、体积小等优点,已被广泛应用于电流、磁场、位移、压力、转速等物理量的测量。

1. 霍尔效应和工作原理

（1）霍尔效应

将半导体薄片置于磁场中,在薄片的控制电极通以电流,在薄片的输出电极产生电动势,此现象为霍尔效应,产生的电动势称为霍尔电势。

（2）工作原理

从本质上讲,霍尔电势的产生是由于运动载流子在磁场作用力 f_L（洛伦兹力）的作用下,在薄片两侧分别形成电子、正电荷的积累。

图 4.3.7 为 N 型半导体霍尔效应的原理。将一片 N 型半导体薄片置于磁感应强度为 B 的磁场中,使磁场方向垂直于薄片,在薄片左右两端通过电流 I（控制电流）,则半导体载流子（电子）沿着与电流 I 相反的方向运动。电子受到外磁场力 f_L（洛伦兹力）的作用而发生偏转,结果在半导体的后端面上形成电子的积累而使后端面带负电荷,前端面因失去电子而带正电荷。在前后端面形成电场,该电场产生的电场力 f_E 阻止电子继续偏转。当 f_L 与 f_E 相等时,电子积累达到动态平衡。此时,在半导体的前后端之间建立电场,形成的电动势称为霍尔电势。霍尔电势的大小与激励电流 I 和磁场的磁感应强度 B 成正比,与半导体薄片厚度 d 成反比,即

$$U_H = \frac{R_H}{d} IB = K_H IB \qquad (4.3.11)$$

其中,R_H 为霍尔常数,K_H 为霍尔灵敏系数。

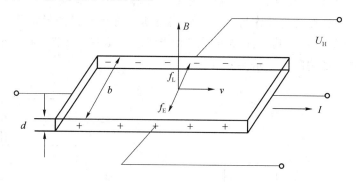

图 4.3.7　N 型半导体霍尔效应原理

若电子都以速度 v 运动,在磁场 B 的作用下,每个载流子受到的洛伦兹力大小为

$$f_L = evB \qquad (4.3.12)$$

其中:e 为电子的电荷量,$e = 1.602 \times 10^{-19}$ C;v 为电子的平均运动速度;B 为磁感应强度。

电子积累所形成的电场强度为

$$E_{\mathrm{H}} = \frac{U_{\mathrm{H}}}{b} \tag{4.3.13}$$

电场作用与载流子(电子)的力为

$$f_{\mathrm{E}} = eE_{\mathrm{H}} \tag{4.3.14}$$

电场力与洛伦兹力方向相反,阻碍电荷的积累,当 $f_{\mathrm{E}} = f_{\mathrm{L}}$ 时,电子的积累达到动态平衡。此时

$$E_{\mathrm{H}} = vB \tag{4.3.15}$$

$$U_{\mathrm{H}} = bvB \tag{4.3.16}$$

流过霍尔元件的电流为 $I = nevbd$,其中,n 为 N 型半导体的电子浓度即单位体积的电子数,b、d 分别为薄片的宽度和厚度。故

$$v = \frac{I}{bdn\mathrm{e}} \tag{4.3.17}$$

将式(4.3.17)代入式(4.3.16)中,得

$$U_{\mathrm{H}} = \frac{IB}{n\mathrm{e}d} = \frac{R_{\mathrm{H}}}{d} \times IB = K_{\mathrm{H}}IB \tag{4.3.18}$$

$$R_{\mathrm{H}} = \frac{1}{n\mathrm{e}}, \quad K_{\mathrm{H}} = \frac{R_{\mathrm{H}}}{d} \tag{4.3.19}$$

其中:R_{H} 为霍尔常数,单位为 m^3/C,由载流材料的性质决定;K_{H} 为传感器的灵敏度,单位为 $(\mathrm{V}/\mathrm{A \cdot T})$,它与载流材料的物理性质和几何尺寸有关,表示单位磁感应强度和单位控制电流时的霍尔电势大小。一般情况下,载流子的电阻率 ρ、磁导率 μ 和霍尔常数 R_{H} 的关系为

$$R_{\mathrm{H}} = \rho\mu \tag{4.3.20}$$

由于电子的迁移率大于空穴的迁移率,因此,霍尔元件多用 N 型半导体材料制作。

霍尔元件越薄,K_{H} 越大,故其厚度通常为微米级。虽然金属导体的载流子迁移率大,但其电阻率较低;而绝缘材料的电阻率较高,但载流子迁移率很低,两者都不适宜于做霍尔元件。只有半导体材料为最佳材料,目前用得较多的材料有锗、硅、锑化铟、砷化铟、砷化镓等。

2. 霍尔元件的基本测量电路

霍尔元件为一四端型器件,一对控制电极和一对输出电极焊接在霍尔基片上。在基片外用金属或陶瓷、环氧树脂等封装作为外壳,图 4.3.8 是霍尔元件的图形符号。霍尔元件的基本测量电路如图 4.3.9 所示。其中:控制电流 I 由电压源供给;R_{W} 调节控制电流的大小;R_{L} 为负载电阻,可以是放大器内阻或指示器内阻。

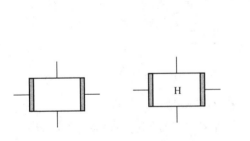

图 4.3.8　霍尔元件符号

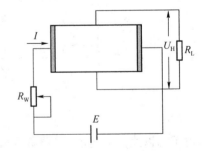

图 4.3.9　基本测量电路

霍尔效应建立的时间极短($10^{-12} \sim 10^{-14}$ s),频率响应很高。控制电流既可以是直流,也可以是交流。

3. 霍尔元件的主要特性参数

（1）输入电阻 R_i 和输出电阻 R_0

R_i 为控制电极之间的电阻值，R_0 为霍尔元件输出电极之间的电阻值，单位为欧姆。测量时，应在无外加磁场和室温变化的条件下，用欧姆表测量。

（2）额定激励电流和最大允许控制电流

当霍尔元件通过控制电流使其在空气中产生 10 ℃ 的温升时，对应的控制电流值称为额定控制电流。元件的最大温升限值所对应的控制电流值称为最大允许控制电流。由于霍尔电势随着激励电流的增大而增大，所以在实际应用中，在满足温升的条件下，应尽可能地选用较大的工作电流。可以通过增大最大允许控制电流值来改善霍尔元件的散热条件。

（3）不等位电势 U_0 和不等位电阻 r_0

在额定控制电流下且无外加磁场时，霍尔输出电极空载输出电势为不等位电势，单位 mV。产生不等位电势的主要原因是两个霍尔电极没有安装到同一等位面上。一般要求不等位电势小于 1 mV。

不等位电势 U_0 与额定控制电流 I_0 之比，称为霍尔元件的不等位电阻 r_0。

将霍尔元件经电位器接在直流电源上，调节电位器使控制电流等于额定值 I_0，在无外加磁场的条件下，用直流电位差计测得霍尔输出电极间的空载电势值即为不等位电势 U_0，不等位电阻由 U_0/I_0 求出。

（4）寄生直流电势

当无外加磁场，对霍尔元件通以交流控制电流时，霍尔电极的输出除了交流不等位电势外，还有一个直流电势，称为寄生直流电势。产生该电势的原因有两个：①霍尔元件的两对电极非完全欧姆接触形成的整流效应；②两个霍尔电极的焊点大小不等、热容量不同引起的温差。因此，在霍尔元件制作和安装时，应尽量使电极欧姆接触，并使其有良好的散热条件、散热均匀。

4. 霍尔元件的误差及补偿

制造工艺问题和实际使用时存在的各种影响霍尔元件性能的因素，都会影响霍尔元件的精度。这些因素主要包括不等位电势和环境温度变化。

（1）不等位电势误差的补偿

不等位电势是一个主要的零位误差，由于在制造霍尔元件时，受制造工艺限制，两个霍尔电极不能完全位于同一等位面上，如图 4.3.10 所示。因此，当有控制电流 I 流过时，即使外加磁感应强度为零，霍尔电极上仍有电势存在，该电势为不等位电势。另外，由于霍尔元件的电阻率不均匀、厚度不均匀及控制电流的端面接触不良，也会产生不等位电势。

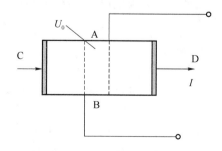

图 4.3.10　霍尔元件的不等位电势

为了减小不等位电势,可以采用电桥平衡原理加以补偿。由于霍尔元件可以等效为一个四臂电桥,如图 4.3.11 所示,$R_1 \sim R_4$ 为电极间的等效电阻。理想情况下,不等位电势为零,电桥平衡,相当于 $R_1 = R_2 = R_3 = R_4$。如果不等位电势不为零,相当于四臂电阻不全相等,此时应根据霍尔输出电极两点电位的高低,判断应在哪一个桥臂上并联电阻,使电桥平衡,从而消除不等位电势。图 4.3.12 为不等位电势补偿电路的原理,为了消除不等位电势,一般在阻值较大的桥臂上并联电阻。

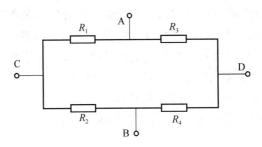

图 4.3.11　霍尔元件的等效电路

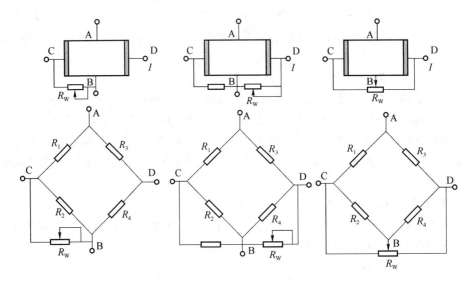

图 4.3.12　不等位电势补偿电路的原理

(2) 环境温度变化误差的补偿

当温度变化时,霍尔元件的载流子浓度 n、迁移率 μ、电阻率 ρ 及灵敏度 K_H 都将发生变化,致使霍尔电动势变化,产生温度误差。温度误差影响结果使灵敏度系数 K_H 及霍尔元件内阻 R_i(输入和输出电阻)发生变化。

霍尔元件的灵敏度与温度的关系为

$$K_{Ht} = K_{H0}[1 + \alpha(t - t_0)] = K_{H0}(1 + \alpha \Delta t) \tag{4.3.21}$$

其中,K_{H0} 为 t_0 时的灵敏度,Δt 为温度变化量,α 为霍尔电势的温度系数。

霍尔元件的内阻与温度的关系为

$$R_{it} = R_{i0}[1 + \beta(t - t_0)] = R_{i0}(1 + \beta \Delta t) \tag{4.3.22}$$

其中,R_{i0} 为 t_0 时的内阻,Δt 为温度变化量,δ 为内阻的温度系数。

根据式 $U_H = K_H IB$ 可知,当恒流源供电,B、I 一定时,K_H 变化,U_H 变化;当恒压源供电,

B、E 一定时，R_i 变化，I 变化，U_H 亦变化。

温度补偿的思路是当温度变化时，使 $K_H I$ 这个乘积保持不变。方法是用一个分流电阻 R 与霍尔元件的控制电极并联。采用恒流源供电，当霍尔元件的输入电阻随着温度的升高而增加时，一方面，霍尔元件的灵敏度增大，使霍尔电势输出有增大趋向；另一方面，其输入电阻增大，旁路分流电阻自动加强分流，减小了控制电流 I，使霍尔电势输出有减小趋向，从而使 $K_H I$ 基本不变，达到补偿目的。图 4.3.13 是采用恒流源加并联补偿电阻的温度补偿电路。

当温度为 t_0 时，元件灵敏度为 K_{H0}，输入电阻为 R_{i0}。当温度为 t 时，元件灵敏度为 K_{Ht}，输入电阻为 R_{it}。

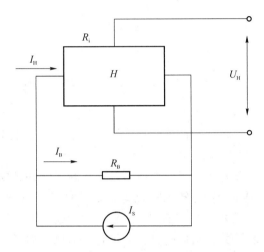

图 4.3.13　恒流源加并联电阻的温度补偿电路

当温度为 t_0 时，

$$I_{H0} = \frac{R_B I_S}{R_B + R_{i0}} \tag{4.3.23}$$

当温度为 t 时，

$$I_{Ht} = \frac{R_B}{R_B + R_{it}} I_S = \frac{R_B}{R_B + R_{i0}(1 + \beta \Delta t)} I_S \tag{4.3.24}$$

为了使霍尔电势不随温度变化而变化，必须保证

$$K_{H0} I_{H0} B = K_{Ht} I_{Ht} B \tag{4.3.25}$$

将有关式代入得

$$K_{H0} \frac{R_B}{R_B + R_{i0}} I_S B = K_{H0}(1 + \alpha \Delta t) \frac{R_B}{R_B + R_{i0}(1 + \beta \Delta t)} I_S B \tag{4.3.26}$$

经整理得

$$R_B = \frac{\beta - \alpha}{\alpha} R_{i0} \tag{4.3.27}$$

当霍尔元件选定后，它的输入电阻 R_{i0}、温度系数 β 及霍尔电势温度系数 α 可以从元件参数手册中查出，由上式可计算出分流电阻的阻值。补偿方法还包括输入回路串联电阻补偿和输出回路并联电阻补偿等，这里不再赘述。

5. 霍尔元件的类型

霍尔元件有分立型和集成型两大类。其中，以集成型应用居多，集成型包括线性霍尔元件和开关型霍尔元件两种。它们的根本区别在于集成的处理电路不同，其对应的传感器分别为线性霍尔传感器和开关型霍尔传感器。

（1）线性霍尔集成传感器

线性霍尔集成传感器是将霍尔元件、放大器、电压调整、电流放大输出级、失调调整和线性度调整等部分集成到一块芯片上，其特点是输出电压与外磁场强度 B 呈线性关系。线性霍尔集成传感器的电路结构如图 4.3.14 所示。

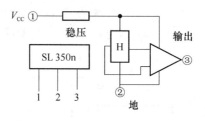

图 4.3.14　线性霍尔集成传感器的电路结构

（2）开关型霍尔集成传感器

开关型霍尔集成传感器采用硅平面工艺技术将霍尔元件、滞回比较器、放大输出集成在一起，构成开关型霍尔集成传感器，其电路结构图如图 4.3.15 所示。电压基准将由 1 端加入的电压转换为标准电压加在霍尔片上。当外加磁场 B 小于霍尔元件磁场的工作点 B_P 时，霍尔元件的输出电压不足以使滞回比较器翻转，滞回比较器输出低电平，三极管截止，输出高电平；当外加磁场 B 大于霍尔元件磁场的工作点 B_P 时，霍尔元件的输出电压使滞回比较器翻转，滞回比较器输出高电平，三极管导通，输出低电平。若此时外加磁场逐渐减弱，霍尔元件的输出并不立刻变为高电平，而是减弱至磁场释放点 B_V，滞回比较器才翻转为低电平，输出端输出高电平。

霍尔元件的磁场工作点 B_P 和释放点 B_V 之差是磁感应强度的回差宽度 ΔB。B_P 和 ΔB 是霍尔元件的两个重要参数。B_P 越小，元件的灵敏度越高；ΔB 越大，元件的抗干扰能力越强。

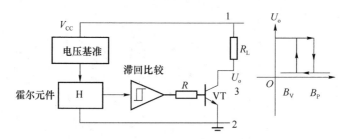

图 4.3.15　开关型霍尔集成传感器电路的结构

6. 霍尔传感器的应用

（1）霍尔位移传感器

根据式 $U_H = K_H I B$ 可知，当控制电流 I 恒定时，霍尔电势与磁感应强度 B 成正比。若将霍尔元件放在一个均匀梯度的磁场中移动，磁感应强度 B 与位移 x 呈线性关系，则其输出的霍尔电势的变化就可反映霍尔元件的位移，如图 4.3.16 所示。利用这个原理可对微位移进行测量。以测量微位移为基础，可以测量许多与微位移有关的非电量，如压力、应变、机械振动、加速度等。理论和实践表明，磁场的梯度越大，霍尔位移传感器的灵敏度越高，梯度变化越均匀，霍尔电势与位移的关系越接近线性。

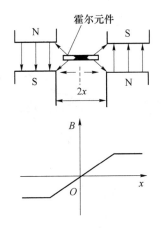

图 4.3.16　霍尔位移传感器

（2）霍尔转速传感器

图 4.3.17 为一种霍尔转速传感器。磁性转盘的输入轴与被测转轴相连,当被测转轴转动时,磁性转盘随之转动,固定在磁性转盘附近的霍尔传感器便可在每一个小磁极通过时产生一个相应的脉冲,通过检测单位时间的脉冲数,便可知被测转速。磁性转盘上小磁铁数目的多少决定了霍尔转速传感器的分辨率。

轴的转速为

$$n=\frac{60f}{Z} \tag{4.3.28}$$

其中,Z 为转盘的磁极数,n 的单位为 r/min。

霍尔转速传感器可作为车速测量、电子水表水量计量等的检测元件。

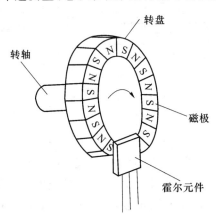

图 4.3.17　霍尔转速传感器

图 4.3.18 为钳形电流表的结构,钳形电流表可测量导线中流过的较大电流。导线穿过钳形电流表铁芯,当电流流过导线时,将在导线周围产生磁场,磁场大小与流过导线的电流大小成正比,这一磁场可以通过软磁材料来聚集,然后用安装在铁芯端部的霍尔元件进行检测。设磁场磁感应强度与导线电流的关系为

$$B=K_\mathrm{P}I_\mathrm{P} \tag{4.3.29}$$

霍尔元件产生的霍尔电势为

$$U_H = K_H IB = K_H IK_P I_P = KI_P \qquad (4.3.30)$$

图 4.3.18　钳形电流表结构

霍尔元件还可制成霍尔电流传感器,检测导线中直流电流的大小。

4.4　光　电　池

　　光电池是一种直接将光能转换为电能的光电器件,它不需要外部电源供电。光电池的种类较多,有硅光电池、硒光电池、氧化亚铜光电池、砷化镓光电池等。常用的光电池是硅光电池,因为它具有稳定性好、光谱范围宽、频率特性好等优点,被广泛应用于太阳能发电、供暖、光照强度检测与控制、高速计数等领域。

4.4.1　光电池的结构和工作原理

　　图 4.4.1 为硅光电池的结构、外形及电路符号。在 N 型硅片上,用扩散方法掺入一些 P 型杂质而形成一个大面积 PN 结。

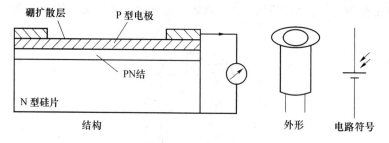

图 4.4.1　硅光电池的结构、外形及电路符号

　　光电池工作原理如图 4.4.2 所示。光照射到大面积 PN 结的 P 区,当光子能量大于 P 区半导体的禁带宽度时,P 区每吸收一个光子就产生一对光生电子-空穴对,表面产生诸多光生电子-空穴对。由于浓度差,电子向 N 区扩散,到达 PN 结,在结场的作用下,越过 PN 结到达 N 区,P 区失去电子带正电荷,N 区得到电子带负电荷。此现象为光生伏特效应。

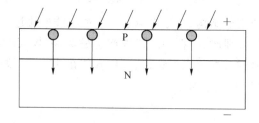

图 4.4.2　光电池工作原理

光电池开路可输出电压,短路可输出电流,如图 4.4.3 所示。

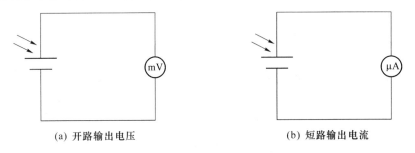

(a) 开路输出电压　　　　　　　　　(b) 短路输出电流

图 4.4.3　光电池工作状态

4.4.2　光电池的基本特性

1. 光照特性

光电池在不同的光照强度下可产生不同的光电流和光生电动势。硅光电池的光照特性如图 4.4.4 所示。从曲线可以看出,短路电流在很大范围内与光照强度呈线性关系,光电池工作于短路电流状态时可作为检测元件。开路电压(负载电阻 R_L 无限大时)与光照度的关系是非线性的,并且在光照度为 2 000 lx 时开路电压趋于饱和。光电池工作于开路电压状态时可作为开关元件。

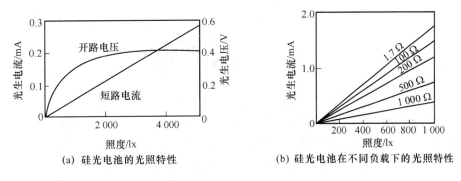

(a) 硅光电池的光照特性　　　　　　(b) 硅光电池在不同负载下的光照特性

图 4.4.4　硅光电池的光照特性

从实验可知,负载电阻越小,光电流与光照强度的线性关系越好,即光照特性越好。

2. 光谱特性

对于不同波长的光,光电池的相对灵敏度是不同的。光电池的相对灵敏度与入射波长的关系称为光谱特性,亦称为光谱响应。图 4.4.5 为硅光电池和硒光电池的光谱特性曲线,其相对灵敏度为

$$K_r = \frac{I_0}{I_{0\max}} \times 100\% \tag{4.4.1}$$

从图 4.4.5 中可以看出,不同材料光电池的峰值波长不同,硅光电池的峰值波长在 800 nm 附近,硒光电池的峰值波长在 500 nm 附近。同一种材料,对于不同波长的入射光,光电池的相对灵敏度不同,响应电流也不同。应根据光源的性质,选择合适的光电池,使光电元件得到较高的相对灵敏度。

3. 频率响应

光电池作为测量、计数、接收元件时,常受到交变(调制光)照射。光电池的频率特性反映

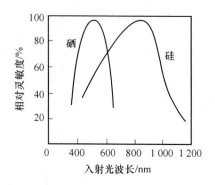

图 4.4.5 光电池的光谱特性

了光的交变频率和光电池输出电流的关系，如图 4.4.6 所示。从图 4.4.6 可以看出，硅光电池具有很高的频率响应，可广泛应用于高速计数。

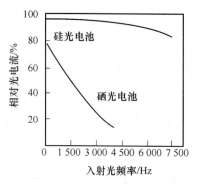

图 4.4.6 光电池的频率特性

4．温度特性

光电池的温度特性是指其开路电压和短路电流随温度变化的变化关系。图 4.4.7 为硅光电池在 1 000 lx（勒克斯）照度下的温度特性曲线。当温度上升 1 ℃，开路电压约降低 3 mV，短路电流约上升 2×10^{-6} A。由于温度变化影响到测量精度和控制精度等重要指标，因此，将光电池作为测量元件使用时，应保证温度恒定或采取温度补偿措施。

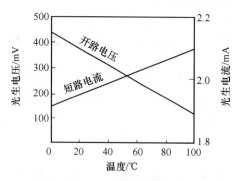

图 4.4.7 光电池的温度特性

4.4.3 光电池的应用

1．光电池在自动干手器中的应用

图 4.4.8 为自动干手器控制原理。220 V 交流电经过变压器降压、桥式整流、电容滤波，

变为 12 V 直流电压供给检测电路。将继电器线圈接于检测电路中三极管的集电极,其常开触点串联在风机和电阻丝的供电回路。手放入干手器时,手遮住灯泡发出的光,光电池不受光照,晶体管基极正偏而导通,继电器吸合,风机和电热丝通电,热风吹手烘手;手干抽出后,灯泡发出的光直接照射到光电池上,产生光生电动势,使三极管基射极反偏而截止,继电器释放,从而切断风机和电热丝的电源。

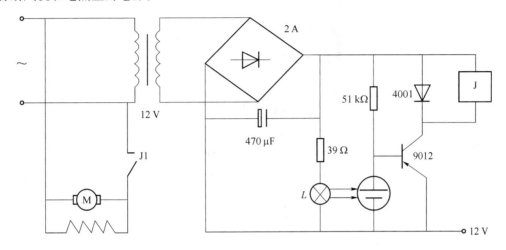

图 4.4.8　自动干手器原理

2. 光电转速传感器

图 4.4.9 为光电数字转速表的工作原理。在电机轴上安装一个齿数为 N 的调制盘。在调制盘的一边安装光源,产生恒定的光透过调制盘的齿间隙到达光电池。当被测轴转动带动调制盘转动时,恒定光经调制变为交变光,照射到光电池,转换为相应的电脉冲信号,经放大整形输出矩形脉冲信号,将其输入到数字频率计中计数。每分钟转速 n 与脉冲频率 f 的关系为

$$n = \frac{60f}{N} \tag{4.4.2}$$

其中,n 的单位为 r/min。

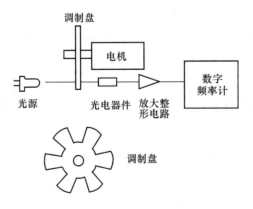

图 4.4.9　光电数字转速表的工作原理

3. 太阳能光伏发电

太阳能光伏发电系统组成如图 4.4.10 所示。光电池作为能量转换元件,将光能转换为电能,多晶硅、单晶硅、非晶硅都可以作为光电池材料。由光电池材料制成电池组件,在光照条件

下,太阳电池组件产生一定的电动势,通过组件的串并联形成太阳能电池方阵,使得方阵电压达到系统输入电压的要求。再通过充放电控制器对蓄电池进行充电,将由光能转换而来的电能贮存起来。晚上,由蓄电池充当逆变器提供输入电能,通过逆变器的作用,将直流电转换成交流电,提供交流负载电源。

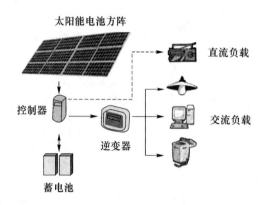

图 4.4.10   太阳能光伏发电系统组成

思考题与习题

1. 简述热电偶的工作原理。

2. 试用热电偶的基本原理,证明热电偶回路的几个基本定律。

3. 为何要对热电偶进行冷端温度补偿? 常用的冷端温度补偿方法有哪些? 说明冷端补偿导线的作用与电桥法补偿原理。

4. 用热电偶测温时,当冷端温度 $t_n = 20$ ℃,热端温度为 t 时,测得热电势 $E(t,20) = 5.351$ mV,回答以下几个问题。〔已知 $E(20,0) = 0.113$ mV,$E(622,0) = 5.464$ mV〕

(1) 测温时,对补偿导线有什么要求?

(2) 如果要将热电偶的最大输出放大到 2 V,应加何种放大器,放大倍数为多少?

(3) 为何热电偶传感器可以接各种放大器?

(4) 求实际测量温度。

(5) 如果采用热电偶传感器、放大器、12 位 A/D 和单片机测量温度,定性说明温度测量方法。

5. 纵向与横向压电效应的相同点和不同点有哪些?

6. 压电传感器前置放大器的作用。

7. 为何电压输出型压电传感器不宜测量静态力?

8. 在测量高频动态力时,为何电压输出型压电传感器连接的电缆长度要定长? 而对电荷输出型压电传感器连接的电缆长度无此要求?

9. 用石英晶体加速度计及电荷放大器测量机器的振动,已知加速度计灵敏度为 5 pC/g,电荷放大器灵敏度为 50 mV/pC。当机器达到最大加速度值时,相应的输出电压幅值为 2 V,

试求该机器的振动加速度。

10．霍尔元件不等位电势的产生原因及消除方法？

11．说明霍尔元件温度补偿原理。

12．说明变磁通磁电传感器测量轴的转速原理。

13．用霍尔转速传感器测轴的转速时，若传感器一周磁极数为 10，5 s 内测得的计数值为 100 个，求轴的转速。

14．在选择光电池作为检测元件时，应注意哪些问题？

第5章 数字检测装置

将被测量直接或间接地转换成数字量的传感器叫做数字检测装置或数字传感器。这类传感器是现代测量技术、计算技术和微电子技术相结合的产物,已经被广泛用于各类检测系统中。数字传感器具有体积小、重量轻、结构紧凑、抗干扰能力强、工作可靠、分辨率高、能避免人工读标尺或曲线图时产生的人为误差等特点,适用于要求高稳定性、高精确度的检测系统。本章主要介绍几种常用的数字传感器,包括角度数字编码器、光栅传感器、数字温度传感器、数字湿度传感器、数字压力传感器。

5.1 角度数字编码器

角度数字编码器是测量位置和角位移最直接有效的方法。编码器主要分为码盘式(绝对编码器)和脉冲盘式(增量编码器)两大类,脉冲盘式编码器不能直接输出数字编码,需要增加数字电路才能得到数字编码,而码盘式编码器能直接输出某种码制的数码。

5.1.1 绝对编码器

绝对编码器也称码盘式编码器,主要由安装在旋转轴上的码盘、窄缝及安装在码盘两边的光源和光敏元件等组成,其结构如图 5.1.1 所示。码盘由玻璃制成,其上刻有许多同心码道,每位码道都按一定编码规律(二进制、十进制、循环码等)分布着透光和不透光部分,即亮区和暗区。对应于亮区和暗区的光敏元件输出的信号分别是"1"和"0",码盘构造如图 5.1.2 所示。

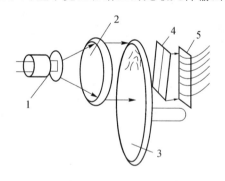

1—光源;2—透镜;3—码盘;4—窄缝;5—光电元件组
图 5.1.1 绝对编码器的结构

图 5.1.2 码盘构造

图 5.1.2 由 4 位同心码道组成,当来自光源的光束经聚光透镜照射到码盘时,转动码盘,光束经过码盘进行角度编码,再经窄缝射入光电元件。光电元件的排列与码道一一对应,即保证每个码道由一个光电元件负责接收透过的光信号。码盘转至不同位置时,光电元件的输出信号反映了码盘角位移的大小。光路上的窄缝是为了方便取光,以提高光电转换效率。

码盘的刻画可采用二进制、十进制、循环码等方式。图 5.1.2 采用的是四位二进制的方式,实际上,是将圆周 360°分为 $2^4=16$ 个方位,显然一个方位对应 360°/16=22.5°。码道对应的二进制位是内高外低,即最外层为第一位。最内层将整个圆周分为 1 个亮区和 1 个暗区,对应着 2^1;次内层将整个圆周分为相间的 2 个亮区和 2 个暗区,对应着 2^2;以此类推,最外层对应着 $2^4=16$ 个亮暗区间隔。进行测量时,每个角度对应一个编码,如零位对应 0000(全黑),第 13 个方位对应 $13=2^0+2^2+2^3$,即二进制位的 1101(左高右低)。这样只要根据码盘的起始和终止位置,就可以确定角位移。一个 n 位二进制码盘的最小分辨率为 $360°/2^n$。

二进制码盘最大的问题是任何微小的操作,都可能会造成读数的粗大误差。对于二进制码,当某一较高位改变时,所有比它低的位数都要同时改变。如果刻画误差导致某一高位提前或延后改变,将造成粗大误差。以图 5.1.2 的码盘为例,当码盘随转轴沿逆时针方向旋转时,在某一位置输出本应由数码 0000 转换到 1111(对应十进制 15),因为刻画误差却可能转换到数码 1000(对应十进制 8),二者相差极大,称为粗大误差。

为了消除粗大误差,应用最广的方法是采用循环码,循环码、二进制码和十进制数的对应关系如表 5.1.1 所示。循环码的特点是:它是一种无权码,任何相邻的两个数码间只有一位是变化的,因此,码盘如果存在刻画误差,该误差只影响一个码道的读数,产生的误差最多等于最低位的一个分辨率单位。如果 n 较大,那么这种误差的影响不会太大,不存在粗大误差,能有效克服由于制作和安装不准带来的误差。因此,循环码盘得到了广泛应用。

表 5.1.1　四位二进制码与循环码的对照表

十进制数	二进码	循环码	十进制数	二进码	循环码
0	0000	0000	8	1000	1100
1	0001	0001	9	1001	1101
2	0010	0011	10	1010	1111
3	0011	0010	11	1011	1110
4	0100	0110	12	1100	1010
5	0101	0111	13	1101	1011
6	0110	0101	14	1110	1001
7	0111	0100	15	1111	1000

编码器的精度主要由码盘的精度决定,为了保证精度,码盘的透光和不透光部分都必须清晰,边缘必须锐利,以减少光电元件在电平转换时产生的过渡噪声。分辨率只取决于位数,与码盘采用的码制没有关系。

循环码存在的问题是:它是一种无权码,译码相对困难,通常先转换为二进制码,再译码。按照表 5.1.1 可知,循环码和二进制码的转换关系为

$$\left.\begin{aligned} C_n &= B_n \\ C_i &= B_i \oplus B_{i+1} \end{aligned}\right\} \tag{5.1.1}$$

其中,C 代表循环码,B 代表二进制码,i 表示位数,$\oplus$ 表示不进位加即异或。

使用绝对编码器时,如果被测转角不超过 360°,那么它提供的是转角的绝对值,即从起始位置到终止位置转过的总角度。在使用过程中如果遇到停电,恢复供电后的显示值仍然能正确反映当时的角度。当被测角大于 360°时,为了仍然得到转角的绝对值,可以用两个或多个码盘与机械减速器配合,以扩大角度量程,如果选用两个码盘,两者间的转速为 10∶1,此时量

程可扩大 10 倍。

5.1.2　增量编码器

增量编码器也称脉冲盘式编码器,不能直接产生 n 位的数码输出,转动时产生串行光脉冲,用计数器将脉冲数累加后可反映转过的角度,但如果停电,累加的脉冲数就会丢失,因此,须有停电记忆措施。

1. 工作原理

增量编码器是在圆盘上开相等角距的缝隙,外圈 A 为增量码道、内圈 B 为辨向码道,内、外圈相邻两缝隙之间的距离错开半条缝宽。另外,在内外圈之外的某一径向位置,也开有一条缝隙,表示码盘的零位,码盘每转一圈,零位的光敏元件就产生一个脉冲,称为零位脉冲。在开缝圆盘的两边分别安装光源及光敏元件,增量编码器的原理如图 5.1.3 所示。

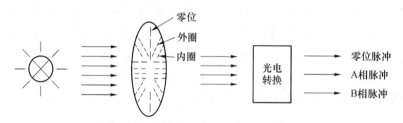

图 5.1.3　增量编码器的原理

增量编码器的内部结构如图 5.1.4 所示,在一个码盘的边缘上开相等角度的缝隙(分为透明和不透明部分),在开缝码盘两边分别安装光源和光敏元件。当码盘随工作轴一起转动时,每转过一个缝隙就产生一次光线的明暗变化,再经整形放大,可以得到一定幅值和功率的电脉冲输出信号,脉冲数就等于转过的缝隙数。将上述脉冲信号送到计数器中计数,根据测得的数码数即可得到码盘转过的角度。

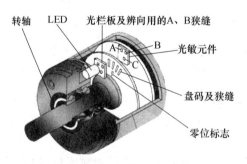

图 5.1.4　增量编码器的内部结构

2. 辨向原理

为了判断码盘的旋转方向,可以采用辨向电路来实现,如图 5.1.5 所示,其输出波形如图 5.1.6 所示。

光敏元件 1 和 2 的输出信号经放大整形后,产生矩形脉冲 P_1 和 P_2,将它们分别接到 D 触发器的 D 端和 C 端,D 触发器在 C 脉冲(即 P_2)的上升沿触发。两个矩形脉冲相差 1/4 个周期(或相位差 90°)。当码盘正转时,设光敏元件 1 比光敏元件 2 先感光,即脉冲 P_1 的相位超前脉冲 P_2 90°,D 触发器的输出 Q ="1",使可逆计数器的加减控制线为高电平,计数器将做加法

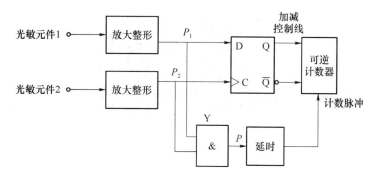

图 5.1.5　辨向电路

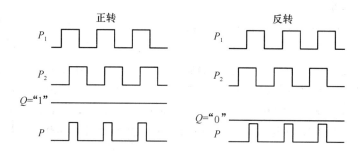

图 5.1.6　辨向电路输出波形

计数。同时,脉冲 P_1 和脉冲 P_2 又经与门 Y 输出脉冲 P,并经延时电路将其送到可逆计数器的计数输入端,计数器进行加法计数。当反转时,脉冲 P_2 的相位超前脉冲 P_1 90°,D 触发器输出 $Q=$"0",计数器进行减法计数。设置延时电路的目的是等计数器的加减信号抵达后,再送入计数脉冲,以保证不丢失计数脉冲。将零位脉冲接至计数器的复位端,使码盘每转动一圈计数器就复位一次。这样,不论是正转还是反转,计数器每次反映的都是相对于上次角度的增量,因此,称其为增量编码器。

增量编码器的最大优点是结构简单。它除了可以直接用于测量角位移,还常用于测量转轴的转速。如果在给定时间内对编码器的输出脉冲进行计数即可测量平均转速。

5.2　光栅传感器

光栅传感器是根据莫尔条纹原理制成的一种计量光栅,具有精度高、量程大、分辨率高、抗干扰能力强,以及可实现动态测量等特点,主要用于长度和角度的精密测量及数控系统的位置检测等,在坐标测量仪和数控机床的伺服系统中具有广泛的应用。

5.2.1　光栅的结构和工作原理

本小节以黑白、投射长光栅为例,介绍光栅的工作原理。

1. 光栅的结构

在一块长条形镀膜玻璃上均匀地刻制了许多明暗相间、等间距分布的细条纹,称为光栅,如图 5.2.1 所示。图中 a 为栅线宽度,b 为栅线的间距,$a+b=W$ 为光栅的栅距,通常情况下 $a=b$。目前常用的光栅是每毫米宽度刻 10、25、100、125、250 条线。

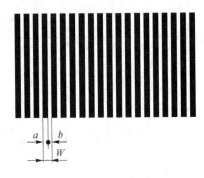

图 5.2.1　透射长光栅

2. 光栅的工作原理

如图 5.2.2 所示,将两块具有相同栅线宽度和栅距的长光栅叠合在一起,中间留有很小的间隙,并使两光栅之间形成一个很小的夹角 θ,可以看到,在近似垂直栅线的方向上出现了明暗相间的条纹,称之为莫尔条纹。在两块光栅栅线重合的地方,透光面积最大,出现亮带(图中 d-d),相邻的亮带之间的距离用 B_H 表示;两块光栅的栅线错开的地方,形成了不透光的暗带(图中 f-f)。当光栅的栅线宽度和栅距相等时,亮带和暗带宽度相等,将它们统一称为条纹间距。当夹角 θ 减小时,条纹间距 B_H 增大。使用莫尔条纹测量位移具有以下特点:

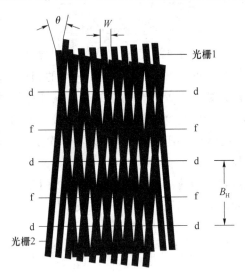

图 5.2.2　莫尔条纹

(1) 位移放大作用

光栅每移动一个栅距 W,莫尔条纹就移动一个间距 B_H,设 $a=b=W/2$,在 θ 很小的情况下,由图 5.2.3 可得出莫尔条纹的间距 B_H 与两光栅的夹角 θ 的关系为

$$B_H=\frac{W/2}{\sin(\theta/2)}\approx\frac{W/2}{\theta/2}=\frac{W}{\theta} \tag{5.2.1}$$

其中:W 为光栅的栅距;θ 为刻线夹角,单位为 rad。

由此可见,θ 越小,B_H 越大,B_H 相当于把栅距 W 放大了 $1/\theta$ 倍。这说明光栅具有位移放大作用,从而提高了测量的灵敏度。

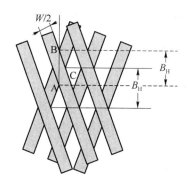

图 5.2.3　莫尔条纹间距与栅距和夹角之间的关系

（2）莫尔条纹移动方向

光栅每移动一个光栅间距 W，条纹就跟着移动一个条纹宽度 B_H。当固定一个光栅，另一个光栅向右移动时，莫尔条纹将向上移动；反之，如果另一个光栅向左移动，则莫尔条纹将向下移动。因此，莫尔条纹的移动方向有助于判别光栅的运动方向。

（3）莫尔条纹的误差平均效应

由于光电元件所接收到的是进入它的视场的所有光栅刻线的总的光能量，是许多光栅刻线共同作用的结果。这使得个别刻线在加工过程中产生的误差、断线等造成的影响大大减小。若其中某一刻线的加工误差为 δ_0，则根据误差平均理论，它引起的光栅测量系统的整体误差可表示为

$$\Delta = \pm \frac{\delta_0}{\sqrt{n}} \tag{5.2.2}$$

其中，n 为光电元件能接收到对应信号的光栅刻线的条数。

利用光栅具有莫尔条纹的特性，可以通过测量莫尔条纹的移动数，来测量两光栅的相对移动量，这比直接计数光栅的线纹更容易。由于莫尔条纹是由光栅的大量刻线形成的，且其对光栅刻线本身的刻画误差有平均抵消作用，因此，测量莫尔条纹的移动数成为精密测量位移的有效手段。

3. 光栅传感器的组成

光栅传感器主要是由光源、透镜、光栅及光电元件等组成，如图 5.2.4 所示。

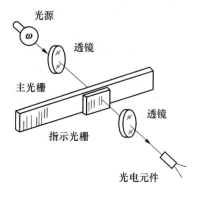

图 5.2.4　光栅结构

利用光栅的莫尔条纹测量位移，需要两块光栅。长的称为主光栅，与运动部件连在一起，

它的大小与测量范围一致;短的为指示光栅,固定不动。主光栅与指示光栅之间的距离为

$$d = \frac{W^2}{\lambda} \tag{5.2.3}$$

其中,W 为光栅栅距,λ 为有效光波长。

当主光栅相对于指示光栅移动时,将形成的莫尔条纹亮暗变化的光信号转换成电脉冲信号,并用数字显示,便可测量出主光栅的移动距离。当移动主光栅时,透过光栅的光将产生明暗相间的变化,形成了光闸莫尔条纹,如图 5.2.5 所示。光栅位移与光强、输出电压的关系如图 5.2.6 所示。

正最大　　　　　　　　　　负最大　　　　　　　　　　正最大

图 5.2.5　光闸莫尔条纹

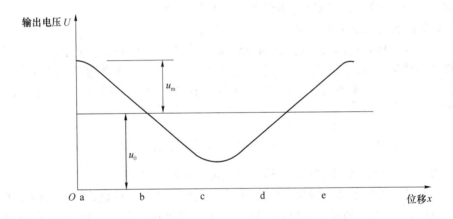

图 5.2.6　光栅位移与光强、输出电压的关系

光电信号的输出电压 U 可以用光栅位移 x 的正弦函数表示为

$$U = u_0 + u_m \sin\left(\frac{\pi}{2} + \frac{2\pi x}{W}\right) \tag{5.2.4}$$

其中,u_0 和 u_m 为输出电压中的平均直流分量和正弦交流分量的幅值,W 为光栅的栅距,x 为光栅位移。

由图 5.2.6 可知,当波形重复到原来的相位和幅值时,相当于光栅移动了一个栅距 W,故如果光栅移动了 N 个栅距,此时位移 $x = NW$。因此,只要记录移动过的莫尔条纹数 N,就可以知道光栅的位移量 x 的值,这就是利用光闸莫尔条纹测量位移的原理。

5.2.2　辨向原理与细分技术

1. 辨向原理

在实际应用中,大部分被测物体的移动往往不是单向的,而是既有正向运动,也可能有反向运动。单个光电元件仅接收一个固定点的莫尔条纹信号,只能判别明暗的变化而不能辨别莫尔条纹的移动方向,因此,不能判别被测物体的运动方向,导致不能正确测量位移。为了解决这个问题就需要同时输入两个具有相位差的莫尔条纹信号才能辨别被测物体的移动方

向。通常两个光电元件放置在四分之一条纹间距位置,如图 5.2.7 所示。

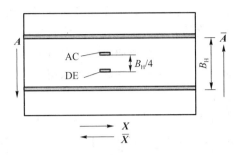

图 5.2.7　辨向原理

光栅沿 X 方向运动,莫尔条纹沿 A 方向运动。当条纹移动时,两个狭缝的亮度变化规律完全一样,但相位相差 $\pi/2$,是滞后还是超前完全取决于光栅的运动方向,因此,利用两个狭缝的相位差就能辨别运动方向,这种方法称为位置辨向,图 5.2.8 为可逆计数方向辨别原理电路。光敏元件 AC 产生主信号(计数),光敏元件 DE 产生门控信号。主光栅沿 X 方向移动,光敏元件 AC 先感光,微分输出 D_1 控制信号 P_2 的高电平,与门 1 有输出,加减控制触发器置 1,可逆计数器加法控制母线为高电平,同时与门 1 输出脉冲经过或门送到可逆计数器时钟输入端加计数。同理,当主光栅沿 $\overline{X}$ 方向移动时,可逆计数器时钟输入端减计数。

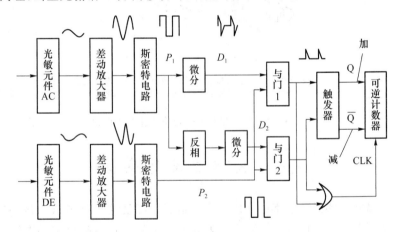

图 5.2.8　可逆计数方向辨别原理电路

2. 细分技术

光栅测量原理是以移动过的莫尔条纹数量来确定位移量,其分辨率为光栅的栅距。现代测量不断提出高精度要求,数字读数的最小分辨率也在逐步减小。为了提高分辨率,测量比光栅栅距更小的位移量,可以采用细分技术。

在莫尔条纹变化的一个周期内插入 N 个脉冲,每个计数脉冲代表 W/N 位移量,相应地提高了分辨率。细分方法可采用机械或电子方式实现,常用的有倍频细分法和电桥细分法。利用电子方式可以使分辨率提高几百倍甚至更高。

5.2.3　光栅传感器的应用

由于光栅传感器具有测量精度高,动态测量范围广,可进行非接触测量,易实现系统的自动化和数字化等特点,在机械工业中得到了广泛应用。光栅传感器通常作为测量元件应用于机床定位、长度和角度的测量仪器中,并用于测量速度、加速度、振动等。万能比长仪的工作原理如图 5.2.9 所示,主光栅和指示光栅之间的透光和遮光效应形成了莫尔条纹,当两块光栅相对移动时,便可接收到周期性变化的光通量。由光敏晶体管接收到的原始信号经差分放大、移相电路分相、整形电路整形、倍频电路细分、辨向电路辨向后进入可逆计数器计数,由显示器显示读出。图 5.2.10 为三坐标测量机中光栅部件的工作原理。

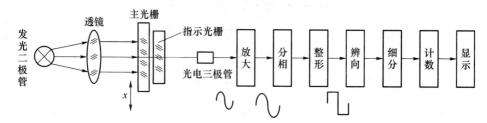

图 5.2.9　万能比长仪的工作原理

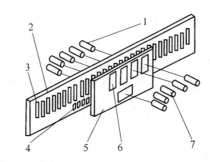

1—发光二极管；2—长光栅；3—长光栅刻线；4—零位刻线；
5—指示光栅；6—指示光栅刻线；7—光电晶体管

图 5.2.10　三坐标测量机中光栅部件的工作原理

5.3　数字温度传感器

什么是数字温度传感器? 数字温度传感器就是能把温度这个物理量,通过温度敏感元件和相应电路转换成方便计算机、PLC、智能仪表等数据采集设备直接读取的数字量的传感器。它主要是用来测量温度的,其原理如图 5.3.1 所示。

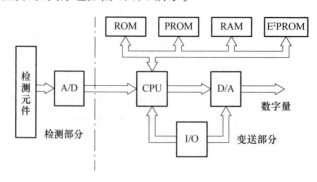

图 5.3.1　数字温度传感器原理

5.3.1　数字温度传感器工作原理和分类

1. 工作原理

刚开始供电时,数字温度传感器处于能量关闭状态,供电之后用户通过改变寄存器分辨率使其处于连续转换模式或者单一转换模式。在连续转换模式下,数字温度传感器连续转换温度并将结果存于温度寄存器中,读取温度寄存器中的内容不影响其温度转换;在单一转换模式下,数字温度传感器仅执行一次温度转换并将结果存于温度寄存器中,然后回到关闭模式,这种转化模式适用于对温度敏感的公共场合。在应用中,用户可以通过程序设置分辨率寄存器来实现不同的温度分辨率,其分辨率有 8 位、9 位、10 位、11 位和 12 位,共 5 种,对应的温度分辨率分别 1.00 ℃、0.50 ℃、0.250 ℃、0.125 0 ℃、0.062 50 ℃,温度转换结果的默认分辨率为9 位。

2. 数字温度传感器的分类

数字温度传感器共分为以下 7 类:

① RS232 数据格式接口,

② RS485 数据格式接口,

③ 单总线数据格式接口,

④ CAN 总线数据格式接口,

⑤ ZIGBEE 数据格式接口,

⑥ TCP/IP 数据格式接口,

⑦ 占空比输出。

5.3.2　常用数字温度传感器 DS18B20 芯片的介绍和应用

1. DS18B20 芯片介绍

DS18B20 是常用的数字温度传感器,其输出是数字信号,它可提供二进制 9 位温度信息,分辨率为 0.5 ℃,测温范围是 −55 ℃～+125 ℃。它具有体积小,硬件开销低,抗干扰能力强,精度高的特点。DS18B20 数字温度传感器接线方便,封装可应用于多种场合,如管道式、螺纹式、磁铁吸附式、不锈钢封装式等。其型号多种多样,有 LTM8877,LTM8874 等,根据应用场合的不同选择不同的外观。封装后的 DS18B20 可用于电缆沟测温、高炉水循环测温、锅炉测温、机房测温、农业大棚测温、洁净室测温、弹药库测温等各种非极限温度场合。它耐磨耐碰、体积小,使用方便,封装形式多样,适用于各种狭小空间设备的数字测温和控制领域。常用的数字温度传感器 DS18B20 的封装如图 5.3.2 所示。其中,GND 为地,VDD 为电源引脚,DQ 为单线数据输入输出引脚,NC 为空引脚。

2. DS18B20 的测温原理

DS18B20 测量温度时使用特有的温度测量技术,测温原理如图 5.3.3 所示。器件中,低温度系数晶振的振荡频率受温度的影响小,用于产生固定频率的脉冲信号,并将该信号作为计数器 1 的脉冲输入;当温度变化时,高温度系数的晶振的振荡频率明显改变,所产生的信号作为计数器 2 的脉冲输入。器件中还有一个计数门,当计数门打开时,DS18B20 对低温度系数振荡器产生的时钟脉冲进行计数,进而完成温度测量。计数门的开启时间由高温度系数振荡器决定。每次测量前,首先将 −55 ℃所对应的基数分别置入计数器 1 和温度寄存器中。在计数门关闭之前,若计数器 1 的预置值已减到 0,则温度寄存器的值将增加 1(对应 0.5 ℃)。然

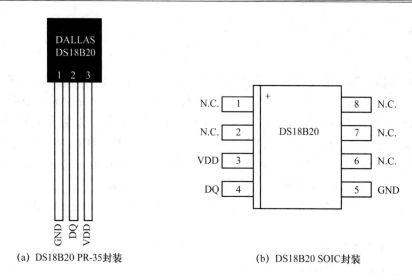

(a) DS18B20 PR-35封装   (b) DS18B20 SOIC封装

图 5.3.2　DS18B20 的外部形状及引脚

后减法计数器 1 依据斜率累加器的状态置入新的数值,再对时钟脉冲计数,若减至 0,则温度寄存器的值又增加 1。只要计数器的门仍未关闭,就重复上述过程,直到温度寄存器的值达到被测温度值。

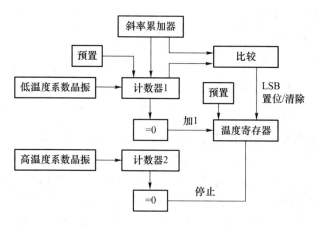

图 5.3.3　DS18B20 测温原理

3. DS18B20 内部原理

DS18B20 内部结构主要由 4 部分组成:64 位光刻 ROM、温度传感器、非挥发的温度报警触发器 TH 和 TL、配置寄存器。

DS18B20 温度传感器有如下特点。

① 独特的单线接口方式,DS18B20 在与微处理器连接时仅需要一条口线即可实现微处理器与 DS18B20 的双向通信。

② 测温范围为−55 ℃～+125 ℃,固有测温误差为 1 ℃。

③ 支持多点组网功能,多个 DS18B20 可以并联在唯一的三线上,最多能并联 8 个,实现多点测温,如果数量过多,将导致供电电源电压过低,从而造成信号传输不稳定。

④ 工作电源为 3.0～5.5 V/DC。

⑤ 在使用中不需要任何外围元件。

⑥ 测量结果以 9～12 位数字量的方式串行传输。

DS18B20 的优点为数字通信、稳定、拥有唯一序列号；其缺点为程序相对复杂,尤其是多个 DS18B20 的检索程序。

DS18B20 的内部原理如图 5.3.4 所示。该电路会在 I/O 或 VDD 引脚处于高电平时消耗能量。当有特定时间和电压需求时,I/O 要提供足够的能量,故要采用寄生电源供电。使用寄生电源有两个好处:①进行远距离测温时,无须本地电源;②可以在没有常规电源的条件下读 ROM。

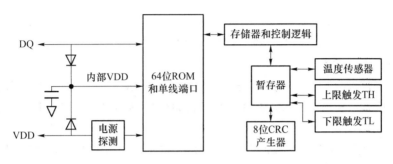

图 5.3.4　DS18B20 的内部原理

要想使 DS18B20 能够进行精确的温度转换,I/O 线必须在转换期间保证供电。DS18B20 需要 1 mA 的工作电流,仅依靠 4.7 kΩ 上拉电阻提供电源是不够的,如果多个 DS18B20 挂在同一根 I/O 线上且同时进行温度转换,这个问题就变得更加尖锐。有两种方法可以使 DS18B20 在动态转换周期中获得足够的电流。

① 当 DS18B20 进行温度转换或执行内部存储操作而总线闲置时,用受微控制器控制的场效应管将 DQ 引脚直接连接至电源正极实现供电,如图 5.3.5 所示,此时 VDD 引脚必须接地。

② 从 VDD 引脚接入一个外部电源,如图 5.3.6 所示。这种电路不需要在 I/O 线上加强上拉电阻,而且总线控制器不用在温度转换期间总保持高电平。这样在转换期间可以允许在单线总线上进行其他数据往来。另外,在单线总线上可以挂任意多片 DS18B20,而且它们都使用外部电源的话,就可以先发一个 Skip ROM 命令,再接一个 Convert T 命令,让它们同时进行温度转换。注意,当加上外部电源时,GND 引脚不能悬空。

DS18B20 外部电源、电路及内部各组成部分简介如下:

(1) 寄生电源

寄生电源由两个二极管和寄生电容组成。芯片内的电源检测电路用于判定供电方式。寄生电源供电时,电源端接地,器件从总线上获取电源。在 I/O 线呈低电平时,改由寄生电容上的电压继续向器件供电。若采用外部电源,则通过二极管向器件供电。

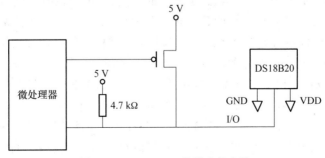

图 5.3.5　DS18B20 的强上拉电路

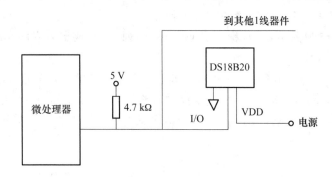

图 5.3.6　DS18B20 使用外部电源电路

（2）64 位激光 ROM

DS18B20 内部 64 位 ROM 的开始 8 位是产品的系列编码，接着是每个器件的唯一序号，共有 48 位，最后 8 位是前面 56 位的 CRC 检验码，这也是多个 DS18B20 可以采用单点线进行通信的原因。

单总线上所有 DS18B20 器件都可以通过检索器件 ROM 中的内容进行识别。64 位 ROM 编码和 ROM 操作指令是 DS18B20 作为一个单总线器件正常工作的基础，只有当 ROM 操作指令被满足后，才可继续访问 DS18B20 控制部分的功能。主机操作 ROM 的命令有 5 种，如表 5.3.1 所示。

表 5.3.1　主机操作 ROM 的命令

指　　令	说　　明
读 ROM(33H)	读 DS18B20 的序列号
匹配 ROM(55H)	继续读完 64 位序列号的一个命令，用于多个 DS18B20 时定位
跳过 ROM(CCH)	此命令执行后的存储器操作将针对在线的所有 DS18B20
搜 ROM(F0H)	识别总线上各器件的编码，为操作各器件做好准备
报警搜索(ECH)	仅温度越限的器件对此命令作出响应

（3）高速暂存器 RAM

DS18B20 温度传感器的内部存储器包括一个高速暂存 RAM 和一个可电擦除的 EE-RAM。所有 RAM 中的数据会在每一次上电复位时刷新。而非易失性的 EERAM 中存储的高温度和低温度报警触发器 TH 和 TL 的备份将不会丢失。数据先被写入 RAM，经校验后再传给 EERAM。

高速暂存 RAM 的结构如图 5.3.7 所示。前两个字节包含测得的温度信息；第 3 个字节和第 4 个字节是 TH 和 TL 的复制信息，是易失的，每次上电复位时被刷新；第 5 个字节为配置寄存器，它的内容用于确定温度值的数字转换分辨率；第 6、7、8 字节保留未用，表现为全逻辑 1；第 9 字节读出前面所有 8 个字节的 CRC 码，可用来检验数据，从而保证通信数据的正确性。其中，第 5 字节即配置寄存器的位定义如图 5.3.8 所示。低 5 位一直为 1，TM 是工作模式位，用于设置 DS18B20 在工作模式还是在测试模式。DS18B20 出厂时，TM 位就被设置为 0，用户使用时可将其改为 1。R1 和 R0 是决定温度转换精度的位数，用于设置分辨率。DS18B20 配置寄存器的位定义如表 5.3.2 所示。DS18B20 的温度转换时间比较长，而且分辨率越高，所需要的温度转换时间越长。因此，在实际应用中要将分辨率和转换时间权衡考虑。

温度LSB
温度MSB
TH用户字节1
TL用户字节2
配置寄存器
保留
保留
保留
CRC

图 5.3.7　高速暂存 RAM 的结构

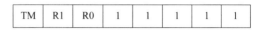

TM	R1	R0	1	1	1	1	1

图 5.3.8　配置寄存器的位定义

表 5.3.2　DS18B20 配置寄存器的位定义

R1	R0	分辨率/位	温度最大转换时间/ms
0	0	9	93.75
0	1	10	187.5
1	0	11	375
1	1	12	750

DS18B20 存储器的控制指令共 6 条,如表 5.3.3 所示。

表 5.3.3　DS18B20 存储器的控制指令

指　　令	说　　明
温度转换(44H)	启动在线 DS1820,对温度进行 A/D 转换
读数据(BEH)	从高速暂存器读9 bit 温度值和 CRC 值
写数据(4EH)	将数据写入高速暂存器的第 0、1 字节中
复制(48H)	将高速暂存器中第 2、3 字节复制到 EEPRAM
读 EERAM(B8H)	将 EEPRAM 内容写入高速暂存器中第 2、3 字节
读电源供电方式(B4H)	了解 DS1820 的供电方式

4. DS18B20 的测温过程

DS18B20 的单线通信功能是分时完成的。因此,系统对 DS18B20 的各种操作必须按协议进行。经过单总线接口访问 DS18B20 的协议处理顺序为初始化单总线系统、执行某种 ROM 操作指令、执行存储器操作指令、处理数据。具体处理过程如下:

(1) 初始化单总线系统。首先,单总线上的所有处理均从初始化序列开始,初始化序列包括总线主机发出一复位脉冲(不小于 $480\ \mu s$ 的低电平脉冲);然后,释放总线,总线被 $4.7\ k\Omega$ 的上拉电阻拉高,接着由从机向总线发送存在脉冲($60 \sim 240\ \mu s$ 的低电平脉冲),表示从机存在于总线上;最后,总线主机检测到存在脉冲后表示初始化过程成功。

(2) 执行 ROM 操作指令。ROM 操作指令包括读 ROM、比较 ROM、跳过 ROM、搜索

ROM、报警搜索。一旦总线上的主机检测到从机存在，主机就可以发出 ROM 操作指令。

（3）执行存储器操作指令。存储器操作指令包括温度变换、读存储器、写暂存存储器、复制暂存存储器、重新调出 EERAM、读电源状态。用户可以根据应用的需要执行相应的存储器指令，完成温度转换操作、读/写存储器操作等。

（4）处理数据。DS18B20 转换完成后的温度值以 16 位带符号扩展的二进制补码形式，存储在高速暂存存储器的第 1、2 个字节。单片机可以通过单线接口读出该数据。读数据时，低位在先，高位在后，数据格式以 $0.0625\ ℃/LSB$ 的形式表示。当符号位 $S=0$ 时，表示测得的温度值为正值，可以直接将二进制位转换为十进制；当符号位 $S=1$ 时，表示测得的温度值为负值，要先将补码换成原码，再计算十进制数值。表 5.3.4 是部分温度值对应的二进制温度数据。

表 5.3.4　部分温度值对应的二进制温度数据

温度/℃	二进制表示		十六进制表示
+125	0000 0111	1101 0000	07D0H
+85	0000 0101	0101 0000	0550H
+25.0625	0000 0001	1001 0000	0190H
+10.125	0000 0000	1010 0010	00A2H
+0.5	0000 0000	0000 1000	0008H
0	0000 0000	0000 0000	0000H
−0.5	1111 1111	1111 1000	FFF8H
−10.125	1111 1111	0101 1110	FF5EH
−25.0625	1111 1110	0110 1111	FE6FH
−55	1111 1100	1001 0000	FC90H

DS18B20 完成温度转换后，需要将测得的温度值与 RAM 中 TH、TL 字节的内容做比较。若 T>TH 或 T<TL，则将该器件内的报警标志位置位，并对主机发出的报警搜索命令作出响应。因此，可用多只 DS18B20 同时测量温度并进行报警搜索。

5. DS18B20 的性能特点

DS18B20 的性能特点如下：

① 独特的单线接口，仅需要一条口线与 MCU 连接，实现双向通信，无须外围元件；

② 多个 DS18B20 可以并联在 MCU 的口线上，实现多点组网功能；

③ 可通过数据总线供电，电压范围为 3.0～5.5 V；

④ 测温范围为 −55～125 ℃，精度为 0.5 ℃；

⑤ A/D 的典型变换时间为 200 ms；

⑥ 零待机功耗；

⑦ 温度以 9 或 12 位数字表示；

⑧ 用户可任意设置温度上、下限报警值，且能够识别具体的报警传感器；

⑨ 报警搜索命令识别并标志超过程序限定温度（温度报警条件）的器件；

⑩ 负电压特性时，即电源极性接反时，传感器不会因发热而烧毁，但不能正常工作。

5.4　数字湿度传感器

数字湿度传感器就是能把湿度这个物理量,通过湿度敏感元件和相应电路转换成方便计算机、PLC、智能仪表等数据采集设备直接读取数字量的传感器。它主要是用来测量湿度的。

随着现代化工农业技术的发展及人民生活水平的提高,湿度的检测与控制已经成为生产和生活中必不可少的手段。例如,大规模集成电路车间的湿度过低时容易产生静电,造成大批元器件的损伤,从而影响生产;纺织厂为了减少棉纱断头,车间内也需要保持相当高的湿度。总之,湿度传感器已广泛应用于工业、农业、国防、科技、博物馆、生活等各个领域。

5.4.1　常用数字湿度/温度传感器 SHT10

1. SHT10 概述

SHT10 数字湿度/温度传感器是瑞士森斯瑞公司生产的超小型、高精度、自校准、多动能式智能传感器,SHT10 是一款含有已校准数字信号输出的温湿度复合传感器。它应用 CMOS 微加工技术,以确保产品具有极高的可靠性与卓越的长期稳定性。

2. SHT10 传感器的主要特性

SHT10 传感器内部包括一个电容式聚合体测湿元件和一个能隙式测温元件,在器件的封装上,它与一个 14 位的 A/D 转换器及串行接口电路在同一芯片上实现无缝连接。因此,该产品具有品质卓越、超快响应、抗干扰能力强、性价比极高等优点。因为 SHT10 系列的单芯片集成的传感器有二线串行接口,由内部提供基准电压,所以系统集成简易快捷,且其体积小、功耗低,适用于苛刻的应用场合。

SHT10 提供表面贴片 LCC(无铅芯片)或 4 针单排引脚封装。每个 SHT10 传感器都在极为精确的湿度校验室中进行校准,校准系数以程序的形式储存在 OTP(一次性可编程)的 ROM 内存中,传感器内部在检测信号的处理过程中需要调用这些校准系数。

3. SHT10 湿度/温度传感器的接口电路与工作原理

图 5.4.1 为 SHT10 的典型接口电路与应用原理

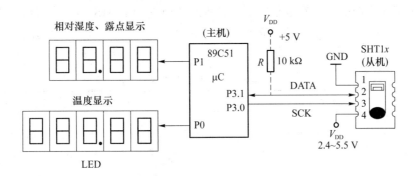

图 5.4.1　SHT10 数字湿度/温度传感器的典型接口电路与应用原理

SHT10 外部引脚功能介绍如下:

(1) 电源引脚。SHT10 电源的供电电压为 +2.4 ~ +5.5 V。传感器上电后,要等待 11 ms 以越过"休眠"状态,在此期间无须发送任何指令。VDD 和 GND 之间可以加一个 100 nf 的电容进行去耦滤波。

(2)串行接口。SHT10 接口为两线双向接口,它在传感器信号的读取及电源损耗方面都做了优化处理,但与 I²C 接口不兼容。

(3)串行时钟输入 SCK。SCK 使微处理器与 SHT10 之间保持通信同步,由于该接口包含了完全静态逻辑,因而不存在最小 SCK 频率。

(4)串行数据 DATA。DATA 三态门用于数据的读取。DATA 在 SCK 时钟下降沿之后改变状态,并仅在 SCK 时钟上升沿有效。在数据传输期间,当 SCK 时钟为高电平时,DATA必须保持稳定。为避免信号冲突,微处理器应驱动 DATA 处于低电平,故需要一个外部的上拉电阻将信号拉至高电平。

4. 时序与通信

通信复位时序信号如图 5.4.2 所示。若通信复位时序信号与 SHT10 通信中断,则该信号的时序可以复位串行口。

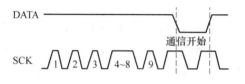

图 5.4.2　通信复位时序信号

通信复位时序包括以下 3 个步骤。

(1)发送命令。用一组"启动传输"时序来表示数据传输的初始化。当 SCK 时钟为高电平时,DATA 翻转为低电平,紧接着 SCK 变为低电平,随后当 SCK 时钟为高电平时,DATA翻转为高电平。

(2)后续命令。包含 3 个地址位(目前只支持"000")和 5 个命令位。STH10 会以表 5.4.1的形式表示已正确接收到指令。通信复位时序信号会在第 8 个 SCK 时钟的下降沿之后,将 DATA下拉为低电平(ACK 位);在第 9 个 SCK 时钟的下降沿之后,释放 DATA(恢复高电平)。

(3)测量时序(RH 和 T)。在发布一组测量命令("00000101"表示相对湿度 RH,"00000011"表示温度 T)后,控制器等需要等待测量结束。

这个过程大约需要 20 ms/80 ms/320 ms,分别对应 8 位/12 位/14 位测量。SHT10 通过下拉 DATA 至低电平并进入空闲模式,表示测量结束,控制器再次触发 SCK 时钟前,必须等待这个"数据备妥"信号读出数据。检测数据可以先被存储,控制器可以继续执行其他任务,在需要时再读出数据,然后传输 2 个字节的测量数据和 1 个字节的 CRC 奇偶校验。μC 需要通过将 DATA 下拉为低电平来确认每个字节。所有的数据均从 MSB 开始,右值有效(例如:对于 12 位数据,从第 5 个 SCK 时钟起算作 MSB;而对于 8 位数据,首字节无意义)。SHT10 命令集如表 5.4.1 所示。

表 5.4.1　STH10 命令集

命令	代码
预留	0000x
温度测量	00011
湿度测量	00101
读状态寄存器	00111
写状态寄存器	00110
预留	0101x~1110x
软复位;复位接口,清空状态寄存器,即恢复默认值,下次命令前需等待至少 11 ms	11110

5. SHT10 的典型应用

SHT10 的典型应用原理如图 5.4.1 所示。系统可以同时检测温度、湿度和露点,SHT10 作为从机,89C51 作为主机,二者通过串行接口总线进行通信。高于 99%RH 的测量值表示空气已经完全饱和,显示值必须被处理为 100%RH。温度传感器对电压基本没有依赖性。

当实际测量温度与 25 ℃(77 ℉)相差较大时,应该考虑温度/湿度传感器的温度修正系数。在极端工作条件下测量温度时,可使用进一步的补偿算法以获取高精度。

当单片机的 P3.0 和 P3.1 口与 SHT10 的 SCK 和 DATA 相连时,通过各个读/写命令来读取数据。

5.4.2　数字湿度传感器 DHT11 的典型电路

1. 数字湿度传感器 DHT11 简介

DHT11 数字湿度传感器是一个含有已校准数字信号输出的温湿度复合传感器,它应用专用的数字模块采集技术和温湿度传感技术,以确保产品具有极高的可靠性与卓越的长期稳定性。传感器包括一个电容式感湿元件和一个 NTC 测温元件,并与一个高性能的 8 位单片机(控制器)相连接。图 5.4.3 为常用的 DHT11 的封装。

图 5.4.3　DHT11 的封装

DHT11 的优点是成本低、长期稳定、可以测量相对湿度和温度、品质卓越、超快响应、抗干扰能力强,超长的信号传输距离、数字信号输出、精确校准。

其引脚说明如表 5.4.2 所示。

表 5.4.2　DHT11 引脚说明

引脚	说明
1-VDD	供电 3.3～3.5 V,DC
2-DATA	串行数据,单总线
3-NC	空脚
4-GND	接地,电源负极

2. DHT11 测量湿度的典型电路

控制器与 DHT11 连接的典型电路如图 5.4.4 所示,DHT11 上拉后与控制器的 I/O 端相连。

(1) 在典型应用电路中,建议在连接线长度短于 5 m 时,使用 4.7 kΩ 的上拉电阻;在连接线长度大于 5 m 时,根据实际情况降低上拉电阻的阻值。

(2) 使用 3.3 V 电压供电时,连接线应尽量短,连接线过长会导致传感器供电不足,造成测量偏差。

(3) 每次读出的温湿度数值都是上一次测量的结果,如果想获取实时数据,需连续读取 2 次,但不建议连续多次读取传感器,因为每次读取传感器间隔大于 2 s 才可获得准确的数据。

(4) 电源部分如有波动,会影响温度。例如,在使用开关电源时,温度会跳动。

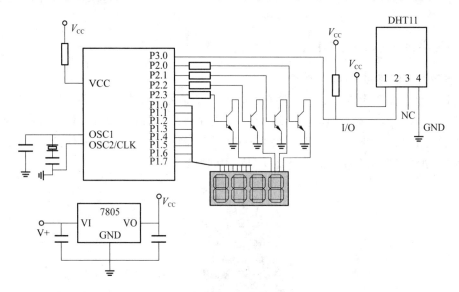

图 5.4.4　DHT11 测量湿度的典型电路

5.5　数字压力传感器

数字压力传感器就是能把压力这个物理量,以压阻晶体为敏感元件,充分利用微处理器的处理和存储能力,实现对敏感元件拾取的压力信号进行滤波、放大、A/D 转换、校正等功能,从而直接输出可显示存储的数字信号。

5.5.1　常用数字压力传感器 IMS7902 简介

图 5.5.1　传感器实物

IMS7902 是 ITM 公司生产的集成式数字压力传感器。它具有精度高、功耗小、体积小等优点,同时它还可进行温度补偿,在 0~70 ℃ 的范围内都能测试到非常精确的水位信息。该传感器工作参数是:可检测的气体压力变化范围为 0~60 kPa,检测精度为 ±1.5%(±0.09 kPa),工作温度范围为 0~70 ℃,工作模式下的最大电流为 2.5 mA,睡眠模式下的最大电流为 32 μA,14 bit 的模数转换,支持 SPI/I²C 协议,工作电压范围为 2.7~5.5 V。传感器实物如图 5.5.1 所示。

5.5.2　数字压力传感器 IMS7920 的硬件设计

　　IMS7902 集成式数字压力传感器的硬件原理如图 5.5.2 所示,引脚定义如表 5.5.1 所示,集成式数字压力传感器和普通压力传感器一样,将通气软管接在洗衣机桶底及压力传感器的气管两端并保证密封性。集成式数字压力传感器使用 5 V 电源供电,电源通过电容和 TVS 管以设计滤波和防浪涌,传感器脚 1、传感器脚 2、MCU 通过 I^2C 线路连接,在通信时钟及数据线上串联电阻并增加去耦电容,用于增强线路的抗干扰能力,由于硬件 I^2C 是开路输出,故要增加一个上拉电阻。

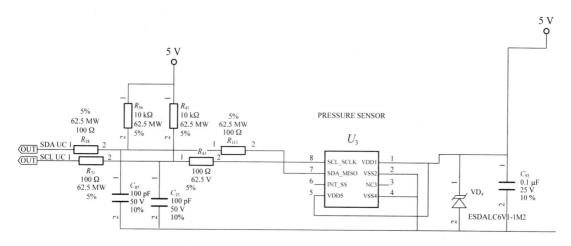

图 5.5.2　集成式压力传感器硬件电路图

表 5.5.1　IMS7902 集成式压力传感器引脚定义

管脚序号	管脚定义	作用	备注
1	VDD	电源输入	2.7～5.5 V 电源
2	VSS	参考地	GND
3	NC	空脚	此脚不接
4	VSS	参考地	
5	VDD	电源输入	
6	INT_SS	I^2C 模式中断口或 SPI 模式的从机片选口	
7	SDA_MISO	I^2C 模式数据口或 SPI 模式主输入从输出口	
8	SCL_SCLK	I^2C 模式时钟口或 SPI 模式时钟口	

思考题与习题

　　1. 编码器中二进制码与循环码各有何特点? 说明它们相互转换的原理。

　　2. 光栅莫尔条纹是怎么产生的? 它具有什么特点?

　　3. 一个 8 位光电码盘的最小分辨率是多少? 如果要求每个最小分辨率对应的码盘圆弧长度至少为 0.01 mm,则码盘半径应为多大?

　　4. 设某循环码盘的初始位置为"0000",利用该循环码盘测得结果为"0110",其实际转过的角度是多少?

5. 已知某计量光栅的栅线密度为 100 线/mm,栅线夹角 $\theta=0.1°$。求:

(1) 该光栅形成的莫尔条纹间距是多少?

(2) 若采用该光栅测量线位移,已知指示光栅上的莫尔条纹移动了 15 条,则被测位移为多少?

(3) 若采用四只光敏二极管接收莫尔条纹信号,并且光敏二极管的响应时间为 10^{-6} s,此时,光栅允许的最快运动速度 v 是多少?

6. 光栅传感器是如何实现位移测量的?

7. 简述数字温度传感器 DS18B20 的工作原理。

8. 数字湿度传感器 DHT11 使用 3.3 V 电压供电时,为什么连接线应尽量短?

第6章 光声量检测装置

随着材料科学、物理学、光学及微加工技术的发展,新出现了一类现代检测装置。该类装置在非接触、多功能、集成化等方面具有区别于传统检测装置的明显特征。本章主要介绍CCD图像传感器、光纤传感器、红外传感器、超声波传感器等光声量检测装置。

6.1 CCD图像传感器

电荷耦合器件(Charge Coupled Device,CCD)是一种在20世纪70年代初问世的半导体器件,利用CCD作为转换器件的传感器称为CCD传感器,又称CCD图像传感器。它以电荷为信号,具有光电信号转换、存储、转移并读出信号电荷的功能。CCD器件有两个特点:①它在半导体硅片上制有成百上千个(甚至数百万个)光敏元件,它们按线阵或面阵有规则地排列,当物体通过物镜成像于半导硅平面上时,这些光敏元件会产生与照在它们上面的光强成正比的光生电荷;②它具有自扫描能力,即将光敏元件上产生的光生电荷依次有规则地串行输出,输出的幅值与对应的光敏元件上的电荷量成正比。CCD器件由于具有集成度高、分辨率高、固体化、低功耗和自扫描等一系列优点,在固体图像传感、信息存储和处理等方面得到了广泛的应用。

6.1.1 CCD的工作原理

CCD的突出特点是以电荷作为信号,一个MOS电容器就是一个光敏单元,可以感应一个像素点,传输一幅图像需要许多MOS光敏单元大规模集成的器件。因此,CCD的基本功能是信号电荷的产生、存储、传输和输出。

1. CCD的MOS光敏单元结构

CCD是按照一定规律排列的由MOS电容器阵列组成的移位寄存器,构成CCD的基本单元结构是MOS电容器,如图6.1.1(a)所示。其中,金属为MOS结构的电极,半导体为衬底电极,在这两种电极之间有一层氧化物(SiO₂)绝缘体,构成电容,但它具有一般电容所不具有的耦合电荷的能力。

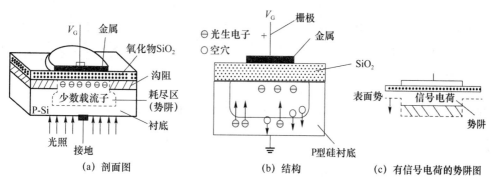

(a) 剖面图　　(b) 结构　　(c) 有信号电荷的势阱图

图 6.1.1　P型MOS光敏单元

2. 电荷存储原理

与其他电容器一样，MOS 电容器能够存储电荷。例如，如果 MOS 电容器中的半导体是 P 型硅，当在金属电极上施加一个正电压 V_G 时(衬底接地)，金属电极板上会充上一些正电荷，附近的 P 型硅中的多数载流子(空穴)被排斥到表面，然后入地，如图 6.1.1(b)所示。半导体内的少数载流子(电子)被吸引到 P-Si 界面，从而在界面附近形成一个带负电荷的耗尽区，也称表面势阱。对带负电的电子来说，耗尽区是个势能很低的区域，是蓄积电荷的场所。在一定条件下，所加正电压 V_G 越大，耗尽层就越深，势阱所能容纳的少数载流子的量就越大。

如果有光照射在硅片上，在光子的作用下，半导体硅产生了电子-空穴对，光生电子被附近的势阱所吸收，而空穴被排斥出耗尽区。势阱内所吸收的光生电子数量与入射到该势阱附近的光强成正比。势阱中的电子处于被存储的状态，即使停止光照，在一定时间内也不会损失，这就实现了对光照的记忆。

3. 电荷转移原理

CCD 最基本的结构是一系列彼此非常靠近的 MOS 电容器，这些电容器用同一半导体衬底制成，衬底上面涂覆一层氧化层，并在其上制作许多互相绝缘的金属电极，相邻电极之间仅隔极小的距离，以保证相邻势阱耦合及电荷转移。对于可移动的信号电荷都将力图向表面势大的位置移动，如图 6.1.1(c)所示。为保证信号电荷按确定的方向和路线转移，在各电极上施加的电压应严格满足相位要求，下面以三相时钟脉冲控制方式为例，说明电荷定向转移的过程。把 MOS 光敏元件的电极分成 3 组，在其上面分别施加 3 个相位不同的控制电压 Φ_1、Φ_2、Φ_3，如图 6.1.2(b)所示，控制电压 Φ_1、Φ_2、Φ_3 的波形如图 6.1.2(a)所示。当 $t=t_1$ 时，Φ_1 处于高电平，Φ_2、Φ_3 处于低电平，电极 1、电极 4 下面出现势阱，存储了电荷；当 $t=t_2$ 时，Φ_1、Φ_2 处于高电平，Φ_3 处于低电平，电极 2、电极 5 下面出现势阱。由于相邻电极之间的间隙很小，电极 1、电极 2 及电极 4、电极 5 下面的势阱相互耦合，使电极 1、电极 4 下的电荷向电极 2、电极 5 下面的势阱转移。随着 Φ_1 的下降，电极 1、电极 4 下的势阱相应变浅。当 $t=t_3$ 时，有更多的电荷转移到电极 2、电极 5 下面的势阱内。当 $t=t_4$ 时，只有 Φ_2 处于高电平，信号电荷全部转移到电极 2、电极 5 下面的势阱内。随着控制脉冲的变化，信号电荷便从 CCD 的一端转移到终端，最终实现了信号电荷的转移和输出。由于在传输中仍在进行光照，故仍会产生电荷，故信号电荷发生重叠，在显示器中出现模糊现象。因此，CCD 摄像器件必须把摄像区和传输区分开，并且在时间上保证信号电荷从摄像区转移到传输区的时间远小于摄像时间。

4. 电荷注入方法

CCD 的信号是电荷，电荷有光信号注入和电信号注入两种方法。

(1) 光信号注入

当光照到 CCD 衬底硅片表面时，在电极附近的半导体内将产生电子-空穴对，少数载流子(电子)被收集起来，储存在势阱中，形成"电荷包"，其大小与入射光信号强度和照射时间有关，如图 6.1.3(a)所示。

(2) 电信号注入

CCD 通过输入二极管，将信号电压或电流转换为信号电荷，注入势阱中，如图 6.1.3(b)所示。

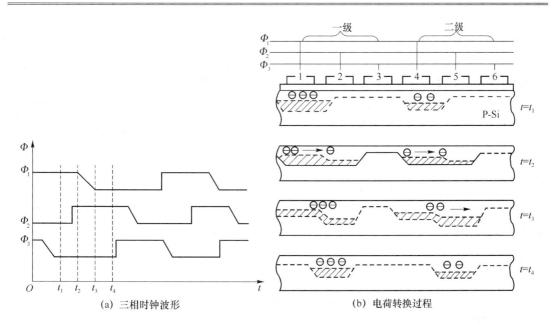

(a) 三相时钟波形　　　　　　　　　(b) 电荷转换过程

图 6.1.2　三相 CCD 时钟电压与信号电荷转换的关系

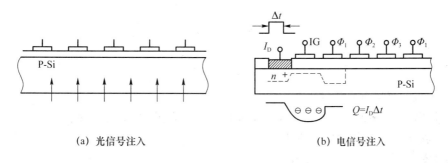

(a) 光信号注入　　　　　　　　　　(b) 电信号注入

图 6.1.3　CCD 电荷的注入方法

5. 电荷的输出

　　CCD 信号输出电荷在输出端被读出的方法如图 6.1.4 所示。OG 为输出栅。它实际上是在 CCD 阵列的末端衬底上制作的一个输出二极管,当输出二极管加上反向偏压时,转移到终端的电荷在时钟脉冲的作用下移向输出二极管,然后被二极管的 PN 结收集,在负载上形成脉冲电流。输出电流的大小与信号电荷的大小成正比,并通过负载电阻转换为信号电压输出。

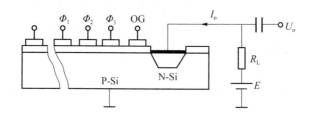

图 6.1.4　CCD 信号的输出结构

6.1.2　CCD 图像传感器的特性参数

　　CCD 图像传感器的性能参数包括灵敏度、分辨率、信噪比、光谱响应等,CCD 器件性能的优劣可由上述参数衡量。

1. 光电转换特性

CCD 图像传感器的光转换特性如图 6.1.5 所示。图中 x 轴表示曝光量, y 轴表示电荷输出, Q_{SAT} 表示饱和输出电荷, Q_{DARK} 表示暗电荷输出, E_S 表示饱和曝光量。

由图 6.1.5 可以看出,输出电荷与曝光量之间有一线性工作区域,在曝光量不饱和时,输出电荷正比于曝光量 E ,当曝光量达到饱和曝光量 E_S 后,输出电荷达到饱和值 Q_{SAT} ,并不随曝光量的增加而增加。曝光量等于光强乘以积分时间,即

$$E = HT_{int} \tag{6.1.1}$$

其中:H 为光强;T_{int} 为积分时间,即起始脉冲的周期。

暗电荷输出为无光照射时 CCD 的输出电荷。一只良好的 CCD 传感器,应具有较低的暗电荷输出。

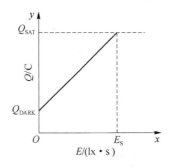

图 6.1.5　CCD 光电转换特性

2. 灵敏度和灵敏度不均性

CCD 传感器的灵敏度,又称量子效率,标志着器件光敏区的光电转换效率,用在一定光谱范围内单位曝光量下器件输出的电流或电压表示。实际上,图 6.1.5 中 CCD 光电转换特性曲线的斜率就是灵敏度 S ,其表达式为

$$S = Q_{SAT}/E_S \tag{6.1.2}$$

在理想情况下,CCD 器件受均匀光照时,输出信号的幅度完全一样。但实际上,由于半导体材料不均匀和工艺条件因素的影响,在均匀光照下,CCD 器件的输出幅度存在不均匀现象,通常用 NU 值表示其不均性,定义如下:

$$NU = \pm \frac{输出最大值 - 输出最小值}{输出最大值 + 输出最小值} \times 100\% \tag{6.1.3}$$

显然,器件工作时,应把工作点选择在光电转换特性曲线的线性区域内(可通过调整光强或积分时间来控制)且工作点应接近饱和点,但最大光强又不进入饱和区,这样 NU 值减小,均匀性增加,提高了光电转换精度。

3. 光谱响应特性

对于不同波长的光,CCD 的响应是不同的。光谱响应特性表示 CCD 对于各种单色光的相对响应能力,其中响应的最大的波长称为峰值响应波长。通常把响应度等于峰值响应 50% 所对应的波长范围称为波长响应范围。图 6.1.6 给出了使用硅衬底的不同像元结构的光谱响应曲线。CCD 器件的光谱响应范围基本上是由使用的材料的性质决定的,但是也与器件的光敏元件结构和所选用的电极材料有密切关系。目前,大多数 CCD 器件的光谱响应范围在 $400 \sim 1\ 100$ nm。

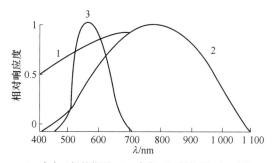

1—光电二极管像源；2—光电MOS管像源；3—人眼

图 6.1.6　CCD 光谱响应曲线

6.1.3　CCD 图像传感器的应用

1. 微小尺寸检测

微小尺寸检测通常指对细丝、微隙或小孔的尺寸进行检测。一般采用激光衍射方法，当激光照射细丝或小孔时，会产生衍射图像，用线型光敏列阵图像传感器对衍射图像进行接收，测出暗纹的间距，即可算出细丝、微隙或小孔的尺寸。细丝直径检测系统原理如图 6.1.7 所示，当 He-Ne 激光器照射到细丝时，满足远场条件，在 $L \gg a^2/\lambda$ 时，就会得到衍射图像，衍射图像暗纹的间距为

$$d = \frac{L\lambda}{a} \tag{6.1.4}$$

其中，L 为细丝到线阵 CCD 图像传感器的距离，λ 为入射激光波长，a 为被测细丝直径。

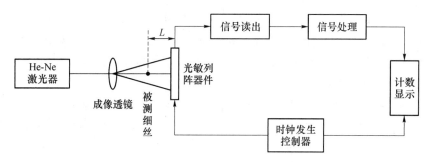

图 6.1.7　细丝直径检测系统

图像传感器将衍射光强信号转换为脉冲电信号，根据两个幅值为极小值之间的脉冲数 N 和线型列阵光敏图像传感器光敏单元的间距 l，可计算出衍射图像暗纹之间的间距

$$d = Nl \tag{6.1.5}$$

根据式(6.1.4)和式(6.1.5)可推导出被测细丝的直径为

$$a = \frac{L\lambda}{d} = \frac{L\lambda}{Nl} \tag{6.1.6}$$

2. CCD 在 BGA 管脚三维尺寸测量中的应用

20 世纪 70 年代，荷兰飞利浦公司推出了一种新的安装技术——表面安装技术(Surface Mount Technology, SMT)。其原理是将元器件与焊膏贴在印刷板上(不通过穿孔)，再经焊接将元器件固定在印制板上。

球栅阵列(Ball Grid Array,BGA)芯片是一种典型的应用 SMT 的集成电路芯片,其管脚均匀地分布在芯片的底面。这样,在芯片体积不变的情况下可大幅度地增加管脚的数量,实物如图 6.1.8 所示。在安装时,要求管脚具有很高的位置精度。如果管脚三维尺寸误差较大,特别是在高度方向,将造成管脚顶点不共面;如果安装时个别管脚和线路板接触不良,会导致漏接、虚接。美国 RVSI (Robotic Vision System Inc.)针对 BGA 管脚三维尺寸测量,生产出一种基于单光束三角成像法的单点离线测量设备。这种设备每次只能测量一根管脚,测量速度慢,无法实现在线测量。另外整套测量系统还要求配有精度很高的机械定位装置,对于具有百根管脚的 BGA 芯片,测量需消耗大量的时间。而应用激光线结构光传感器,结合光学图像的拆分、合成技术,通过对分立点图像进行实时处理和分析,一次即可测得 BGA 芯片一排管脚的三维尺寸。通过步进电机驱动工作台做单向位移运动,让芯片的每排管脚依次通过测量系统,从而完成对整块芯片管脚三维尺寸的在线测量。

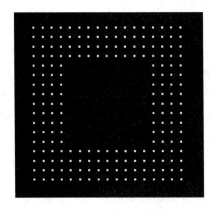

图 6.1.8　BGA 实物图

图 6.1.9 为 BGA 芯片管脚在线测量系统原理。半导体激光器 LD 的光经光束准直和单向扩束器后形成激光线光源,照射到 BGA 芯片的管脚上。被照亮的一排 BGA 芯片管脚经两套由成像物镜和 CCD 摄像机组成的摄像系统采集,形成互成一定角度的图像。将这两幅图像经图像采集卡采集到计算机内存进行图像运算。利用摄像机透视变换模型,以及坐标变换关系,计算出芯片引线顶点的高度方向和纵向的二维尺寸。用步进电机带动芯片所在的工作台

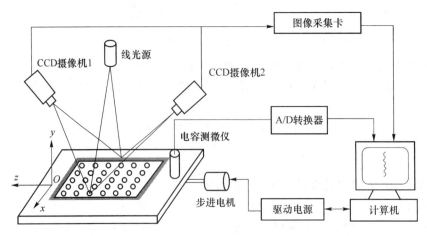

图 6.1.9　三维在线测量系统原理

做单向运动,实现扫描测量;同时,根据步进电机的驱动脉冲数,获得引线顶点的横向尺寸,从而实现三维尺寸的测量。另外,工作台导轨的直线度误差,以及由于电机的振动而引起的工作台跳动都会造成测量误差,尤其是在引线的高度方向。为此,引入电容测微仪,实时监测工作台的位置变动,可以有效地进行动态误差补偿。

6.2　光纤传感器

光纤传感器是随着光导纤维技术的发展而出现的新型传感器,由于它具有灵敏度高、电绝缘性能好、抗电磁干扰、耐腐蚀、耐高温、体积小、重量轻等优点,因而被广泛应用于位移、速度、加速度、压力、温度、液位、流量、水声、电流、磁场、放射性射线等物理量的测量。

6.2.1　光纤

1. 光纤及其传光原理

光纤是一种多层介质结构的同心圆柱体,包括纤芯、包层和保护层(涂敷层及护套),如图 6.2.1 所示。纤芯由高度透明的材料制成,是光波的主要传输通道,纤芯的主要成分为 SiO_2,并掺入了微量的 GeO_2、P_2O_5,以提高材料的光折射率。纤芯的直径为 $5\sim75\ \mu m$。包

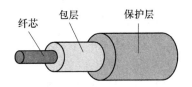

图 6.2.1　光纤的结构

层可以是一层、二层或多层结构,总直径约为 $100\sim200\ \mu m$。包层的主要成分也是 SiO_2,掺入了微量的 B_2O_3、纤芯或 SiF_4,以降低包层对光的折射率。包层的折射率略小于纤芯,以保证入射到光纤内的光波集中在纤芯内传输。涂覆层保护光纤不受水汽的侵蚀和机械擦伤,同时又增加光纤的柔韧性,起到延长光纤寿命的作用。护套采用不同颜色的塑料管套,一方面起保护作用,另一方面以颜色区分多条光纤。许多根单条光纤组成光缆。

光在同一种介质中是直线传输的,如图 6.2.2 所示。当光线以不同的角度入射到光纤端面时,会在端面发生折射进入光纤。随后,光线又入射到折射率为 n_1 的较大的光密介质(纤芯)与折射率为 n_2 的较小的光疏介质(包层)的交界面,在该处光线有一部分透射到光疏介质,一部分反射回光密介质。根据折射定理有

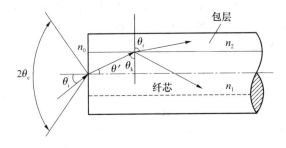

图 6.2.2　光纤传输原理

$$\frac{\sin\theta_k}{\sin\theta_r}=\frac{n_2}{n_1} \tag{6.2.1}$$

$$\frac{\sin\theta_i}{\sin\theta'}=\frac{n_1}{n_0} \tag{6.2.2}$$

其中,θ_i 和 θ' 为光纤端面的入射角和折射角,θ_k 和 θ_r 为光密介质与光疏介质交界面处的入射角和折射角。

在光纤材料确定的情况下,n_2/n_1、n_1/n_0 均为定值,因此,若减小 θ_i,θ' 也将减小;相应地,若增大 θ_k,θ_r 也将增大。当 θ_i 达到 θ_c 且折射角 $\theta_r = 90°$ 时,即折射光将沿界面方向传播,则称此时的入射角 θ_c 为临界角。所以有

$$\sin \theta_c = \frac{n_1}{n_0} \sin \theta' = \frac{n_1}{n_0} \cos \theta_k = \frac{n_1}{n_0} \sqrt{1 - \left(\frac{n_2}{n_1} \sin \theta_r\right)^2} \qquad (6.2.3)$$

当 $\theta_r = 90°$ 时

$$\sin \theta_c = \frac{1}{n_0} \sqrt{n_1^2 - n_2^2} \qquad (6.2.4)$$

外界介质一般为空气,即 $n_0 = 1$,所以有

$$\theta_c = \arcsin \sqrt{n_1^2 - n_2^2} \qquad (6.2.5)$$

当入射角 θ_i 小于临界角 θ_c 时,光线就不会透过其界面,而是会全部反射到光密介质内部,即发生全反射。全反射条件为

$$\theta_i < \theta_c \qquad (6.2.6)$$

在满足全反射的条件下,光线就不会射出纤芯,而是在纤芯和包层界面不断地产生全反射,从而向前传播,最后从光纤的另一端面射出。光的全反射是光纤传感器工作的基础。

2. 光纤的主要特性

(1) 数值孔径

由式(6.2.5)可知 θ_c 是出现全反射的临界角,且光纤的临界入射角的大小是由光纤本身的性质——折射率 n_1、n_2 所决定的,与光纤的几何尺寸无关。光纤光学中把 $\sin \theta_c$ 定义为光纤的数值孔径(NA)。即

$$\sin \theta_c = \sqrt{n_1^2 - n_2^2} \qquad (6.2.7)$$

数值孔径是光纤的一个重要参数,它能反映光纤的集光能力,光纤的 NA 越大,集光能力就越强,表明它可以在较大的入射角范围内输入全反射光,光纤与光源的耦合就越容易,且保证实现全反射向前传播。即在光纤端面,无论光源的发射功率有多大,都只有 $2\theta_c$ 张角内的入射光才能被光纤接收、传播。如果入射角超出这个范围,进入光纤的光线将会进入包层而散失(产生漏光)。但 NA 越大,光信号的畸变也越大,所以要适当地选择 NA 的大小。石英光纤的 NA = 0.2~0.4,对应的 θ_c 为 11.5°~23.5°。

(2) 光纤模式

光波在光纤中的传播途径和方式称为光纤模式。对于不同入射角的光线,在界面反射的次数是不同的,传递的光波间的干涉也是不同的,这就是传播模式不同。一般总希望光纤信号的模式数量要少,以减小信号畸变的可能。

光纤分为单模光纤和多模光纤。单模光纤的直径较小(2~12 μm),仅有一种传输模式。其优点是信号畸变小、信息容量大、线性好、灵敏度高;缺点是纤芯较小,制造、连接、耦合较困难。多模光纤的直径较大(50~100 μm),传输模式不止一种,其缺点是性能较差;优点是纤芯面积较大,制造、连接、耦合较容易。

（3）传输损耗

光信号在光纤中的传播不可避免地存在着损耗。光纤传输损耗主要有材料吸收损耗（因材料密度及浓度不均匀引起）、散射损耗（因光纤拉制时粗细不均匀引起）、光波导弯曲损耗（因光纤在使用中可能发生弯曲引起）。

6.2.2　光纤传感器的组成

当存在温度、压力、电场、磁场、振动等外界因素作用于光纤时，会引起光纤中传输的光波的特征参量（振幅、相位、频率、偏振态等）发生变化，只要测出这些参量随外界因素的变化关系，就可以确定对应物理量的变化大小，这就是光纤传感器的基本工作原理。要构成光纤传感器，除光导纤维外，还必须有光源和光探测器。

1. 光源

为了保证光纤传感器的性能，对光源的结构与特性有一定要求。一般要求光源的体积尽量小，以利于它与光纤耦合；光源发出的光波长应合适，以减少光在光纤中传输的损失；光源要有足够的亮度，以提高传感器的输出信号。另外，还要求光源稳定性好、噪声小、安装方便和寿命长等。

光纤传感器使用的光源种类有很多，按照光的相干性可分为相干光源和非相干光源。非相干光源包括白炽光、发光二极管；相干光源包括各种激光器，如氦氖激光器、半导体激光器（激光二极管）等。

光源与光纤耦合时，总是希望在光纤的另一端得到尽可能大的光功率，它与光源的光强、波长及光源发光面积等有关，也与光纤的粗细、数值孔径有关。

2. 光探测器

光探测器的作用是把传送到接收端的光信号转换成电信号，以便做进一步的处理。它和光源的作用相反，常用的光探测器有光敏二极管、光敏晶体管、光电倍增管等。

在光纤传感器中，光探测器的性能好坏既影响被测物理量的变换准确度，又关系到光探测接收系统的质量。它的线性度、灵敏度、带宽等参数直接影响着传感器的总体性能。

6.2.3　光纤传感器的分类

按照光纤在传感器中的作用，可将光纤传感器分为功能型和非功能型两种类型。

（1）功能型光纤传感器

图 6.2.3(a)为功能型光纤传感器。这种类型的传感器主要使用单模光纤。功能型光纤不仅起到传光的作用，还是敏感元件，即光纤本身同时具有传、感两种功能。功能型光纤传感器是利用光纤本身的传输特性在被测物理量的作用下发生变化，使光纤中波导光的属性（光强、相位、偏振态、波长等）被调制这一特点，而构成的一类传感器。其中有光强调制型、相位调制型、偏振态调制型和波长调制型等多种。其典型例子有：利用光纤在高电场下的泡克耳斯效应的光纤电压传感器，利用光纤法拉第效应的光纤电流传感器，利用光纤微弯效应的光纤位移（压力）传感器等。功能型传感器的特点是，由于光纤本身是敏感元件，因此，加长光纤的长度可以得到很高的灵敏度。尤其是利用各种干涉技术对光的相位变化进行测量的光纤传感器，具有极高的灵敏度。这类传感器的缺点是技术难度大、结构复杂、调整较困难。

（2）非功能型光纤传感器

在非功能型光纤传感器中，光纤不是敏感元件。非功能型光纤传感器是在光纤的端面或两根光纤中间放置光学材料、机械式或光学式的敏感元件来感受被测物理量的变化,从而使透射光或反射光强度随之发生变化。在这种情况下,光纤只是作为光的传输回路,如图 6.2.3(b)、图 6.2.3(c)所示。为了得到较大的受光量和传输的光功率,使用的光纤主要是数值孔径和芯径大的阶跃型多模光纤。这类光纤传感器的特点是结构简单、可靠,技术上易实现,应用前景广阔,但其灵敏度、测量精度一般低于功能型光纤传感器。

在非功能型光纤传感器中,也有并不需要外加敏感元件的情况,光纤把测量对象所辐射、反射的光信号传播到光电元件,如图 6.2.3(d)所示。这种光纤传感器也叫探针型光纤传感器。在该类传感器中,通常使用单模光纤或多模光纤。典型的例子有:光纤激光多普勒速度传感器、光纤辐射温度传感器和光纤液位传感器等。其特点是非接触式测量,而且具有较高的精度。

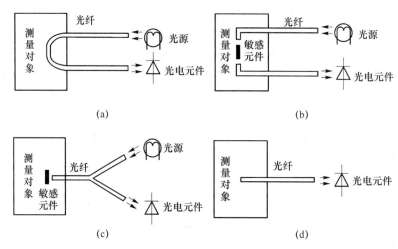

图 6.2.3 光纤传感器的基本结构原理

6.2.4 光纤传感器的工作原理

(1) 光纤传感器的基本原理

光纤传感器的基本原理是将光源入射的光束经由光纤送入调制区,在调制区内,外界被测参数与进入调制区的光相互作用,使光的光学性质,如光的强度、频率、波长(颜色)、相位、偏振态等发生变化,成为被调制的信号光,再经光纤送入光敏器件、解调器,从而获得被测参数。

(2) 强度调制光纤传感器

利用外界因素改变光纤中光的强度,通过测量光纤中光强的变化来测量外界被测参数的原理称为强度调制,其原理如图 6.2.4 所示。某恒定光源发出的强度为 P_i 的光注入传感头,在传感头内,光在被测信号 F 的作用下其光强发生变化,使得输出光强 P_o 的包络线与 F 形状一样,光电探测器测出的输出电流 I_o 也作同样的调制,经信号处理电路检测出调制信号,这样就得到了被测信号。

(3) 频率调制光纤传感器

光纤传感器中的频率调制传感器就是利用外界因素改变光纤中光的频率,通过测量光的频率变化来测量外界被测参数,光的频率调制是由多普勒效应引起的。多普勒效应,简单地讲,就是光的频率与光接收器和光源之间的运动状态有关,当它们之间相对静止时,接收到的光频率为光的振荡频率;当它们之间有相对运动时,接收到的光频率与其振荡频率发生了频移。频移的大小与相对运动速度的大小和方向都有关,测量这个频移就能测得物体的运动速

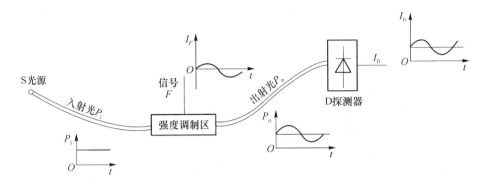

图 6.2.4　强度调制原理

度。光纤传感器测量物体的运动速度的基本原理是:当光纤中的光入射到运动物体上时,由运动物体反射或散射的光发生了频移,该频移与运动物体的速度有关。

(4) 波长(颜色)调制光纤传感器

光纤传感器的波长调制就是利用外界因素改变光纤中光能量的波长分布(光谱分布),通过检测光谱分布来测量被测参数,由于波长与颜色直接相关,所以波长调制也叫颜色调制,其原理如图 6.2.5 所示。

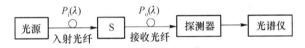

图 6.2.5　波长调制原理

(5) 相位调制光纤传感器

相位调制光纤传感器是通过被测能量场的作用,使光纤内传播的光波相位发生变化,再利用干涉测量技术把相位变化转换为光强度变化,从而检测出待测的物理量。

光纤中光波的相位由光纤波导的物理长度、折射率及其分布、波导横向几何尺寸所决定。一般来说,压力、张力、温度等外界物理量能直接改变上述 3 个波导参数,从而产生相位变化,实现光纤的相位调制。但是,目前各类光探测器都不能感知光波相位的变化,必须采用光的干涉技术将相位变化转变为光强变化,才能实现对外界物理量的检测。因此,光纤传感器中的相位调制技术包括产生光波相位变化的物理机制和光的干涉技术。与其他调制方法相比,由于相位调度光纤传感器采用了干涉技术,故其具有很高的相位调制灵敏度。

(6) 偏振态调制光纤传感器

偏振态调制光纤传感器的原理是利用外界因素改变光的偏振特性,通过检测光的偏振态变化来检测各种物理量。在光纤传感器中,偏振态调制主要基于人为旋光现象和人为双折射,如法拉第磁光效应、克尔电光效应和弹光效应等。

6.2.5　光纤传感器的应用

1. 光纤温度传感器

光纤温度传感器的工作原理如图 6.2.6 所示。图 6.2.6(a)是利用光振幅随温度变化的传感器,光纤的内芯径和折射率随温度变化,从而使光纤中传播的光由于路线不均而向外散射,导致光振幅发生变化。图 6.2.6(b)是利用光偏振面旋转的传感器,单模光纤的偏振面随温度变化而旋转,这种旋转通过检偏器得到振幅变化。图 6.2.6(c)是利用光相位变化的传感器,单模光纤的长度、折射率和内芯径随温度变化,从而使光纤中传播的光产生相位变化,将该相位变化通过干涉仪,即得到振幅变化。

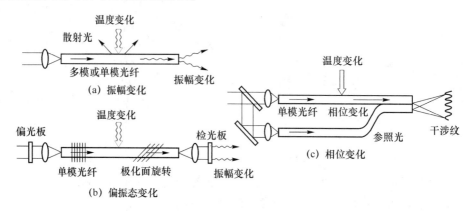

图 6.2.6 光纤温度传感器的工作原理

2. 光纤图像传感器

光纤图像是由数目众多的光纤组成的一个图像单元,典型数目为 0.3 万~10 万股,每一股光纤的直径约为 10 μm,图像经光纤图像传感器传输的原理如图 6.2.7 所示。在光纤的两端,所有光纤都按同一规律整齐排列。投影在光纤束一端的图像被分解成许多像素,每一个像素(包含图像的亮度与颜色信息)均通过一根光纤单独传送。因此,整个图像作为一组亮度与颜色不同的光点传送,并在另一端重建原图像。

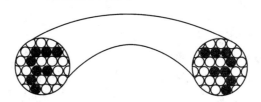

图 6.2.7 图像光纤的传输原理

工业用内窥镜用于检查系统的内部结构,它采用光纤图像传感器。将探头放入系统内部,通过光束的传输实现在系统外部观察、监视,如图 6.2.8 所示。光源发出的光通过传光束照射到被测物体上,通过物镜和传像束把内部图像传送出来,以便观察、照相,或通过传像束将光源发出的光送入 CCD,将图像信号转换成电信号,送入微机进行处理,最后可在屏幕上显示和打印观测结果。

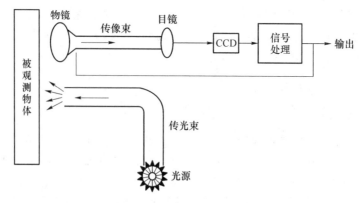

图 6.2.8 工业用内窥镜原理

3. 光纤旋涡式流量传感器

将一根多模光纤垂直地装入管道,当液体或气体流经与其垂直的光纤时,光纤受到流体涡流的作用而振动,振动的频率与流速有关。测出光纤振动的频率就可以确定液体的流速。光纤旋涡式流量传感器的结构如图 6.2.9 所示。

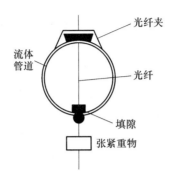

图 6.2.9　光纤旋涡式流量传感器的结构

当流体运动受到一个垂直于流动方向的非流线体阻碍时,根据流体力学原理可知,在某些条件下,非流线体下游的两侧会产生有规则的旋涡,该旋涡的频率 f 与流体的流速 v 之间的关系可表示为

$$f = S_t \frac{v}{d} \tag{6.2.8}$$

其中:d 为光纤直径;S_t 为斯托劳哈尔系数,它是一个与流体有关的无量纲常数。

在多模光纤中,光以多种模式进行传输,在光纤的输出端,各模式的光形成了干涉图样,这就是光斑。一根没有外界扰动的光纤所产生的干涉图样是稳定的,当光纤受到外界扰动时,干涉图样的明暗相间的斑纹或斑点会发生移动。如果外界扰动是流体的漩涡引起的,那么干涉图样的斑纹或斑点就会随着振动的周期性变化来回移动,测出斑纹或斑点的移动,即可获得对应的振动频率信号,根据式(6.2.8)就可推算出流体的流速。

6.3　红外传感器

近年来,红外光电器件大量出现,随着以大规模集成电路为代表的微电子技术的高速发展,红外传感的发射、接收和控制电路高度集成化,大大提高了红外传感的可靠性。红外传感技术已被人们广泛利用,如在军事上有热成像系统、搜索跟踪系统、红外辐射计、警戒系统等;在航空航天系统中有人造卫星的遥感遥测、红外研究天体的演化;在医学上有红外诊断、红外测温和辅助治疗等。

6.3.1　工作原理

1. 红外辐射

红外辐射是一种人眼看不见的光线,俗称红外线,其波长范围为 $0.76 \sim 1\,000\ \mu m$,对应频率为 $3 \times 10^{11} \sim 4 \times 10^{14}$ Hz。工程上,通常把红外线所占据的波段分成近红外、中红外、远红外和极远红外 4 个部分,如图 6.3.1 所示。

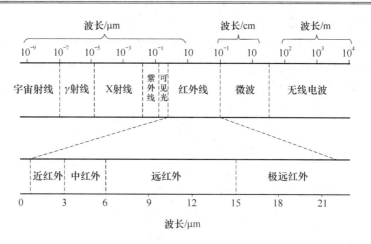

图 6.3.1　红外线在波谱中的位置

红外辐射的物理本质是热辐射,任何物体只要其温度高于绝对零度,就会向外部空间以红外线的方式辐射能量。物体的温度越高,辐射出来的红外线越多,辐射的能量就越强(辐射能正比于温度的 4 次方)。另一方面,红外线被物体吸收后将转化为热能。

红外线作为电磁波的一种形式,红外辐射和所有的电磁波一样,是以波的形式在空间内沿直线传播的,具有电磁波的一般特性,如反射、折射、散射、干涉和吸收等。红外线不具有无线电遥控那样穿过遮挡物去控制被控对象的能力,红外线的辐射距离一般为几米到几十米。红外线在真空中的传播速度等于波的频率与波长的乘积。

红外线有以下特点:

(1) 红外线易于产生,容易接收;

(2) 采用红外发光二极管发射红外线,结构简单,易于实现小型化设计,且成本低;

(3) 红外线调制简单,依靠调制信号编码即可实现多路控制;

(4) 红外线不能通过遮挡物,不会产生信号串扰等误动作;

(5) 功率消耗小,反应速度快;

(6) 对环境无污染,对人、物无损害;

(7) 抗干扰能力强。

2. 红外探测器

红外传感器是一种利用红外辐射实现相关物理量测量的传感器。一般由光学系统、探测器、信号调理电路及显示单元等组成。红外探测器是红外传感器的核心。红外探测器是利用红外辐射与物质相互作用所呈现的物理效应来探测红外辐射的。红外探测器的种类有很多,按探测机理的不同,分为热探测器和光子探测器两大类。

(1) 热探测器

热探测器的工作原理是利用红外辐射的热效应,探测器的敏感元件吸收辐射能后温度升高,进而使某些有关物理参数发生相应变化,通过测量物理参数的变化来确定探测器所吸收的红外辐射强弱。与光子探测器相比,热探测器的探测率比光子探测器的峰值探测率低,响应时间长。但热探测器主要优点是响应波段宽,响应范围可扩展到整个红外区域,可以在常温下工作,使用方便,应用相当广泛。热探测器主要有 4 类:热释电型、热敏电阻型、热电阻型和气体型。

热释电型探测器在热探测器中探测率最高,频率响应最宽。它是根据热释电效应制成的,即当电石、水晶、酒石酸钾钠、钛酸钡等晶体受热产生温度变化时,其原子排列将发生变化,晶体自然极化,在其两表面产生电荷。用此效应制成的"铁电体"的极化强度(单位面积上的电荷量)与温度有关。当红外辐射照射到已经极化的铁电体薄片表面上时,薄片温度升高,使其极化强度降低,表面电荷减少,这相当于释放一部分电荷,所以此类热探测器叫作热释电型探测器。如果将负载电阻与铁电体薄片相连,则负载电阻上会产生一个电信号输出。输出信号的强弱取决于薄片温度变化的快慢,从而反映出入射的红外辐射的强弱,热释电型红外探测器的电压响应率正比于入射光辐射率的变化速率。

(2) 光子探测器

光子探测器的工作原理是利用入射光辐射的光子流与探测器材料中的电子互相作用,从而改变电子的能量状态,引起各种电学现象,这些现象称为光子效应。

光子探测器有内光电探测器和外光电探测器两种,后者又分为光电导、光生伏特和光磁电三种。光子探测器的主要特点是灵敏度高、响应速度快、具有较高的响应频率,但探测波段较窄,一般需在低温下工作。

(3) 热释电型探测器和光子探测器的比较

光子探测器在吸收红外能量后,直接产生电效应;热释电型探测器在吸收红外能量后,首先产生温度变化,再产生电效应,温度变化引起的电效应与材料特性有关。

光子探测器的灵敏度高、响应速度快,但这两种特点都会受到光波波长的影响。光子探测器的灵敏度依赖于本身温度,要保持高灵敏度就必须将光子探测器冷却至较低的温度,通常采用的冷却剂为液氮。热释电型探测器的特点刚好相反,它一般没有光子探测器那么高的灵敏度、响应速度也较慢,但在室温下就有足够好的性能,因此,不需要低温冷却。而且热释电型探测器的响应频段宽且不受波长的影响,响应范围可以扩展到整个红外区域。

6.3.2　红外传感器的应用

1. 红外辐射测温

红外测温可实现远距离和非接触测温,特别适合于高速运动的物体、带电体、高压及高温物体的温度测量。具有反应速度快、灵敏度高、测温范围广等特点。

全辐射红外测温的依据是斯蒂芬-玻尔兹曼定律

$$W = \varepsilon \sigma T^4 \tag{6.3.1}$$

其中:W 为物体的全波辐射出射度,即单位面积物体所发射的辐射功率;ε 为物体表面的法向比辐射率;σ 为斯蒂芬-玻尔兹曼常数;T 为物体的绝对温度,单位为 K。

一般情况下,物体的 ε 总是在 0 与 1 之间,$\varepsilon = 1$ 的物体叫作黑体。式(6.3.1)表明,物体的温度越高,辐射功率就愈大。只要知道了物体的温度和它的比辐射率,就可以算出它所发射的辐射功率。反之,如果测量出物体所发射的辐射功率,就可以确定物体的温度。

红外辐射测温仪的原理如图 6.3.2 所示。它由光学系统、调制器、红外探测器、放大器和指示器等部分组成。

光学系统可以是透射式的,也可以是反射式的。透射式光学系统的部件是用红外光学材料制成的,根据红外波长选择光学材料。一般情况下,测量高温(700 ℃以上)仪器的有用波段主要集中在 0.76~3 μm 的近红外区,可选用一般光学玻璃或石英等材料;测量中温(100~700 ℃)仪器的有用波段主要集中在 3~5 μm 的中红外区,多采用氟化镁、氧化镁等热压光学材料;测量低温(100 ℃以下)仪器的有用波段主要集中在 5~14 μm 的中远红外波段,多采用锗、硅、热

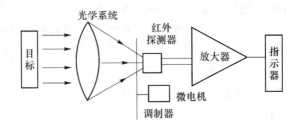

图 6.3.2　红外辐射测温仪

压硫化锌等材料。一般还在镜片表面蒸镀红外增透层,一方面滤掉不需要的波段,另一方面增大有用波段的透射率。反射式光学系统多采用凹面玻璃反射镜,表面镀金、铝或镍铬等在红外波段反射率很高的材料。

调制器就是把红外辐射调制成交变辐射的装置。一般是用微电机带动一个齿轮盘或等距离孔盘,通过齿轮盘或等距离孔盘的旋转,切割入射辐射,从而将投射到红外探测器上的辐射信号转换成交变的,因为系统易于处理交变信号,并能取得较高的信噪比。

红外探测器是一种接收目标辐射并将其转换为电信号的器件,选用哪种探测器要根据目标辐射的波段与能量等实际情况确定。

2. 红外分析仪

红外分析仪是根据物质的红外吸收特性进行工作的。许多化合物的分子在红外波段都有吸收带,而且物质的分子不同,吸收带所在的波长和吸收的强弱也不相同,根据吸收带的分布情况和吸收的强弱,可以识别物质分子的类型,从而得出物质的组成及百分比。

根据不同的目的与要求,红外分析仪可设计成多种不同的形式。例如,红外水分分析仪、红外气体分析仪、红外分光光度计、红外光谱仪等。下面以红外水分分析仪为例进行说明。

由图 6.3.3 可知,水在近红外光谱区有 3 个特征吸收波长,即 1.45 μm、1.94 μm 和 2.95 μm,它们的吸收强度是不同的,这 3 个波长分别适用于测量不同湿度的物体。纸张的近红外光谱曲线如图 6.3.4 所示,在 1.45 μm 及 1.94 μm 附近,除水的吸收峰外,均无其他特征吸收峰存在,不会引入不必要的干扰。因此,一般选用 1.45 μm 及 1.94 μm 作为纸张水分的测试波长,在纸张成品端宜采用 1.94 μm,而湿端宜用 1.45 μm。

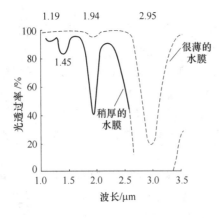

图 6.3.3　水的红外吸收谱

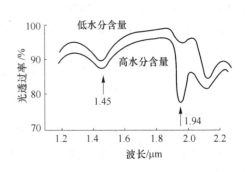

图 6.3.4　纸张的近红外光谱曲线

当一束光通过物体后,光强会衰减,其入射光强符合 Lambert-Beer 定律,即

$$I = I_0 \exp\left[-\left(\sum_{i=1}^{n} a_{\lambda i} c_i + b\right)x\right] \tag{6.3.2}$$

其中,I 为出射光强,I_0 为入射光强,x 为物体厚度,c_i 为成分 i 的厚度,b 为与波长无关的散射系数,$a_{\lambda i}$ 为波长 λ 的光对成分 i 的吸收系数。

利用这一关系可以测得透射光强相对于入射光强的变化,从而推出各组分的浓度含量。从式(6.3.2)还可以看出,如果仅用一个波长来测量物质中某一成分的含量,那么其他成分的吸收会影响测量精度。尤其是纸张水分的在线测量,除纸张内部其他成分的干扰外,还有光源起伏、探测器件老化、光学表面的污染、灰尘等外部因素的影响。为了解决这一问题,可以引入一路参考光束,使干扰因素对参考光束和测量光束的影响相同,这样通过两者的比值可以去除上述干扰。

6.4　超声波传感器

超声波传感器是一种以超声波为检测手段的新型传感器,它被广泛应用于超声探测、超声清洗、汽车的倒车雷达等方面。超声波具有聚束、定向、反射及透射等特性。

6.4.1　超声检测的物理基础

振动在弹性介质内的传播称为波动,其频率为 $16 \sim 2 \times 10^4$ Hz。能为人耳所闻的机械波,称为声波;低于 16 Hz 的机械波,称为次声波;高于 2×10^4 Hz 的机械波,称为超声波;频率为 $3 \times 10^8 \sim 3 \times 10^{10}$ Hz 的波,称为微波。声波的频率界限如图 6.4.1 所示。

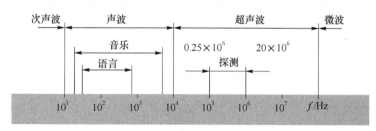

图 6.4.1　声波的频率界限

当超声波由一种介质入射到另一种介质时,由于在两种介质中传播速度不同,在介质界面上会产生反射、折射和波形转换等现象。

声源在介质中的施力方向与波在介质中的传播方向不同,声波的波形也不同。通常有以下 3 种波形。

① 纵波:质点振动方向与波的传播方向一致的波,它能在固体、液体和气体介质中传播。

② 横波:质点振动方向垂直于传播方向的波,它只能在固体介质中传播。

③ 表面波:质点的振动介于横波与纵波之间,随着介质表面传播,其振幅随深度增加而迅速衰减,表面波只在固体的表面传播。

超声波的传播速度与介质密度和弹性特性有关。超声波在气体和液体中传播时,由于不存在剪切应力,所以没有纵波的传播,其传输速度 c 为

$$c = \sqrt{\frac{1}{\rho B_a}} \tag{6.4.1}$$

其中,ρ 为介质的密度,B_a 为绝对压缩系数。且 ρ、B_a 都是温度的函数,故超声波在介质中的传播速度随温度的变化而变化。

在固体中,纵波、横波及其表面波三者的声速有一定的关系,通常可认为横波声速为纵波的一半,表面波声速为横波声速的 90%。气体中的纵波声速为 344 m/s,液体中的纵波声速为 900~1 900 m/s。

声波从一种介质传播到另一种介质,在两个介质的分界面上,一部分声波被反射,另一部分声波透射过界面,在另一种介质内部继续传播。这两种情况称为声波的反射和折射,如图 6.4.2 所示。

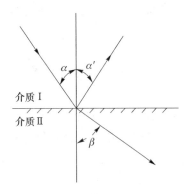

图 6.4.2　声波的反射和折射

由物理学可知,当声波在界面上产生反射时,入射角 α 的正弦值与反射角 α' 的正弦值之比等于波速之比。当声波在界面处产生折射时,入射角 α 的正弦值与折射角 β 的正弦值之比等于入射波在第一介质中的波速 c_1 与折射波在第二介质中的波速 c_2 之比,即

$$\frac{\sin \alpha}{\sin \beta} = \frac{c_1}{c_2} \tag{6.4.2}$$

声波在介质中传播时,随着传播距离的增加,能量逐渐衰减,其衰减程度与声波的扩散、散射及吸收等因素有关。其声压和声强的衰减规律为

$$P_x = P_0 \mathrm{e}^{-\alpha x} \tag{6.4.3}$$

$$I_x = I_0 \mathrm{e}^{-2\alpha x} \tag{6.4.4}$$

其中:P_x、I_x 分别为距声源 x 处的声压和声强;x 为声波与声源间的距离;α 为衰减系数,单位为 Np/cm。

声波在介质中传播时,能量的衰减程度取决于声波的扩散、散射和吸收。在理想介质中,声波的衰减仅来自声波的扩散,即随声波传输距离增加而引起声能的减弱。散射衰减是指超声波在介质中传播时,固体介质中的颗粒界面或流体介质中的悬浮粒子使声波产生散射,其中一部分声能不再沿原来的传播方向运动,而形成散射。散射衰减与散射粒子的形状、尺寸、数量、介质的性质和散射粒子的性质有关。吸收衰减是由于介质的黏滞性,使超声波在介质中传播时造成质点间的内摩擦,从而使一部分声能转换为热能,通过热传导进行热交换,导致声能的损耗。

6.4.2　超声波传感器的原理

利用超声波在超声场中的物理特性和各种效应而研制的装置可称为超声波换能器、探测器或传感器。超声波探头按其工作原理可分为压电式、磁致伸缩式、电磁式等,其中压电式最为常用。

压电式超声波探头的常用材料是压电晶体和压电陶瓷,这种传感器统称为压电式超声波探头。它是利用压电材料的压电效应来工作的,基于逆压电效应将高频电信号转换成高频机械振动,从而产生超声波,可以作为发射探头;基于正压电效应将超声振动波转换成电信号,可作为接收探头。

超声波探头结构如图 6.4.3 所示,它主要由压电晶片吸收块(阻尼块)、保护膜、引线等组成。压电晶片多为圆片形,厚度为 δ。超声波频率 f 与其厚度 δ 成反比。压电晶片的两面镀有银层,做导电的极板。阻尼块的作用是降低晶片的机械品质,吸收声能量。如果没有阻尼块,当激励的电脉冲信号停止时,晶片会继续振荡,加长超声波的脉冲宽度,使分辨率变差。

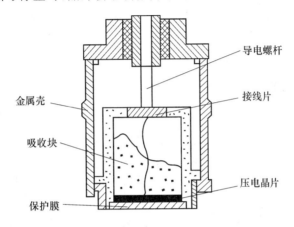

图 6.4.3　压电式超声波传感器的结构

6.4.3　超声波传感器的应用

1. 超声波物位传感器

超声波物位传感器是利用超声波在两种介质的分界面上的反射特性而制成的。如果已知从发射超声脉冲开始,到接收换能器接收到反射波为止的这个时间间隔,即可求出分界面的位置,利用这种方法可以对物位进行测量。根据发射和接收换能器的功能,传感器又可分为单换能器和双换能器。单换能器的传感器发射和接收超声波使用同一个换能器,而双换能器的传感器发射和接收各由一个换能器担任。

图 6.4.4 给出了几种超声波物位传感器的结构示意图。超声波发射和接收换能器可设置在液体介质中,让超声波在液体介质中传播,如图 6.4.4(a)所示。由于超声波在液体中的衰减比较小,所以即使发射的超声脉冲幅度较小也可以传播。超声波的发射和接收换能器也可以安装在液面的上方,让超声波在空气中传播,如图 6.4.4(b)所示。这种方式便于安装和维修,但超声波在空气中的衰减比较厉害。

对于单换能器来说,超声波从发射器到液面,又从液面反射到换能器的时间为

$$t=\frac{2h}{c} \tag{6.4.5}$$

则

$$h=\frac{ct}{2} \tag{6.4.6}$$

其中,h 为换能器距液面的距离,c 为超声波在介质中的传播速度。

对于双换能器来说,超声波从发射到接收经过的路程为 $2s$,而

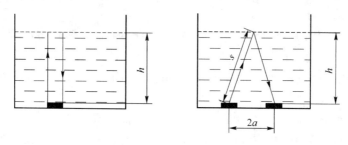

(a) 超声波在液体中传播

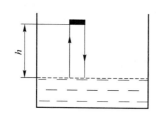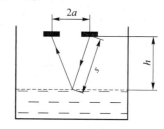

(b) 超声波在空气中传播

图 6.4.4　几种超声波物位传感器的结构

$$s = \frac{ct}{2} \tag{6.4.7}$$

因此,液位高度为

$$h = \sqrt{s^2 - a^2} \tag{6.4.8}$$

其中,s 为超声波从反射点到换能器的距离,a 为两换能器间距的一半。

从式(6.4.5)至式(6.4.8)可以看出,只要测得超声波脉冲从发射到接收的时间间隔,便可以求得待测的物位。

超声物位传感器具有精度高和使用寿命长的特点,但若液体中有气泡或液面发生波动,则会产生较大的误差,在一般使用条件下,它的测量误差为 $\pm 0.1\%$,检测物位的范围为 $10^{-2} \sim 10^4$ m。

2. 超声波流量传感器

超声波流量传感器的测定方法是多样的,如传播时间差法、传播速度变化法、波速移动法、多普勒效应法、流动听声法等。但目前应用较广的主要是超声波传播时间差法。

超声波在流体中传播时,在静止流体和流动流体中的传播速度是不同的,利用这一特点可以求出流体的速度,再根据管道流体的截面积,便可知道流体的流量。

如果在流体中设置两个超声波传感器,它们既可以发射超声波又可以接收超声波,一个装在上游,一个装在下游,其距离为 L,如图 6.4.5 所示。如设顺流方向的传播时间为 t_1,逆流方向的传播时间为 t_2,流体静止时超声波的传播速度为 c,流体流动速度为 v,则

$$t_1 = \frac{L}{c+v} \tag{6.4.9}$$

$$t_2 = \frac{L}{c-v} \tag{6.4.10}$$

一般来说,流体的流速远小于超声波在流体中的传播速度,因此,超声波的传播时间差为

$$\Delta t = t_2 - t_1 = \frac{2Lv}{c^2 - v^2} \tag{6.4.11}$$

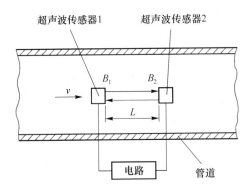

图 6.4.5　超声波流量传感器的原理

由于 $c \gg v$,故根据式(6.4.11)便可得到流体的流速,即

$$v = \frac{c^2}{2L} \Delta t \qquad (6.4.12)$$

在实际应用中,将超声波传感器安装在管道的外部,从管道的外面透过管壁发射和接收超声波,不会给管道内流动的流体带来影响,如图 6.4.6 所示。

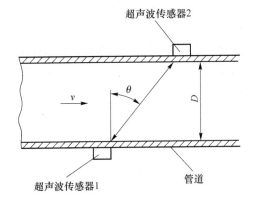

图 6.4.6　超声波流量传感器的安装位置

此时,超声波的传播时间为

$$t_1 = \frac{\dfrac{D}{\cos \theta}}{c + v \sin \theta} \qquad (6.4.13)$$

$$t_2 = \frac{\dfrac{D}{\cos \theta}}{c - v \sin \theta} \qquad (6.4.14)$$

时差为

$$\Delta t = t_2 - t_1 = \frac{2v \sin \theta}{c^2 - v^2 \sin^2 \theta} \times \frac{D}{\cos \theta} \approx \frac{2Dv \tan \theta}{c^2} \qquad (6.4.15)$$

流体的平均流速为

$$\bar{v} \approx \frac{c^2}{2D \tan \theta} \cdot \Delta t \qquad (6.4.16)$$

超声波流量传感器具有不阻碍流体流动的特点,可测的流体种类很多,不论是非导电的流体、高黏度的流体,还是浆状流体,只要能传输超声波的流体都可以进行测量。超声波流量计

可用来对自来水、工业用水、农业用水等进行测量。还适用于下水道、农业灌渠、河流等流速的测量。

思考题与习题

1. 什么叫 CCD 势阱？简述 CCD 的电荷转移过程。

2. 简述 CCD 的结构及工作原理。

3. 计算一块氧化铁被加热到 100 ℃ 时，能辐射出多少瓦能量？氧化铁块的表面积为 0.9 m²，铁块的辐射率在 100 ℃ 时为 0.09。

4. 简述超声波传感器测量流量的工作原理，并推导出数学表达式。

5. 用超声波或光脉冲信号，根据从对象反射回来的脉冲的时间进行距离检测，若空气中的声速为 340 m/s，软钢中纵波的声速为 5 900 m/s，光的速度为 3×10^8 m/s，求这 3 种情况下 1 ms 往复时间对应的距离。根据计算结果，比较采用光脉冲所需要系统的信号处理速度要比采用超声波脉冲时的系统速度快几倍？根据计算结果，讨论利用脉冲往复时间测距时，采用超声波和光波各有什么特点？

6. 用超声波液位计测储油罐液位时，将超声换能器固定在罐底壁外，采取自发射自接收的方式测量。超声换能器自罐底发出的超声波脉冲，通过罐壁和液体，向液面传去，到达液面后立即反射回来，又被该换能器接收。设被测液体中的声速为 1 000 m/s，液面高度为 H，则超声波在液体中的往返传播时间为 t，计数电路所计的数字 $N = 243$，振荡器的频率为 50 kHz，求液面高度 H。

第7章 测量误差分析

采用检测装置进行测量时,观察到的指示值(测量值)与被测量的真实值(真值)之间不可避免地存在差异,这在数值上表现为误差,称为测量误差。为充分认识并不断减小测量误差,以提高测量的精确度,有必要对测量过程中存在的误差进行分析和研究。首先,本章介绍了测量误差的基本概念;然后,分析了测量误差的来源,目的是通过寻找误差产生的原因,认识其规律和性质;最后,寻求减小测量误差的途径和方法,以获得尽可能接近真值的测量结果,并且掌握测量结果的正确表达。

7.1 测量误差的基本概念

7.1.1 测量误差及研究的意义和内容

在测量过程中,测量误差的产生是由于所选用的测试设备或实验手段不够完善,周围环境中存在各种干扰因素,以及检测技术水平的限制等原因。随着科学技术的日益发展和人们认知水平的不断提高,可以将测量误差控制得越来越小,但真值永远是难以通过测量得到的,测量误差自始至终都会存在,且它存在于一切测量中。

显然,测量误差的存在,不可避免地会影响人们对客观事物本质及其运动状态认识的精确性,为此,有必要对测量误差进行更深入的研究,以寻求使测量误差尽量减小的方法,并准确地判断测量结果的可靠程度。因此,无论在理论上还是在实践中,研究各种参数在检测过程中出现的测量误差具有现实的意义。

(1) 有助于正确认识误差的性质,分析误差产生的原因,以寻求减小误差的途径。

(2) 有助于正确处理实验数据,合理选择并优化计算方法,以便在一定的条件下获得更精密、更准确、更可靠的测量结果。

(3) 有助于不断完善并设计新的检测装置及试验用的仪器仪表,选择更加合适的测量条件,优化测量方法,从而能够尽量在较经济的条件下,得到预期的测量结果。

研究测量误差可以从两大类问题来考虑:第一类问题称为基本测量问题;第二类问题称为检测装置标定(包括静态标定和动态标定)问题。

① 第一类问题

直接测量某个参数值时,除了获得测量值以外,有时还要通过多次测量得到多个测量值,然后通过计算平均值得到被测量的最佳估计值,并计算标准偏差,估计误差范围;间接测量某个参数值时,根据已知的函数关系,由直接测量值求出未知量的间接测量值,并根据各个误差分量及其函数关系求出总的误差范围;当测量结果中既有随机误差又有系统误差时,根据误差合成方法求出综合误差。

② 第二类问题

对于传感器、仪器仪表和检测装置,它们需要获取整个量程范围内的静态和动态转换关系

(数学模型),以及其全量程内的最大误差范围,通常称为标定或检定。以图7.1.1所示的传感器变量关系为例,静态标定的任务有两个:其一,当输入、输出值都处于静态条件时,根据不同的输入 x_i 获得的输出 y_i,求出静态数学模型,即 $y=f(x)$ 函数关系,也就是拟合方程,该过程称为曲线拟合与回归分析,当然,理想的是线性关系;其二,以拟含方程为标准,通过实验数据计算静态特性的性能指标(质量指标)。动态标定的任务是根据动态条件测得的数据,求出传感器的动态数学模型,该数学模型可以是微分方程、传递函数、状态方程等。

图7.1.1 传感器输入、输出变量之间的关系

上述讨论是基于传感器的转换关系为确定性关系进行的,如果传感器的转换关系是相关关系,就要用到最小二乘法等处理方法。更深入的多输入参数传感器特性的研究等问题请参考有关文献。

7.1.2 测量误差的来源

在实际测量过程中,误差产生的原因是多方面的,首先必须对误差的来源进行认真的分析,然后才能采取相应的措施,以降低误差对测量结果的影响。一般而言,误差产生的来源主要可以分为以下4个方面。

(1)测量设备方面——设备误差

由于测量所使用的仪器仪表、量具或辅助部件等附件不准确所引起的误差称为设备误差。如光栅尺的刻画误差等。

(2)测量方法方面——方法误差

由于测量方法的不完善所引起的误差,如定义的不严密及在测量结果表达式中没有反映出其影响因素,而在实际测量中又在原理和方法上起作用的这些因素所引起的并未能得到补偿或修正的误差,称为方法误差。恒压源电桥的非线性误差,铂电阻测温的误差,电桥导线电阻的误差等。

(3)测量环境方面——环境误差

由于实际测量工作的环境和条件与规定的标准测量状态不一致而引起测量装置或被测量本身的状态变化所造成的误差,称为环境误差。如温度、大气压力、湿度、电源电压、电磁场等因素引起的误差。如使用超声波测量流体流量时,温度对超声波声速的影响所造成的误差。

(4)测量人员方面——人员误差

由于测量人员的分辨能力、反应速度、感觉器官差异、情绪变化等心理或固有习惯(读数的偏大或偏小等)、操作经验等引起的误差称为人员误差。

7.1.3 测量误差的表示方法

在实际测量中,通常将测量误差表示为绝对误差、相对误差、引用误差和容许(允许)误差等,下面分别加以介绍。

1. 绝对误差

被测量的测量值和真值之差称为绝对误差,通常可以用式(7.1.1)表示。

$$\Delta x = x - A_0 \tag{7.1.1}$$

其中,Δx 为绝对误差,x 为测量值,A_0 为被测量的真值。

由式(7.1.1)计算绝对误差,涉及真值 A_0。因为通过任何测量方法得到的测量值与客观实际总有差异。为了使用需要和方便,在实际工作中常采用真值的替代方法。这样在某些特定情况下,真值又被认为是可知的。

(1) 理论真值:理论可以证明的或定义的真值,例如,平面三角形的三个内角之和为 $180°$,半圆(或直径)所对的圆周角是直角,直角等于 $90°$。

(2) 约定真值:国际计量大会的决议已定义了长度、质量、时间、电流强度、热力学温度、发光强度及物质的量等七大基本单位。凡是满足国际计量大会规定条件复现出的值即为约定真值。

(3) 相对真值:将有限次数测量的算术平均值视为相对真值,也可将具有更高一级准确度等级的标准测量器具所测得的值作为较低一级准确度等级的测量器具所测得的值的相对真值来计算绝对误差。

绝对误差是一个有单位的物理量,且是一个有理数。

在实际工作中,常用到修正值 C,其定义为

$$C = A_0 - x = -\Delta x \tag{7.1.2}$$

测量仪器的修正值一般是通过标准计量部门检定后给出,将测量值加上修正值后可以基本消除系统误差。

2. 相对误差

对于相同的被测量,仅由绝对误差就可以比较测量质量,但对于不同的被测量及不同的物理量,绝对误差就难以比较和评定其测量质量了,而采用相对误差来评定就较为方便实用。

定义绝对误差与被测量约定值之比为相对误差。相对误差是无量纲的数,一般用百分数表示,其表达式为

$$\gamma = \frac{\Delta x}{R} \times 100\% = \frac{x - R}{R} \times 100\% \tag{7.1.3}$$

其中,γ 为相对误差。

在实际应用中,相对误差有 3 种表达形式。

(1) 实际相对误差

绝对误差与高一级测量器具测得的实际测量值之比称为实际相对误差。

$$\gamma_A = \frac{\Delta x}{A} \times 100\% \tag{7.1.4}$$

(2) 示值相对误差

绝对误差与测量装置的示值之比称为示值相对误差

$$\gamma_x = \frac{\Delta x}{x} \times 100\% \tag{7.1.5}$$

(3) 引用(满度)相对误差

$$\gamma_m = \frac{\Delta x}{x_m} \times 100\% \tag{7.1.6}$$

其中,x_m 为仪表的满量程值。

3. 最大引用相对误差

由于在仪器仪表测量范围内,各点测量值的绝对误差 Δx 是不相同的,为此,引入了最大引用误差的概念。所谓仪表的最大引用误差是指在规定条件下,当被测量平稳增加或减少时,

在仪表全量程内所测得各示值的绝对误差的绝对值最大者与满量程 x_m 的比值(将其转换为百分数)。其计算表达式为

$$\gamma_{max} = \frac{|\Delta x|_{max}}{x_m} \times 100\% \tag{7.1.7}$$

仪器仪表的最大引用误差不能超过它给出的准确度等级的百分数,即

$$\gamma_{max} \leqslant a\% \tag{7.1.8}$$

其中,a 为仪器的准确度等级。

例:某一测温仪表的测量范围为 0～100 ℃,最大绝对误差为 0.1 ℃,求仪表的精度等级。

仪表的最大引用相对误差为 0.1%,依据 $\gamma_{max} \leqslant a\%$,可确定仪表的精度等级为 0.3 级。

4. 容许(允许)误差

容许误差是指测量仪器在使用条件下可能产生的最大测量误差范围,与绝对误差的量纲一致,其计算表达式为:

$$\pm (x\alpha\% + x_m\beta\% + n \text{ 个字}) \tag{7.1.9}$$

其中:x 为测量值,x_m 为量程值,α 为误差的相对项系数,β 为误差的固定项系数。

式(7.1.9)中的"n 个字"表示的是数字显示表在给定量程下的分辨率的 n 倍,即最末位数字所代表的被测量量值的 n 倍。

通常情况下,仪器仪表的准确度等级由式(7.1.10)决定,

$$a = \alpha + \beta \tag{7.1.10}$$

7.1.4 测量误差的分类

根据测量误差的性质及产生的原因,可将测量误差分为 3 类。

1. 系统误差

在同一测量条件下,对同一被测参数进行多次重复测量,误差的数值大小和符号都相同或误差按照某个确定规律变化,这种误差称为系统误差。其中,数值大小和符号固定不变的称为恒值系统误差;数值大小或符号按某个确定规律变化的称为变值系统误差。由于系统误差是固定的或按某个确定规律变化的,所以是可以对测量值进行修正的。

系统误差主要是由测量装置在位移过程中产生变形、初始状态偏离或电源电压下降等原因造成的,是一种有规律的误差。一般可以通过实验的方法找到系统误差的变化规律及其产生的原因,从而能够对测量结果加以修正,或者在采取一定的措施后重新测量,如改善测量条件和改进测量方法等,使系统误差减小或消除,最终得到更加准确的测量结果。因此,系统误差是可以预测的,也是可以消除的。

2. 随机误差

在同一测量条件下,多次测量同一被测量时,误差的数值大小在一定范围内随机变化,符号的变化也不可预见,这种误差称为随机误差。

随机误差是由测量过程中许多独立的、微小的偶然因素(如仪器仪表中传动部件的间隙和摩擦、振动或冲击、温度或湿度变化、交流电源或电磁场变化等)引起的综合结果,具有随机性。随机误差使得测量数据存在分散性。

随机误差的特点是误差数值大小和符号就个体而言是没有规律的,以随机的方式出现,但就总体而言,服从统计规律。实践表明,在大多数情况下,随机误差的统计特性服从正态分布,另外还有三角分布、梯形分布、均匀分布等。了解它的分布特性,能够估计出误差可能的大小

范围及测量结果的可靠性等。

3. 粗大误差

相较于上述两种误差,粗大误差(也称为疏忽误差)在数值上比较大,超过正常条件下的系统误差和随机误差,明显歪曲了测量结果。含有粗大误差的测量值属于错误的测量值,一般称为坏值,正常的测量结果中不应含有坏值,应根据一定的规则加以判断后将其剔除。但不应该是主观随便除去,必须根据统计检验方法的某些准则判断哪个测量值是坏值,然后科学地舍弃。

粗大误差产生的原因可能是人为的操作失误,包括因观测者粗心大意而导致的操作不当或读数错误等。另外,测量设备突然出现异常或测量条件的突然变化引起仪器产生不易察觉的故障,以及异常的或很大的外界干扰等因素都可能导致粗大误差。

一般而言,对于测量结果的处理,首先,判断并剔除粗大误差,接下来,研究的误差项通常只有系统误差和随机误差两种,所以在评价测量结果时通常采用系统误差与随机误差来衡量。

7.2　随机误差的处理

7.2.1　随机误差的特征和概率分布

随机误差是由一些偶然因素引起的,如电磁干扰、温度波动等。一般就随机误差的个体而言,其大小和正负都无法预测;而就随机误差的总体而言,其具有统计规律性,服从某种概率分布。随机误差的概率分布有正态分布、均匀分布、t 分布、反正弦分布、梯形分布、三角分布等。绝大多数随机误差服从正态分布,如图 7.2.1 所示。随机误差有以下 4 个特点:

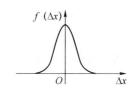

图 7.2.1　正态分布
概率密度曲线

(1)绝对值相等的正误差与负误差出现的次数相等,称为随机误差的对称性;

(2)绝对值小的误差比绝对值大的误差出现的次数多,称为随机误差的单峰性;

(3)在一定的测量条件下,随机误差的绝对值不会超过一定界限,称为随机误差的有界性;

(4)当测量次数增加时,随机误差的代数和趋向于零,称为随机误差的抵偿性。

正态分布的概率密度函数为

$$y(\Delta x)=\frac{1}{\sigma\sqrt{2\pi}}\mathrm{e}^{\frac{-\Delta x^2}{2\sigma^2}}=\frac{1}{\sigma\sqrt{2\pi}}\mathrm{e}^{\frac{-(x-A_0)^2}{2\sigma^2}} \tag{7.2.1}$$

其中,Δx 为用绝对误差表示的随机误差,其数值等于测量值与真值之差;σ^2 和 σ 分别为方差和标准差。

由于多次测量结果的算术平均值可代替真值,故如果确定了测量的算术平均值 $\overline{x}$ 与标准差 σ,则正态分布曲线就可以确定。现在需要解决的是在已知一组被测量后如何估算 $\overline{x}$ 及 σ。

7.2.2　算术平均值和剩余误差(残余误差)

首先,在不考虑系统误差和粗大误差的条件下,对被测量做多次测量,受各种随机因素的影响,即便在同样的条件下,每次测量得到的测量值均有一定的差异。设测量序列为 $x_1,x_2,$

$\cdots,x_n$，则用绝对误差表示的随机误差列 Δx_i 为

$$\Delta x_i = x_i - A_0 (i=1,2,3,\cdots,n) \tag{7.2.2}$$

对式（7.2.2）两侧求和得

$$\sum_{i=1}^{n} \Delta x_i = \sum_{i=1}^{n} x_i - nA_0 \tag{7.2.3}$$

或

$$\frac{\sum_{i=1}^{n} \Delta x_i}{n} = \frac{\sum_{i=1}^{n} x_i}{n} - A_0 \tag{7.2.4}$$

根据正态分布的抵偿特性可知，当 n 为无限值时

$$\lim_{n \to +\infty} \frac{\sum_{i=1}^{n} \Delta x_i}{n} = 0 \tag{7.2.5}$$

故由式（7.2.4）有

$$\lim_{n \to +\infty} \frac{1}{n} \sum_{i=1}^{n} x_i \to A_0 \tag{7.2.6}$$

式（7.2.6）求得的是数学期望，当 n 为有限值时，测量值序列的算术平均值为

$$\overline{x} = \frac{1}{n} \sum_{i=1}^{n} x_i \tag{7.2.7}$$

其中，$\overline{x}$ 为测量值序列的算术平均值。

式（7.2.6）和式（7.2.7）表明，若无系统误差存在，当测量次数 n 无限增大时，测量值的算术平均值与真值无限接近。因此，在等精度测量中，算术平均值是被测量的真值最值得信赖的值。

由此可见，如果能够对某一被测量进行无限次测量，就可以得到不受随机误差影响的测量结果，或者影响很小，可以忽略不计。但由于实际测量都是有限次测量，处理时只能把算术平均值作为被测量的真值的最佳近似值，因此，剩余误差（残余误差）的表达式为

$$\gamma_i = x_i - \overline{x}(i=1,2,3,\cdots,n) \tag{7.2.8}$$

其中，γ_i 为剩余误差。

剩余误差有两个性质：①剩余误差的代数和为 0，该性质的计算表达式为

$$\sum_{i=1}^{n} \gamma_i = \sum_{i=1}^{n} x_i - \sum_{i=1}^{n} \overline{x} = n\overline{x} - n\overline{x} = 0 \tag{7.2.9}$$

利用剩余误差的代数和为 0 这一性质，可以检验计算的剩余误差和算术平均值是否准确；②剩余误差的平方和为最小，该性质的计算表达式为

$$\sum_{i=1}^{n} \gamma_i^2 = \min \tag{7.2.10}$$

这是最小二乘法原理，在实验数据处理中常常用到。

7.2.3 随机误差的方差、标准差和极限误差

使用算术平均值 $\overline{x}$ 时，还需要考虑对所计算值的准确程度进行评估，即说明测量数据相对于算术平均值的离散程度，用 $\overline{x}$ 代替真值 A_0 产生的误差。由概率论可知，标准差 σ（也称均方根误差）能够表征测量值相对于其中心位置数学期望的离散程度。因此，标准差的大小表征

了测量列的离散程度,若标准差 σ 的值小,则表明较小的误差所占比重大,较大的误差所占比重小,测量结果的可靠性就高;反之,测量结果的可靠性就低。

1. 测量列中单次测量值的标准差

由于随机误差的存在,测量列中的各个测得值一般是不相同的,而是围绕着测量列的算术平均值呈现出一定的分散性,为了说明这些测量值的分散性,需要用一个量化标准来评定。对于等精度无限测量列,其方差和标准差分别为

$$\sigma^2 = \frac{\sum\limits_{i=1}^{n} \Delta x_i^2}{n} = \frac{\sum\limits_{i=1}^{n} (x_i - A_0)^2}{n} \tag{7.2.11}$$

$$\sigma = \sqrt{\frac{1}{n} \sum\limits_{i=1}^{n} \Delta x_i^2} = \sqrt{\frac{1}{n} \sum\limits_{i=1}^{n} (x_i - A_0)^2} \tag{7.2.12}$$

按上式计算标准差需要已知真值,且测量次数 n 要足够大,因此,式(7.2.11)和式(7.2.12)只能是理论计算公式。而在实际中,测量次数 n 是有限的,根据贝塞尔(Bessel)法则,由算术平均值作为被测量的真值的最佳近似值,相应地,采用剩余误差代替测量误差,则方差和标准差分别为

$$\hat{\sigma}^2 = \frac{1}{(n-1)} \sum\limits_{i=1}^{n} (x_i - \bar{x})^2 = \frac{1}{(n-1)} \sum\limits_{i=1}^{n} \gamma_i^2 \tag{7.2.13}$$

$$\hat{\sigma} = \sqrt{\frac{1}{(n-1)} \sum\limits_{i=1}^{n} (x_i - \bar{x})^2} = \sqrt{\frac{1}{(n-1)} \sum\limits_{i=1}^{n} \gamma_i^2} \tag{7.2.14}$$

式(7.2.14)称为样本标准偏差,简称为样本标准差,也称为贝塞尔公式,证明如下:

由测量值与真值之差 $\Delta x_i = x_i - A_0$ 和测量值与算术平均值之差 $\gamma_i = x_i - \bar{x}$,若令 $\varepsilon = \bar{x} - A_0$,则有 $\Delta x_i = \gamma_i + \varepsilon$。故

$$\sum\limits_{i=1}^{n} \Delta x_i^2 = \sum\limits_{i=1}^{n} (\gamma_i + \varepsilon)^2 = \sum\limits_{i=1}^{n} \gamma_i^2 + n\varepsilon^2 + 2\varepsilon \sum\limits_{i=1}^{n} \gamma_i$$

根据随机误差的抵偿性可知,当 $n \to +\infty$,有 $\sum\limits_{i=1}^{n} \gamma_i = 0$,故

$$\sum\limits_{i=1}^{n} \Delta x_i^2 = \sum\limits_{i=1}^{n} \gamma_i^2 + n\varepsilon^2 \tag{7.2.15}$$

又因

$$\varepsilon^2 = (\Delta x_i - \gamma_i)^2 = (\bar{x} - A_0)^2 = \left(\frac{1}{n} \sum\limits_{i=1}^{n} x_i - A_0\right)^2 = \frac{1}{n^2} \left(\sum\limits_{i=1}^{n} x_i - nA_0\right)^2$$

$$= \frac{1}{n^2} \left(\sum\limits_{i=1}^{n} x_i - \sum\limits_{i=1}^{n} A_0\right)^2 = \frac{1}{n^2} \sum\limits_{i=1}^{n} (x_i - A_0)^2$$

$$= \frac{1}{n^2} \sum\limits_{i=1}^{n} \Delta x_i^2 = \frac{1}{n} \sigma^2 \tag{7.2.16}$$

将式(7.2.16)代入式(7.2.11)和式(7.2.15)得

$$n\sigma^2 = \sum\limits_{i=1}^{n} \gamma_i^2 + \sigma^2$$

因此可以得到

$$\hat{\sigma} = \sqrt{\frac{1}{n-1} \sum\limits_{i=1}^{n} \gamma_i^2} = \sqrt{\frac{1}{n-1} \sum\limits_{i=1}^{n} (x_i - \bar{x})^2} \tag{7.2.17}$$

式(7.2.17)即为贝塞尔公式,为强调与式(7.2.12)的不同,式(7.2.16)的标准差表示为 $\hat{\sigma}$。

2. 测量列算术平均值的标准差

如果在相同条件下,对同一个量值作 j 组重复的系列测量,每一组测量 n 次,则可求出 j 个算术平均值,分别为 $\overline{m}_1, \overline{m}_2, \cdots, \overline{m}_j$。由于存在随机误差且 n 不足够大,各个算术平均值都是真值的估计值,与真值之间存在差异,并围绕被测量的真值形成一个有分散性的算术平均值离散数列。其分散性的表征可由算术平均值的标准差表示,即 $\hat{\sigma}_{\overline{m}}$,可由式(7.2.18)求出。

$$\hat{\sigma}_{\overline{m}} = \frac{1}{\sqrt{n}}\hat{\sigma} = \sqrt{\frac{1}{n(n-1)}\sum_{i=1}^{n}\gamma_i^2} = \sqrt{\frac{1}{n(n-1)}\sum_{i=1}^{n}(m_i - \overline{m})^2} \qquad (7.2.18)$$

证明如下:

已知算术平均值的计算式为 $\overline{m} = \dfrac{m_1 + m_2 + \cdots + m_n}{n}$,对该计算式取方差得 $D(\overline{m}) = \dfrac{1}{n^2}[D(m_1) + D(m_2) + \cdots + D(m_n)]$。因 $D(m_1) = D(m_2) = \cdots = D(m_n) = D(m)$,故有 $D(\overline{m}) = \dfrac{1}{n^2}n D(m) = \dfrac{1}{n}D(m)$。因此,$\hat{\sigma}_{\overline{m}}^2 = \dfrac{1}{n}\hat{\sigma}^2$。

对 $\hat{\sigma}_{\overline{m}}^2$ 开方取正得其算术平方根为

$$\hat{\sigma}_{\overline{m}} = \frac{1}{\sqrt{n}}\hat{\sigma} \qquad (7.2.19)$$

根据式(7.2.19)可知算术平均值的标准差是单次测量标准差的 $\dfrac{1}{\sqrt{n}}$ 倍,测量次数 n 越大,算术平均值越趋近于真值。同时,$\hat{\sigma}_{\overline{m}}$ 随着 n 的增大而减小,开始减小得比较明显,当 n 较大时,减小的程度愈来愈小。这是因为按 $\dfrac{1}{\sqrt{n}}$ 的规律减小的速度比 n 增大的速度慢。故考虑时间和成本问题,一般取 $n = 10 \sim 20$。若要进一步提高测量准确度,应该在适当增加测量次数的同时,考虑选择更高准确度的测量仪器,采用更合理的测量方法,更好地控制测量条件等。

3. 测量的极限误差

极限误差也称最大误差,是随机误差的最大取值范围。极限误差可以用来确定被测量与其真值的接近程度,也表征了测量仪器的准确度,通常要求仪器仪表的测量误差绝对值应该比极限误差的范围小,由此确定测量仪器的准确度等级。

首先,考虑置信区间,通常用符号 $\pm\Delta$(或 $-\Delta \sim +\Delta$)表示,而与极限误差对应的置信区间为 $\pm\Delta_{\max}$。由于正态分布随机变量的重要特征可由标准差 σ 表征,故置信区间常以 σ 的倍数表示,即 $\pm\Delta = \pm t\sigma$,其中 t 为置信系数。

接下来,由置信概率表征随机误差在置信区间范围内取值的概率,可以表示为

$$p = \int_{-\Delta}^{+\Delta} p(\Delta)\mathrm{d}\Delta = \int_{-\Delta}^{+\Delta} \frac{1}{\sigma\sqrt{2\pi}}\mathrm{e}^{\frac{-\Delta^2}{2\sigma^2}}\mathrm{d}\Delta \qquad (7.2.20)$$

其中,p 为置信概率。

将 $\pm t\sigma = \pm\Delta$ 代入上式,经变换可以得到

$$p = \frac{2}{\sqrt{2\pi}} \int_0^t e^{\frac{-t^2}{2}} dt = 2\phi(t) \tag{7.2.21}$$

函数 $\phi(t)$ 为概率积分,不同 t 值下的 $\phi(t)$ 可以通过查表得到,表 7.2.1 给出了几个典型的置信概率。

表 7.2.1　正态分布下的置信概率

t	$t\sigma$	$p = 2\phi(t)$
0	0	0
0.67	0.67σ	0.497 2
1	σ	0.682 7
2	2σ	0.954 4
3	3σ	0.997 3
4	4σ	0.999 9

另外,用置信水平(显著性水平)S 表示随机变量(误差)在置信区间以外的概率。根据概率论知识可知,随机误差正态分布曲线下的全部面积相当于全部误差出现的概率,即

$$\int_{-\infty}^{+\infty} \frac{1}{\sigma\sqrt{2\pi}} e^{\frac{-\Delta^2}{2\sigma^2}} d\Delta = 1 \tag{7.2.22}$$

因此,置信水平可以表示为 $S = l - P = 1 - 2\phi(t)$。

由表 7.2.1 可以看出,若 $\Delta_{max} = \pm\sigma$,即 $t = 1$,查表得 $p = 68.27\%$,这表明曲线所包围的面积为 68.27%。这个事实说明:当对某一参数进行了 n 次测量后,偶然误差的数值在 $-\sigma \sim +\sigma$ 的测量值有 68.27%,而剩下的 31.73% 的测量值与真值之差均超过 $\pm\sigma$,这就是标准差的物理意义。同时可以看出,随着 t 的增大,超出 $\pm\Delta$ 的概率减小得很快,如当 $\Delta_{max} = \pm3\sigma$ 时,$P = 99.73\%$,即随机误差落在 $-3\sigma \sim +3\sigma$ 内的概率达 99.73% 以上,落在该范围以外的概率相当小,仅在 0.3% 以内。因此,工程测量常用 $\Delta_{max} = \pm3\sigma$ 估计随机误差的范围,将随机误差超过 3σ 的值作为疏忽误差处理,即取 $\pm3\sigma$ 为极限误差。当然在实际测量中,有时也可以取其他 t 值来表示测量的极限误差。因此,若已知测量的标准差,在选定置信系数后,便可以求得极限误差。

7.3　系统误差的分析

除随机误差外,系统误差也不可忽视,在某些情况下,系统误差会比随机误差大一个数量级,而且不易发现,多次重复测量又不能减小它对测量结果的影响,因此,在这种情况下,系统误差对测量结果的影响更大。

7.3.1　系统误差的性质及分类

系统误差是一种恒定不变的或按一定规律变化的误差,在多次重复测量同一量值时,不具有抵偿性。一般而言,系统误差具有以下几个特点。

(1) 确定性:系统误差是固定不变的,或是一个确定性的(非随机性质)时间函数,服从确定的函数规律。

（2）重现性:在测量条件完全相同时,重复测量时系统误差可以重复出现。

（3）可修正性:因为系统误差具有重现性,所以它是可修正的。

总之,系统误差反映了测量结果与真值之间存在的固定误差。由于它有时不易被发现,因此,对它的研究显得尤为重要。

按系统误差出现的规律分类,通常可以将系统误差分为以下 4 种。

（1）不变的系统误差:在重复测量中,误差的大小和符号都固定不变的系统误差。

（2）线性变化的系统误差:在整个测量过程中,误差值随测量次数或测量时间的增加而成比例地增加(或减少)的系统误差。这种误差主要是由误差积累而产生的,常与测量时间 t 呈线性关系。例如,工作电池的电压会随使用时间的增长而缓慢降低,从而将引起测量系统产生线性系统误差。

（3）周期性变化的系统误差:在测量过程中,误差的大小和符号均按一定周期有规律地发生变化的误差。例如,若仪表指针的回转中心与刻度盘中心不重合,则指针在任一转角引起的误差为周期性变化的系统误差。

（4）复杂规律变化的系统误差:在整个测量过程中,误差按确定的但是复杂的规律变化,这种误差称为复杂规律变化的系统误差,这种变化规律通常无法用简单的数学方程式表示。例如,微安表的指针偏转角与偏转力矩不能严格保持线性关系,而表盘仍采用均匀刻度时所产生的误差。

7.3.2 系统误差的判别

系统误差的存在往往会严重影响测量结果,因此,必须消除系统误差的影响,才能有效提高测量的准确度。为了消除或减小系统误差,首先要判别是否存在系统误差,然后再设法消除。在测量过程中,产生系统误差的原因是十分复杂的,发现它和判断它的方法有多种,但目前还没有研究出适用于发现各种系统误差的普遍方法。下面介绍几种用于发现某些系统误差的常用方法。

1. 实验对比法

实验对比法是通过改变产生系统误差的条件,通过在不同条件下测量,以发现系统误差。这种方法适用于发现不变的系统误差。例如,用某仪表测量时,由于仪表存在不变的系统误差,因此,即使进行多次重复测量也不能发现这一误差。但如果用更高一级准确度等级的测量仪表进行同样的测试,通过对比便能发现它的系统误差。

2. 残余误差观察法

根据测量列的各个残余误差大小和符号的变化规律,直接根据误差数据或误差曲线图判断是否有系统误差。这种方法主要适用于发现周期性变化的系统误差。通常画出测量列残余误差的散点图,如图 7.3.1 所示。若残余误差大体上是正负相同,且无显著变化规律,则可以认为不存在系统误差,如图 7.3.1(a)所示;若残余误差数值有规律地递增或递减,且在测量开始和结束时误差符号相反,则可认为存在线性变化的系统误差,如图 7.3.1(b)所示;若残余误差数值有规律地由正变负,再由负变正,且循环交替重复变化,则可认为存在周期性变化的系统误差,如图 7.3.1(c)所示;若发现残余误差的变化规律如图 7.3.1(d)所示,则可能同时存在线性变化的系统误差和周期性变化的系统误差。

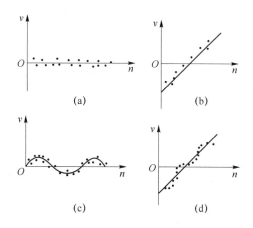

图 7.3.1　残余误差散点图

3. 马利科夫判据

当测量次数较多时,将测量列的前 K 个残余误差之和,减去测量列后 $(n-K)$ 个残余误差之和。若其差值接近于零,说明不存在变化的系统误差;若其差值显著不为零,则认为测量列存在着变化的系统误差。这种方法适用于发现线性变化的系统误差。

$$e = \sum_{i=1}^{k} \gamma_i - \sum_{j=k+1}^{n} \gamma_j \qquad (7.3.1)$$

其中,e 为差值,γ 为残余误差,n 为测量次数。若 n 为偶数,取 $k=\dfrac{n}{2}$;若 n 为奇数,则取 $k=\dfrac{n+1}{2}$。

4. 阿卑-赫梅特判据

该方法是将残余误差 γ_i 按测量先后顺序排列,并依次两两相乘,然后取和的绝对值,若

$$d = \left| \sum_{i=1}^{n-1} \gamma_i \gamma_{i+1} \right| > \sqrt{n-1}\, \sigma^2 \qquad (7.3.2)$$

则可以认为存在周期性变化的系统误差。利用该判据能有效发现周期性变化的系统误差。

7.3.3　系统误差的消除与削弱

消除系统误差最根本的方法是在测量前就找出产生系统误差的因素,这就要求操作人员需要详细分析测量过程中可能产生系统误差的环节,并在测量前就将误差从产生根源上消除。而在测量过程中则可以采取适当的测量方法和读数方法,以消除或削弱系统误差。

1. 不变的系统误差消除法

对于不变的系统误差,通常可以采用以下几种方法消除。

(1) 代替法(置换法)

代替法是指在一定测量条件下,选择一个大小适当并可调的已知标准量去替代被测量,并使仪表的指示值保持原值不变,此时该标准量即为被测量的数值。代替法在阻抗、频率等许多电参数的精密测量方法中得到了广泛的应用。图 7.3.2 是代替法的一个实例,被测量电阻 R_X 接入电桥 a、b 两端,调节电阻 R_2,使电桥处于平衡状态,然后使用标准电阻 R_N 代替 R_X,调节

R_N 的值,使电桥恢复平衡状态,此时,R_N 的阻值便为被测电阻 R_X 的阻值。

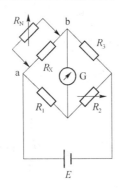

图 7.3.2　代替法电路

（2）交换法

交换法根据误差产生的原因,将引起系统误差的某些条件相互交换,保持其他条件不变,以消除系统误差。例如,利用等臂天平称量时,如果天平两臂 l_1 和 l_2 存在长度误差,即 $l_1 \neq l_2$,那么在测量时,先将被称物 A 放于天平左边,砝码 B 放在天平右边,两边平衡后有

$$m_A = \frac{l_2}{l_1} m_B \tag{7.3.3}$$

然后,交换 A、B 的位置,由于 $l_1 \neq l_2$,砝码为 C,于是有

$$m_A = \frac{l_1}{l_2} m_C \tag{7.3.4}$$

因此,可以得到

$$m_A = \sqrt{m_B m_C} \approx \frac{m_B + m_C}{2} \tag{7.3.5}$$

由式(7.3.3)至式(7.3.5)可知,采用交换法取两次测量的平均值,可消除由于天平两臂不等引起的系统误差。

2. 线性变化的系统误差消除法

消除线性变化的系统误差的较好方法是对称法,也称等距读数法。被测量随时间的变化做线性变化,若选定某时刻为中点,则关于此点对称的点的系统误差算术平均值均相等。利用这一特点,可将被测量对称安排,取各对称点两次或多次读数的算术平均值作为测量值,即可以消除这个系统误差。

例如,利用电位差计测量未知电阻时,可采用对称法测量,如图 7.3.3(a)所示。图中的附加标准电阻 R_N 已知,待测量电阻为 R_X。

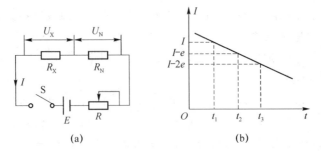

(a)　　　　　　　　　(b)

图 7.3.3　对称法

若工作电流 I 恒定,只要测出 R_X 和 R_N 上的压降就可以得到 R_X 的值,

$$R_X = \frac{U_X}{U_N} R_N \tag{7.3.6}$$

但由于 U_X 和 U_N 不是同一时刻测得的,而随着时间的推移,因电池电压 E 下降等因素,电流也随时间下降,如图 7.3.3(b)所示。如果仍按照式(7.3.6)计算将会引入误差。

如果按照对称法进行测量,取等距的时间间隔 $\Delta t = t_2 - t_1 = t_3 - t_2$,而相应的电流变化量为 e。在 t_1、t_2、t_3 时刻,按 U_X、U_N、U_X 的顺序进行测量。

在 t_1 时刻测得 R_X 上的压降为:$U_1 = I_1 R_X = IR_X$。

在 t_2 时刻测得 R_N 上的压降为:$U_2 = I_2 R_N = (I-e)R_N$。

在 t_3 时刻测得 R_X 上的压降为:$U_3 = I_3 R_X = (I-2e)R_X$。

解此方程组可得

$$R_X = \frac{U_1 + U_3}{2U_2} R_N \tag{7.3.7}$$

式(7.3.7)中 R_X 的值已不受测量过程中电流变化量 e 的影响,从而消除了由此引起的线性系统误差。

3. 周期性变化的系统误差消除法

对于周期性变化的系统误差可采用半周期法消除。在测量过程中,可每隔半个周期进行一次测量,取两次读数的平均值作为测量值,便可以消除周期性系统误差。这是由于如果误差是周期性变化,经过半周期后,误差会改变符号,故取两次测量的平均值便可消除周期性误差。

7.4　粗大误差的剔除

粗大误差的数值都比较大,它往往会对测量结果产生明显的歪曲。在测量过程中,产生粗大误差的原因是多方面的,如工作人员的粗心大意读错、记错数据,或因仪器及工作条件的突然变化而造成明显的错误等。一旦发现含有粗大误差的测量值(也称坏值),应将其从测量结果中舍弃。严格来说,在测量过程中,原始数据必须实事求是地记录,并注明有关情况。在整理数据时,再舍弃有明显错误的数据。而在判别某个测量值序列中是否含有粗大误差时要特别慎重,应做充分的分析和研究。那么如何科学地判别粗大误差,正确地舍弃坏值呢?一般可以根据判别准则予以确定。通常用来判别粗大误差的准则有莱以特准则、格拉布斯准则、狄克松准则、罗曼诺夫斯基准则等。本节主要介绍比较常用的莱以特准则和格拉布斯准则。

7.4.1　莱以特准则

莱以特准则也称 3σ 准则,对于某一测量值序列,若其只含有随机误差,则根据随机误差的正态分布规律,其残差落在 3σ 以外的概率不到 0.3%。据此,莱以持准则认为凡剩余误差大于 3 倍标准偏差的均可以认为是粗大误差,它所对应的测量值就是坏值,应予以舍弃,可表示为如下形式:

$$|\gamma_i| > 3\sigma \tag{7.4.1}$$

其中,γ_i 是坏值的残余误差。

需要注意的是在舍弃坏值后,剩下的测量值应该重新计算算术平均值和标准偏差,再用莱以特准则鉴别各个测量值,判断是否有新的坏值出现,直到无新的坏值时为止,此时所有测量

值的残差均在 3σ 范围之内。

莱以特准则是最简单常用的判别粗大误差的准则,但它只是一个近似的准则,是建立在重复测量次数趋于无穷大的前提下。因此,当测量次数有限,特别是测量次数较少时,此准则不是很可靠。

7.4.2　格拉布斯准则

格拉布斯准则也是根据随机变量正态分布理论建立的,但它考虑了测量次数 n 及标准差本身有误差的影响等。理论上比较严谨,使用起来也比较方便。

格拉布斯准则定义为凡剩余误差大于格拉布斯鉴别值的误差均被认为是粗大误差,应予以舍弃,可表示为

$$|\gamma_i| = |x_i - \overline{x}| > g(n,a)\sigma \tag{7.4.2}$$

其中,$g(n,a)$ 为格罗布斯准则的判别系数,它与测量次数 n 及显著性水平 a (一般取 $a=0.05$ 或 0.01)有关,格拉布斯准则的判别系数如表 7.4.1 所示。

表 7.4.1　格拉布斯准则的判别系数

n	a		n	a	
	0.05	0.01		0.05	0.01
	$g(n,a)$			$g(n,a)$	
3	1.15	1.16	17	2.48	2.78
4	1.46	1.49	18	2.50	2.82
5	1.67	1.75	19	2.53	2.85
6	1.82	1.94	20	2.56	2.88
7	1.94	2.10	21	2.58	2.91
8	2.03	2.22	22	2.60	2.94
9	2.11	2.32	23	2.62	2.96
10	2.18	2.41	24	2.64	2.99
11	2.23	2.48	25	2.66	3.01
12	2.28	2.55	30	2.74	3.10
13	2.33	2.61	35	2.81	3.18
14	2.37	2.66	40	2.87	3.24
15	2.41	2.70	50	2.96	3.34
16	2.44	2.75	100	3.17	3.59

例如,对某个轴的直径进行 9 次等精度测量,得到的数据记录如表 7.4.2 所示,求测量结果。

表 7.4.2　测量数据记录与计算结果

序号	m_i	$\gamma_i = m_i - \overline{m}$	$(m_i - \overline{m})^2$
1	24.74	-0.01	0.000 1
2	24.76	0.01	0.000 1
3	24.73	-0.02	0.000 4

续　表

序号	m_i	$\gamma_i = m_i - \overline{m}$	$(m_i - \overline{m})^2$
4	24.80	0.05	0.002 5
5	24.75	0	0
6	24.73	−0.02	0.000 4
7	24.74	−0.01	0.000 1
8	24.75	0	0
9	24.76	0.01	0.000 1

① 求算术平均值

$$\overline{x} = \frac{\sum\limits_{i=1}^{n} x_i}{n} = \frac{222.76}{9} \text{ mm} = 24.751\ 1 \text{ mm} \approx 24.75 \text{ mm}$$

② 求残余误差

$$\gamma_i = x_i - \overline{x}$$

③ 判断系统误差

根据残余误差观察法,由表 7.4.2 可以看出,误差符号大体正负相同,且无显著变化规律,判断该测量数列无规律变化的系统误差。

④ 求标准差

$$\sigma = \sqrt{\sigma_{\overline{x}}^2 + \sigma_{\Delta}^2} = \sqrt{\frac{\sum\limits_{i=1}^{n}(x_i - \overline{x})^2}{n(n-1)} + \left(\frac{\Delta}{\sqrt{3}}\right)^2} = \sqrt{\frac{0.003\ 7}{9 \times 8} + \left(\frac{0.02}{\sqrt{3}}\right)^2} = 0.013\ 59 \approx 0.014$$

⑤ 判断粗大误差

采用格拉布斯准则判断测量序列中是否存在粗大误差。

$$g(n, \alpha)\sigma = g(9, 0.05)\sigma = 2.11 \times 0.014 \approx 0.03$$
$$|\gamma_4| = |x_4 - \overline{x}| = |24.80 - 24.75| = 0.05 > 0.03$$

其他测量点的残余误差均小于 0.03。判断测量点 γ_4 存在粗大误差,将 x_4 去掉后,重新计算,如表 7.4.3 所示。

表 7.4.3　整理后的测量数据记录与计算结果

序号	m_i	$\gamma_i = m_i - \overline{m}$	$(m_i - \overline{m})^2$
1	24.74	−0.005	0.000 025
2	24.76	0.015	0.000 225
3	24.73	−0.015	0.000 225
4	24.75	0.005	0.000 025
5	24.73	−0.015	0.000 225
6	24.74	−0.005	0.000 025
7	24.75	0.005	0.000 025
8	24.76	0.015	0.000 225

⑥ 再求一次算术平均值、残余误差、标准差,判断粗大误差

$$\bar{x} = \frac{\sum_{i=1}^{n} x_i}{n} = \frac{197.96}{8} \text{ mm} = 24.745 \text{ mm}$$

$$\sigma = \sqrt{\sigma_{\bar{x}}^2 + \sigma_{\Delta}^2} = \sqrt{\frac{\sum_{i=1}^{n} (x_i - \bar{x})^2}{n(n-1)} + \left(\frac{\Delta}{\sqrt{3}}\right)^2} = \sqrt{\frac{0.001}{8 \times 7} + \left(\frac{0.02}{\sqrt{3}}\right)^2} = 0.012\,96 \approx 0.013$$

$$|\gamma_2| = |x_2 - \bar{x}| = |24.76 - 24.745| = 0.015 < g(8, 0.05) = 20.3 \times 0.013 = 0.026$$

$$|\gamma_3| = |x_3 - \bar{x}| = |24.73 - 24.745| = 0.015 < g(8, 0.05) = 20.3 \times 0.013 = 0.026$$

⑦ 测量结果

$$x = \bar{x} \pm 3\sigma_m = \left(24.745 \pm 3 \times \frac{0.013}{\sqrt{8}}\right) \text{mm} = (24.745 \pm 0.013\,8) \text{mm}$$

7.5 误差合成与误差分配

一般来说,测量装置由多个环节组成,总误差就是各个环节的单项误差共同作用的综合结果。所谓误差合成,就是按一定的规则将各个单项误差综合起来,求出测量装置的总误差。通常情况下在测量中,可能存在多个系统误差、随机误差和粗大误差。当粗大误差剔除后,决定测量准确度的就是系统误差和随机误差,在误差合成中主要讨论随机误差合成,系统误差合成,以及随机误差与系统误差合成 3 种。

所谓误差分配,就是以给定测量结果的总允许误差为前提,通过合理地分配测量装置各个环节的单项误差,包括选择测量方案和测量仪器等,使得合成的总误差小于给定的总允许误差。例如,采用间接测量时,若给定间接测量的总允许误差,要求确定各个直接测量值的误差,就是误差分配问题。

7.5.1 随机误差合成

设测量中有 q 个彼此独立的随机误差,它们的标准差分别为 $\sigma_1, \sigma_2, \cdots, \sigma_q$,按方和根合成法合成均方根误差,合成后的总随机误差为

$$\sigma = \sqrt{\sigma_1^2 + \sigma_2^2 + \cdots + \sigma_q^2} = \sqrt{\sum_{i=1}^{q} \sigma_i^2} \tag{7.5.1}$$

若 q 个随机误差是相关的,则总随机误差的标准差为

$$\sigma = \sqrt{\sum_{i=1}^{q} \sigma_i^2 + 2 \sum_{1 \le i < j < q} \rho_{ij} \sigma_i \sigma_j} \tag{7.5.2}$$

在式(7.5.2)中,ρ_{ij} 是第 i 个与第 j 个随机误差间的相关系数,其取值介于 ± 1 之间,即

$$-1 \le \rho_{ij} \le 1 \tag{7.5.3}$$

在实际测量中,如果各个彼此独立的随机误差的极限误差为 $\Delta_1, \Delta_2, \cdots \Delta_q$,则也可将其按方和根法合成法合成,合成后的总极限误差为

$$\Delta = \sqrt{\Delta_1^2 + \Delta_2^2 + \cdots + \Delta_q^2} = \sqrt{\sum_{i=1}^{q} \Delta_i^2} \tag{7.5.4}$$

若 q 个相关的随机误差为正态分布,则总随机误差的极限误差为

$$\Delta = \sqrt{\sum_{i=1}^{q} \Delta_i^2 + 2 \sum_{1<i<j<q} \rho_{ij} \Delta_i \Delta_j} \qquad (7.5.5)$$

7.5.2　系统误差合成

根据对系统误差的掌握程度,可以将它分成已定系统误差和未定系统误差两类。由于这两种系统误差的特征不同,故其合成方法也不相同。

1. 已定系统误差的合成

对于大小和方向均已确定的已定系统误差,这里设被测量有 r 个已定系统误差,分别为 $\varepsilon_1, \varepsilon_2, \cdots, \varepsilon_r$,则总的系统误差为

$$\varepsilon = \varepsilon_1 + \varepsilon_2 + \cdots + \varepsilon_r = \sum_{i=1}^{r} \varepsilon_i \qquad (7.5.6)$$

若误差个数 r 较大,可以将其按方和根法合成为

$$\varepsilon = \sqrt{\varepsilon_1^2 + \varepsilon_2^2 + \cdots + \varepsilon_r^2} = \sqrt{\sum_{i=1}^{r} \varepsilon_i^2} \qquad (7.5.7)$$

2. 未定系统误差的合成

通常对于未定系统误差,可以大致估计出单个未定系统误差的最大误差范围 $\pm e$,然后进行合成。

设有 s 个未定系统误差,它们的极限误差分别为 $e_1, e_2, \cdots, e_s$,则总的未定系统误差可按下述方法进行合成。

(1) 绝对值和法

$$e = e_1 + e_2 + \cdots + e_s = \sum_{i=1}^{s} e_i \qquad (7.5.8)$$

此方法计算简单方便,合成后总的极限误差的可靠性高。但把所有的误差看成同方向叠加,相互不能抵消,致使最后误差的估值是偏大的,特别是误差个数较大时,偏大的程度更突出,因此,它一般适合在误差个数较小时使用。

(2) 方和根法

$$e = \sqrt{e_1^2 + e_2^2 + \cdots + e_r^2} = \sqrt{\sum_{i=1}^{r} e_i^2} \qquad (7.5.9)$$

在各分项误差均为正态分布时,此方法的计算结果较符合实际情况。但分项误差也会存在同方向叠加而不能抵消的情况,因此,估计值也会偏大。

7.5.3　系统误差与随机误差合成

以上讨论了各种相同性质的误差合成,但在实际测量中存在各种不同性质的系统误差和随机误差,将它们合成,以求得测量结果的总误差。

若测量结果有 q 个单项随机误差,r 个单项已定系统误差和 s 个单项未定系统误差,则它们的误差值或极限误差分别为

$$\Delta_1, \Delta_2, \cdots, \Delta_q$$
$$\varepsilon_1, \varepsilon_2, \cdots, \varepsilon_r$$
$$e_1, e_2, \cdots, e_s$$

则测量结果的总的合成极限误差为

$$\Delta_{总} = \sum_{i=1}^{r} \varepsilon_i \pm \sqrt{\sum_{i=1}^{s} e_i^2 + \sum_{i=1}^{q} \Delta_i^2} \qquad (7.5.10)$$

7.5.4 误差分配

本小节通过举例来讲解误差分配的有关概念和应用方法。

为测量一圆柱体的体积,采用间接测量圆柱直径 D 和高度 h,从而根据函数式

$$V = \frac{\pi D^2}{4} h \qquad (7.5.11)$$

求圆柱体的体积 V。若已经给定测量体积的相对误差为 1.0%,试对直径 D 和高度 h 的测量环节进行误差分配。

已知:$D = 18$ mm,$h = 46$ mm,$\pi = 3.1416$。将它们代入式(7.5.11)可计算出体积为 $V = 11705.6$ mm³,而给定测量体积的绝对误差为

$$\Delta_V = V \times 1.0\% = 11705.6 \text{ mm}^3 \times 1.0\% = 117.056 \text{ mm}^3$$

因为测量项有两项,即 $n = 2$。按照等作用原则分配误差,则可分别计算出 D 和 h 的极限误差为

$$\Delta_D = \frac{\Delta_V}{\sqrt{n}} \cdot \frac{1}{\dfrac{\partial V}{\partial D}} = \frac{\Delta_V}{\sqrt{n}} \cdot \frac{2}{\pi D h} = \frac{117.056}{\sqrt{2}} \times \frac{2}{\pi \times 18 \times 46} \text{ mm} = 0.06365 \text{ mm}$$

$$\Delta_h = \frac{\Delta_V}{\sqrt{n}} \cdot \frac{1}{\dfrac{\partial V}{\partial h}} = \frac{\Delta_V}{\sqrt{n}} \cdot \frac{4}{\pi D^2} = \frac{117.056}{\sqrt{2}} \times \frac{4}{\pi \times 18^2} \text{ mm} = 0.3253 \text{ mm}$$

由此可知,按照等作用原则,对 D 测量环节分配的极限误差小,而对 h 测量环节分配的误差大。于是,测 D 选用分度值为 0.01 mm 的千分尺,在 $0 \sim 20$ mm 量程范围内极限误差为 ± 0.013 mm;测 h 选用分度值为 0.10 mm 的游标卡尺,在 $0 \sim 50$ mm 量程范围内极限误差为 ± 0.150 mm。选择时,通过查表得到各种量具在量程范围内的极限误差。用这两种量具测量的体积的极限误差为

$$\Delta_V = \pm \sqrt{\left(\frac{\partial V}{\partial D}\right)^2 \Delta_D^2 + \left(\frac{\partial V}{\partial h}\right)^2 \Delta_h^2} = \pm \sqrt{\left(\frac{\pi D h}{2}\right)^2 \Delta_D^2 + \left(\frac{\pi D^2}{4}\right)^2 \Delta_h^2}$$

$$= \pm \sqrt{\left(\frac{\pi D h}{2}\right)^2 \times 0.013^2 + \left(\frac{\pi D^2}{4}\right)^2 \times 0.15^2} = \pm 41.748 \text{ mm}^3$$

因为 $|\Delta_V| = 41.748$ mm³ < 117.056 mm³,所以上述量具选择不够合理,需要进行调整。

改用分度值为 0.05 mm 的游标卡尺,在 $0 \sim 50$ mm 量程范围内极限误差为 ± 0.08 mm。测量 D 和 h 时共用,这时测量 D 的极限误差虽然会超出按等作用原则分配的允许误差,但可以从测量 h 允许误差的多余部分中得到补偿。调整后,测量体积的极限误差为

$$\Delta_V = \pm \sqrt{\left(\frac{\pi D h}{2}\right)^2 \times 0.08^2 + \left(\frac{\pi D^2}{4}\right)^2 \times 0.08^2} = \pm 106.0226 \text{ mm}^3$$

因为 $|\Delta_V| = 106.0226$ mm³ < 117.056 mm³ 满足要求,所以调整后,用一把分度值为 0.05 mm 的游标卡尺就可以完成任务。

思考题与习题

1. 什么是精密度、准确度、精确度?它们与系统误差、随机误差有什么关系?

2. 一台测温表的测量范围为 0～100 ℃,最大绝对误差为 0.1 ℃,现测得温度为 50.2 ℃,实际温度为 50.1 ℃,求实际相对误差、示值相对误差和引用相对误差,并确定仪表的精度等级。

3. 两台测长仪,一台仪器测量的范围为 200 mm,绝对误差为 0.8 mm;另一台仪器的测量范围为 100 mm,绝对误差为 0.5 mm,试比较二者的测量精度。

4. 为什么在使用各种测量仪器时,希望仪器在全量程 2/3 的范围内使用?

5. 检定 2.5 级的全量程为 100 V 的电压表,发现 50 V 刻度点的示值误差为最大误差,判断该电压表是否合格?

6. 用游标卡尺对某一尺寸进行 10 次测量,假设已消除系统误差和粗大误差,测得数据为 75.01、75.04、75.00、75.03、75.09、75.06、75.02、75.05、75.08、75.07,求算术平均值和标准差。

7. 说明系统误差的产生原因和消除方法,说明随机误差的产生原因及其处理方法,说明粗大误差的产生原因及其剔除方法。

8. 对恒温箱的温度进行 10 次测量,测得数据为 20.06、20.07、20.06、20.08、20.10、20.12、20.14、20.18、20.18、20.21,判断是否有系统误差?

9. 对某一电压进行 12 次等精度测量,测量值为 20.42、20.43、20.40、20.39、20.41、20.31、20.42、20.39、20.41、20.40、20.40、20.43,若这些测量值已经消除了系统误差,试判断是否有粗大误差,并写出测量结果。

第8章 测量信号调理

信号调理技术是检测技术的一个重要组成部分,其目的是在传感器将被测参数转换为电信号后,对电信号进行及时且适当的处理,以得到便于传输的电信号。信号调理技术与显示装置、控制装置、记录装置等结合组成检测系统,此外,信号调理技术还负责为 A/D 转换接口提供合适的电信号幅值范围,通过模数转换组成数字检测系统。信号调理的内容包括信号放大、滤波、衰减、变换、隔离等,本章将重点介绍信号放大、信号滤波和信号变换。

8.1 信 号 放 大

信号放大器是检测技术中应用十分广泛的调理电路,通常被置于靠近传感器或转换器的位置,将微弱的信号放大,提高有用信号的电平,从而提高了测量信号的信噪比。另外,采用放大电路并调整放大器的增益,可以更好地匹配模拟-数字转换器(ADC)的输入电压范围,以满足需要的分辨率。

常用的放大电路有同相放大器、反相放大器、差动放大器、仪表放大器、可变增益放大器、隔离放大器等,它们大多由集成运算放大器构成。同相放大器、反相放大器、差动放大器等已经在模拟电子技术课程中有较详细的论述,这里不再赘述,本节将重点研究仪表放大器、隔离放大器、可变增益放大器。

8.1.1 仪表放大器

仪表放大器(测量放大器)把关键元件集成在放大器内部,具有高共模抑制比、高输入阻抗、低噪声、低线性误差、低失调漂移、增益设置灵活和使用方便等特点,在数据采集、传感器信号放大、高速信号调节、医疗仪器和高档音响设备等方面有着广泛应用。仪表放大器是一种具有差分输入和相对参考端单端输出的闭环增益组件,具有差分输出和相对参考端的单端输出。目前,仪表放大器电路的实现方法主要分为两大类:一类由分立元件组合而成,另一类由单片集成芯片直接实现。

1. 分立元件仪表放大器

(1) 三运放组成的仪表放大器

由三运放组成的仪表放大器有两级组成,其电路如图 8.1.1 所示,第一级是两个对称的同相放大器对差模信号进行放大,第二级是一个差动放大器组成减法电路。设加在运放 A_1 同相端的输入电压为 u_1,加在运放 A_2 同相端的输入电压为 u_2,如果 A_1、A_2 和 A_3 都是理想运放,满足放大器的虚短和虚断条件。

根据线性电路的叠加定理及放大器的基本特性可知:

A_1 放大器的输出电压为

$$u_{01} = \left(1 + \frac{R_1}{R_B}\right)u_1 - \frac{R_1}{R_B}u_2 \tag{8.1.1}$$

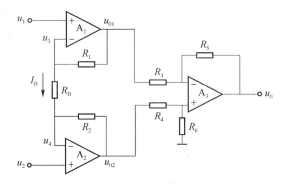

图 8.1.1　三运放电路

A_2 放大器输出电压为

$$u_{02} = -\frac{R_2}{R_B}u_1 + \left(1+\frac{R_2}{R_B}\right)u_2 \tag{8.1.2}$$

u_{01}、u_{02} 为 A_3 放大器的输入信号，A_3 放大器的输出电压为

$$u_0 = -\frac{R_5}{R_3}u_{01} + \left(1+\frac{R_5}{R_3}\right)\left(\frac{R_6}{R_4+R_6}\right)u_{02} \tag{8.1.3}$$

令 $R_1=R_2$，$R_3=R_4$，$R_5=R_6$，输出电压为

$$u_0 = \frac{R_5}{R_3}\left(1+\frac{2R_1}{R_B}\right)(u_2-u_1) \tag{8.1.4}$$

在集成运算放大器中，R_B 为外接电位器，通过改变 R_B 的大小即可改变增益。

（2）双运放组成的仪表放大器

双运放电路如图 8.1.2 所示，令 $R_2=R_3$，$R_1=R_4$，A_1、A_2 都是理想运放。

A_1 放大器为同相放大器，其输出电压为

$$u_{01} = \left(1+\frac{R_2}{R_1}\right)u_1 \tag{8.1.5}$$

A_2 放大器的反相输入电压为 u_{01}，同相输入电压为 u_2。根据线性电路的叠加定理可知，A_2 放大器的输出电压为

$$u_0 = \left(1+\frac{R_4}{R_3}\right)u_2 - \frac{R_4}{R_3}u_{01} = \left(1+\frac{R_1}{R_2}\right)(u_2-u_1) \tag{8.1.6}$$

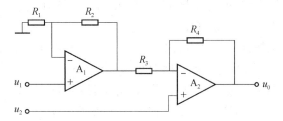

图 8.1.2　双运放电路

2. 集成仪表放大器

在高精度要求的实际应用中，常采用集成测量放大器。例如，美国 AD 公司的 AD62X 系列和 AD8221、BB 公司的 INA11X 系列、MAXIM 公司的 419X 系列等。下面以 AD521 为例介绍集成测量放大器，AD521 是美国 AD 公司生产的高性能测量放大器，其放大倍数的可调

范围为 $1\sim1\,000$,输入阻抗为 $3\,M\Omega$,共模抑制可达 $120\,dB$,工作电压范围为 $5\sim18\,V$,具有输入、输出保护功能和较强的过载能力,其典型接线如图 8.1.3 所示。输入端可连接电桥、热电偶等差动信号。通过调节电位器 R_G 的阻值,实现放大器增益调整。

图 8.1.3 是 AD521 与热电偶电路连接时,电路的接线方式。热电偶电路的输出信号为差动信号,该信号通过仪表放大器放大,转换为单端输出信号,以满足后续电路接收电平信号的需求。

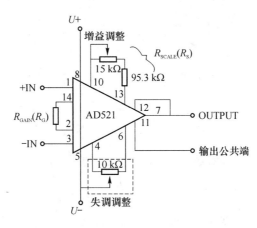

图 8.1.3 AD521 的典型接线

例如,利用热电偶测量温度,当温度达到上限时,热电偶的输出电压为 $30\,mV$,要求放大后输出电压为 $3\,V$,以满足后续 A/D 转换的要求,可采用仪表放大器。当输入为 $30\,mV$ 时,调节电位器 R_G,直到输出电压为 $3\,V$,此时,放大倍数为 100。

8.1.2 隔离放大器

在工业检测控制系统中,传感器信号中往往包含高共模电压和干扰信号。为此,采用隔离放大器将共模电压和干扰信号隔离,同时放大有用信号。按耦合方式的不同,隔离放大器可以分为变压器电磁耦合、电容耦合和光电耦合 3 种。

(1) 采用变压器电磁耦合的隔离放大器有:BB 公司(BURR-BROWN 公司)的 ISO212、3656,AD 公司(Analog Devices 公司)的 AD202、AD204、AD210、AD215。

(2) 采用电容耦合的隔离放大器有:BB 公司的 ISO102、ISO103、ISO106、ISO107、ISO113、ISO120、ISO121、ISO122、ISO175。

(3) 采用光电耦合的隔离放大器有:BB 公司的 ISO100、ISO130、3650、3652。

图 8.1.4 为 AD204 变压器电磁耦合隔离放大器的结构图。1、2、3、4 引脚为放大器的输入引线端,一般可接成跟随器,也可根据需要外接电阻,接成同相比例放大器或反相比例放大器,以便放大输入信号。输入信号经调制器调制成交流信号后,经变压器耦合送到解调器,然后由 37、38 引脚输出。31、32 引脚为芯片电源输入端,采用直流 15 V 单电源,功耗为 $75\,mW$。芯片内的 DC-DC 电流变送器把输入直流电压变换并隔离,然后将隔离后的电源供给放大器输入级,同时送到 5、6 引脚输出。这样隔离放大器的输入级与输出级不共地,从而达到隔离输入、输出的目的。

光电耦合隔离方法是通过光信号的传送实现耦合的,输入和输出之间没有直接的电气联系,具有很强的隔离作用。使用光电隔离放大器时应该注意放大器前、后级之间不能有任何电

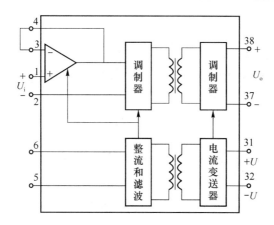

图 8.1.4　AD204 变压器耦合隔离放大器结构

的连接,不能共用电源,地线也不能接在一起。另外,光电耦合器中的发光二极管的工作电流极限值通常为 30 mA,因此,光电隔离放大器的设计主要是设置光电耦合器的工作电流范围。

　　图 8.1.5 为 ISO100 光电耦合隔离放大器的结构。它由两个运放 A_1、A_2 和两个恒流源 I_{REF1}、I_{REF2},以及光电耦合器组成。光电耦合器有一个发光二极管 LED 和两个光电二极管 VD_1、VD_2。两个光电二极管与发光二极管紧贴在一起,光匹配性能良好,参数对称。其中,VD_1 的作用是从 LED 的信号中引入反馈,VD_2 的作用是将 LED 的信号进行隔离耦合传送。图 8.1.6 为 ISO100 光电耦合隔离放大器在实际应用中的基本接线,其中,R、R_f 为外接电阻,用来调整放大器的增益。

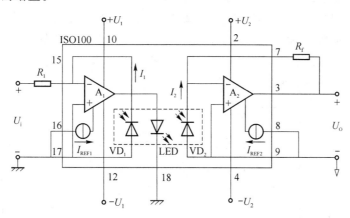

图 8.1.5　ISO100 光电耦合隔离放大器的结构

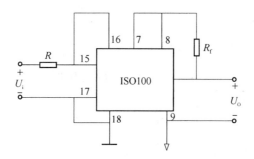

图 8.1.6　ISO100 的基本接线

8.1.3 可变增益放大器

在多点测量系统中,采用多个传感器检测被测量,如果每个传感器的测量范围不同,其输出信号范围亦不同,需要通过可变增益放大器将各传感器的输出信号转换为标准信号。图 8.1.7 为反相可变增益放大器,其放大倍数为

$$A = -\frac{R_{fi}}{R_5} \tag{8.1.7}$$

可根据需要,通过多路转换器切换反馈电阻,改变放大倍数,从而将不同值的输入信号放大为标准信号。

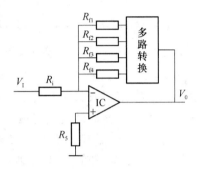

图 8.1.7 反相可变增益放大器

在实际多通道参数检测系统中,可采用集成程控增益放大器。图 8.1.8 为 4 通道参数检测系统的组成,放大器为集成程控增益放大器 PGA100。PGA100 的工作原理如图 8.1.9 所示,增益、通道选择如表 8.1.1 所示。编码端 A0～A2 为放大器的输入通道选择端,编码端 A3～A5 确定放大倍数。例如,信号由 IN2 通道输入,放大倍数为 48 倍。A3～A5 的编码值为 A5A4A3＝110,A0～A2 的编码值为 A2A1A0＝010。可根据各个通道传感器的输出值确定放大倍数,然后分时将各个通道传感器的输出值放大为 A/D 转换器接收的标准信号。

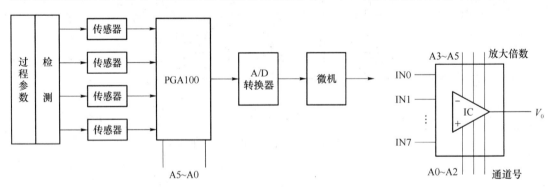

图 8.1.8 4 通道参数检测系统的组成　　　　图 8.1.9 PGA100 的工作原理

表 8.1.1 增益、通道选择表

A5	A4	A3	增益	A2	A1	A0	通道
0	0	0	×1	0	0	0	IN0
0	0	1	×2	0	0	1	IN1
0	1	0	×4	0	1	0	IN2

续　表

A5	A4	A3	增益	A2	A1	A0	通道
0	1	1	×8	0	1	1	IN3
1	0	0	×16	1	0	0	IN4
1	0	1	×32	1	0	1	IN5
1	1	0	×48	1	1	0	IN6
1	1	1	×128	1	1	1	IN7

8.2　信　号　滤　波

受到传感器工作环境中的强电和电磁干扰,以及传感器和放大电路本身的影响,被测信号中往往夹杂着多种频率成分的噪声,严重时甚至被噪声掩埋,无法准确提取。因此,在检测系统中,需要采取滤波措施,以抑制噪声,提高系统信噪比。

8.2.1　概述

1. 滤波器的功能

滤波器的功能:允许某一部分频率的信号顺利地通过,而另外一部分频率的信号则受到较大的抑制,它本质上是一个选频电路。

滤波器中,信号能够通过的频率范围称为通频带或通带,信号受到很大衰减或完全被抑制的频率范围称为阻带,通带和阻带之间的分界频率称为截止频率。理想滤波器在通带内的电压增益为常数,在阻带内的电压增益为零,实际滤波器的通带和阻带之间存在一定的过渡带。

2. 滤波器的分类

(1) 按所处理的信号分为模拟滤波器和数字滤波器两种。

(2) 按所通过信号的频段分为低通、高通、带通和带阻滤波器 4 种。

低通滤波器:允许信号中的低频或直流分量通过,抑制高频的干扰和噪声。

高通滤波器:允许信号中的高频分量通过,抑制低频或直流分量。

带通滤波器:允许一定频段的信号通过,抑制低于或高于该频段的信号、干扰和噪声。

带阻滤波器:抑制一定频段内的信号,允许该频段以外的信号通过。

(3) 按所采用的元器件分为无源滤波器和有源滤波器两种。

无源滤波器:仅由无源元件(R、L 和 C)组成的滤波器,它是利用电容和电感元件的电抗随频率的变化而变化的原理构成的。无源滤波器的优点是电路比较简单,不需要直流电源供电,可靠性高;缺点是通带内的信号有能量损耗,负载效应比较明显,使用电感元件时容易引起电磁感应,在低频段使用时电感的体积和重量较大。

有源滤波器:由无源元件(一般用 R 和 C)和有源器件(如集成运算放大器)组成。有源滤波器的优点是通带内的信号不仅没有能量损耗,而且还可以放大,负载效应不明显,多级相连时相互影响很小,利用简单的级联方法即可构成高阶滤波器,并且滤波器的体积小、重量轻,且由于其不使用电感元件故不需要磁屏蔽;缺点是通带范围受有源器件(如集成运算放大器)的带宽限制,而且需要直流电源供电,可靠性不如无源滤波器,在高压、高频、大功率的场合不适用。

(4) 按微分方程或传递函数的阶数分为一阶滤波器、二阶滤波器或高阶滤波器等。

3. 滤波器的主要特性指标

(1) 特征频率

① 通带截止频率：$f_p=\omega_p/(2\pi)$ 为通带与过渡带边界点的频率，在该点，信号增益下降到一个规定的下限。

② 阻带截止频率：$f_r=\omega_r/(2\pi)$ 为阻带与过渡带边界点的频率，在该点，信号衰耗(增益的倒数)下降到一个规定的下限。

③ 转折频率：$f_c=\omega_c/(2\pi)$ 为信号功率衰减到原功率 1/2(约 3 dB) 时的频率，在很多情况下，常以 $f_c(\omega_c)$ 作为通带或阻带截止频率。

④ 固有频率：$f_0=\omega_0/(2\pi)$ 为电路没有损耗时滤波器的谐振频率，复杂电路往往有多个固有频率。

(2) 增益与衰耗

滤波器在通带内的增益并非常数。

① 对于低通滤波器，通带增益 K_p 一般指 $\omega=0$ 时的增益；对于高通滤波器，通带增益指 $\omega\to\infty$ 时的增益；对于带通滤波器，通带增益则指中心频率处的增益。

② 对于带阻滤波器，应给出阻带衰耗，衰耗的定义为增益的倒数。

③ 通带增益变化量 ΔK_p 指通带内各点增益的最大变化量，如果 ΔK_p 以 dB 为单位，则指增益 dB 值的变化量。

(3) 阻尼系数 α 与品质因数 Q

阻尼系数 α 表征滤波器对角频率为 ω_0 的信号的阻尼作用，是滤波器中一项表示能量衰耗的指标。阻尼系数的倒数 $1/\alpha$ 被称为品质因数 Q，是评价带通与带阻滤波器频率选择特性的一个重要指标，$Q=\omega_0/\Delta\omega$。其中，$\Delta\omega$ 为带通或带阻滤波器的 3 dB 带宽，ω_0 为中心频率，在很多情况下中心频率与固有频率相等。

(4) 灵敏度

滤波电路由许多元件构成，每个元件参数值的变化都会影响滤波器的性能。将滤波器某一性能指标 y 对某一元件参数 x 变化的灵敏度记作 S，定义为 $S=(dy/y)/(dx/x)$。

该灵敏度与测量仪器或电路系统灵敏度不是一个概念，该灵敏度越小，标志着电路的容错能力越强，稳定性也越高

(5) 群时延函数

当滤波器幅频特性满足设计要求时，为保证输出信号失真度不超过允许范围，对其相频特性 $\phi(w)$ 也应提出一定要求。在滤波器设计中，常用群时延函数 $d\phi(\omega)/d\omega$ 评价信号经滤波后的相位失真程度。群时延函数 $d\phi(\omega)/d\omega$ 越接近常数，信号相位失真越小。

4. 滤波器传递函数

$$H(s)=\frac{b_0s^m+b_1s^{m-1}+\cdots+b_{m-1}s+b_m}{s^n+a_1s^{n-1}a_{n-1}s+a_n} \tag{8.2.1}$$

由于高阶滤波器的传递函数可以由多个二阶函数(n 为偶数)或一个一阶函数和多个二阶函数(n 为奇数)乘积求得，故二阶滤波器为基本滤波器。

令 $a_1=a\omega_0$，$a_2=\omega_0^2$，二阶滤波器传递函数的一般形式为

$$H(s)=\frac{b_0s^2+b_1s+b_2}{s^n+a\omega_0s+\omega_0^2}=\frac{b_0s^2+b_1s+b_2}{s^n+\dfrac{\omega_0}{Q}s+\omega_0^2} \tag{8.2.2}$$

其中,a 为阻尼系数,ω_0 为固有频率,Q 为品质因数。

根据系数 b_i 的取值,可以求得不同特性的二阶滤波器传递函数。

(1) 低通滤波器

$$H(s)=\frac{K_P\omega_0^2}{s^2+\alpha\omega_0 s+\omega_0^2}=\frac{K_P\omega_0^2}{s^2+\dfrac{\omega_0}{Q}s+\omega_0^2} \tag{8.2.3}$$

(2) 高通滤波器

$$H(s)=\frac{K_P s^2}{s^2+\alpha\omega_0 s+\omega_0^2}=\frac{K_P s^2}{s^2+\dfrac{\omega_0}{Q}s+\omega_0^2} \tag{8.2.4}$$

(3) 带通滤波器

$$H(s)=\frac{K_P\alpha\omega_0 s}{s^2+\alpha\omega_0 s+\omega_0^2}=\frac{K_P\alpha\omega_0 s}{s^2+\dfrac{\omega_0}{Q}s+\omega_0^2} \tag{8.2.5}$$

(4) 带阻滤波器

$$H(s)=\frac{K_P(s^2+\omega_0^2)}{s^2+\alpha\omega_0 s+\omega_0^2}=\frac{K_P(s^2+\omega_0^2)}{s^2+\dfrac{\omega_0}{Q}s+\omega_0^2} \tag{8.2.6}$$

5. 滤波器特性的逼近

理想滤波器要求幅频特性 $A(\omega)$ 在通带内为一常数,在阻带内为零,没有过渡带,还要求群延时函数在通带内为一常量,这在实际应用中是无法实现的。因此,工程实践中往往选择适当的逼近方法,实现对理想滤波器的最佳逼近。

测控系统中常用 3 种逼近方法,分别为:巴特沃斯逼近、切比雪夫逼近、贝塞尔逼近。

(1) 巴特沃斯逼近

巴特沃斯逼近的基本原则是使幅频特性在通带内最为平坦,并且单调变化。其幅频特性为

$$A(\omega)=\frac{K_P}{\sqrt{1+(\omega/\omega_c)^{2n}}} \tag{8.2.7}$$

n 阶巴特沃斯低通滤波器的传递函数为

$$H(s)=\begin{cases} K_P\displaystyle\prod_{i=1}^{N}\frac{\omega_0^2}{s^2+2\omega_0\sin\theta_k s+\omega_0^2} & n=2N \\[4mm] \dfrac{K_P\omega_0}{s+\omega_0}\displaystyle\prod_{i=1}^{N}\frac{\omega_0^2}{S^2+2\omega_0\sin\theta_k s+\omega_0^2} & n=2N+1 \end{cases}$$
$$\theta_k=(2k-1)\pi/2n \tag{8.2.8}$$

不同阶数的巴特沃斯低通滤波器的频率特性曲线如图 8.2.1 所示。

(2) 切比雪夫逼近

切比雪夫逼近的基本原则是允许通带内有一定的波动量 ΔK_p。其幅频特性为

$$A(\omega)=\frac{K_P}{\sqrt{1+\varepsilon^2 c_n^2(\omega/\omega_c)}} \tag{8.2.9}$$

(3) 贝塞尔逼近

贝塞尔逼近与前两种逼近不同,它主要侧重于相频特性,其基本原则是使通带内相频特性的线性度最高,群时延函数最接近于常量,从而使相频特性引起的相位失真最小。不同逼近函

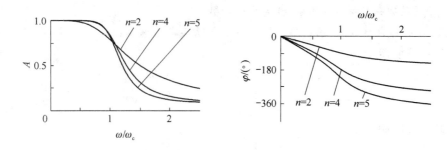

图 8.2.1　不同阶数的巴特沃斯低通滤波器的频率特性曲线

数的低通滤波器的频率特性曲线如图 8.2.2 所示。

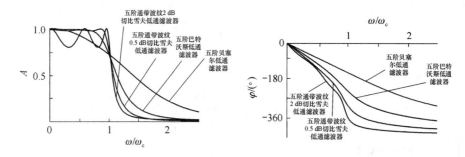

图 8.2.2　不同逼近函数的低通滤波器的频率特性曲线

8.2.2　RC 有源滤波电路

RC 有源滤波电路由运算放大器和 RC 网络组成,该电路增益较高、输出阻抗低,易于实现各种类型的高阶滤波器,在构成超低频滤波器时不需要大电容和大电感。下面分别介绍不同类型的 RC 有源滤波电路。

1. 压控电压源型 RC 有源滤波电路

图 8.2.3 为压控电压源型 RC 有源滤波电路的结构,其中,核心部分为由运算放大器及电阻构成的同相放大器(压控电压源),压控增益为 $1+\dfrac{R_f}{R}$。

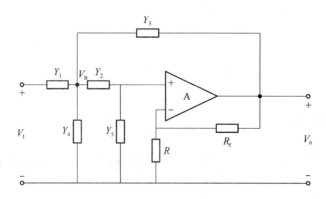

图 8.2.3　压控电压源型 RC 有源滤波电路的结构

根据电路可得到如下方程:

$$\begin{cases} Y_1(V_I - V_B) = \dfrac{Y_2 Y_5}{Y_2 + Y_5} V_B + Y_3(V_B - V_0) + Y_4 V_B \\[3mm] \dfrac{Y_2}{Y_2 + Y_5} V_B \left(1 + \dfrac{R_f}{R}\right) = V_0 \end{cases} \qquad (8.2.10)$$

联立求解得此电路的传递函数为

$$H(s) = \frac{K_f Y_1 Y_2}{(Y_1 + Y_2 + Y_3 + Y_4)Y_5 + [Y_1 + (1 - K_f)Y_3 + Y_4]Y_2} \qquad (8.2.11)$$

其中，$Y_1 \sim Y_5$ 为所在元件的复导纳。$Y_1 \sim Y_5$ 选适当的电阻、电容元件，该电路可构成低通、高通和带通 3 种有源滤波电路。

（1）低通滤波电路

低通滤波器允许直流到指定截止频率的低频分量通过，而使高频分量大幅衰减。

在图 8.2.3 中，取元件 Y_1 和 Y_2 为电阻，Y_3 和 Y_5 为电容，$Y_4 = 0$，可构成低通滤波电路，如图 8.2.4 所示。其传递函数为

$$H(s) = \frac{K_f \dfrac{1}{R_1} \dfrac{1}{R_2}}{\left(\dfrac{1}{R_1} + \dfrac{1}{R_2} + sC_1\right)sC_2 + \left[\dfrac{1}{R_1} + (1 - K_f)sC_1\right]\dfrac{1}{R_2}} \qquad (8.2.12)$$

整理后得

$$H(s) = \frac{K_P \omega_0^2}{s^2 + \alpha \omega_0 s + \omega_0^2} = \frac{K_P \omega_0^2}{s^2 + \dfrac{\omega_0}{Q} s + \omega_0^2} \qquad (8.2.13)$$

其中，滤波器参数为

$$K_P = K_f = 1 + \frac{R_f}{R} \qquad (8.2.14)$$

$$\omega_0 = \frac{1}{\sqrt{R_1 R_2 C_1 C_2}} \qquad (8.2.15)$$

$$\alpha \omega_0 = \frac{1}{C_1}\left(\frac{1}{R_1} + \frac{1}{R_2}\right) + \frac{1 - K_f}{R_2 C_2} \qquad (8.2.16)$$

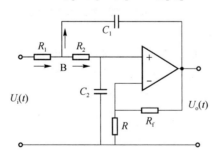

图 8.2.4　低通滤波电路

该低通滤波器电路有 5 个参数 R_1、R_2、C_1、C_2 和 K_P 可以选择，令 $R_1 = R_2 = R$，$C_1 = C_2 = C$，则

$$\omega_0 = \frac{1}{RC}, \quad K_P = \frac{R_L + R_0}{R_L}, \quad \frac{1}{Q} = 3 - K_P$$

当 ω_0 和 Q 已知时，有

$$RC = \frac{1}{\omega_0}, \quad K_P = 3 - \frac{1}{Q}$$

设计一个截止频率 $f_c = 3\text{ kHz}$ 的低通滤波器,设 $f_0 = f_c$,品质因数 $Q = 4$,则

$$RC = \frac{1}{\omega_c} = \frac{1}{2\pi f} = \frac{1}{2 \times 3.14 \times 3 \times 10^3} = 5.31 \times 10^{-5}$$

$$K_p = 3 - \frac{1}{Q} = 3 - \frac{1}{4} = 2.75 = \frac{R_L + R_f}{R_L}$$

令 $C = 0.2\ \mu\text{F}$,则 $R = 265\ \Omega$,R、R_f 的阻值可根据式(8.2.14)选取。从上面的推导可以看出,调整该低通滤波器的电路参数比较方便。例如,若要调整 ω_0,则根据式(8.2.15)可知,只要让 R_1 和 R_2 或 C_1 和 C_2 改变同样的百分比即可,并不影响品质因数 Q 的值。同样,可根据放大倍数调整 R_1/R_2 与 C_1/C_2 来改变 Q 的值,以获得不同的滤波幅频特性。但是由于该电路采用了正反馈结构,故当其增益常数 $K_p > 3$ 时,电路将失去稳定性,因此,增益受到限制。二阶压控 LPF 的幅频特性如图 8.2.5 所示。

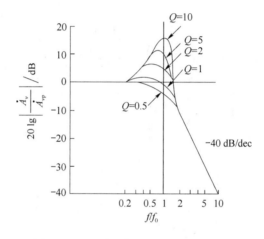

图 8.2.5　二阶压控型 LPF 的幅频特性

(2) 高通滤波电路

高通滤波电路的功能是让高于指定截止频率 ω_c 的频率分量通过,而使直流及在指定阻带频率 ω_s 以下的低频分量有很大衰减。

在图 8.2.3 中,取元件 Y_3 和 Y_5 为电阻,Y_1 和 Y_2 为电容,$Y_4 = 0$,可构成高通滤波电路,如图 8.2.6 所示,其幅频特性如图 8.2.7 所示。其传递函数为

$$H(s) = \frac{K_f sC_1 sC_2}{\left(sC_1 + sC_2 + \frac{1}{R_1}\right)\frac{1}{R_2} + \left[sC_1 + (1 - K_f)\frac{1}{R_1}\right]sC_2} \tag{8.2.17}$$

整理后得

$$H(s) = \frac{K_P s^2}{s^2 + \alpha\omega_0 s + \omega_0^2} = \frac{K_P s^2}{s^2 + \frac{\omega_0}{Q}s + \omega_0^2} \tag{8.2.18}$$

其中,滤波器参数为

$$K_P = K_f = 1 + \frac{R_f}{R} \tag{8.2.19}$$

$$\omega_0 = \frac{1}{\sqrt{R_1 R_2 C_1 C_2}} \tag{8.2.20}$$

$$\alpha\omega_0 = \frac{1}{R_2}\left(\frac{1}{C_1} + \frac{1}{C_2}\right) + \frac{1-K_f}{R_1 C_1} \tag{8.2.21}$$

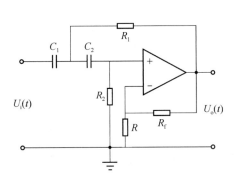

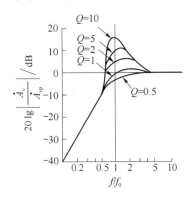

图 8.2.6　高通滤波电路

图 8.2.7　高通滤波器幅频特性

（3）带通滤波电路

带通滤波器电路由低通滤波器和高通滤波器串联而成,高通滤波器的下限截止频率要小于低通滤波器的上限截止频率。

在图 8.2.3 中,取元件 Y_1、Y_3 和 Y_5 为电阻,Y_2 和 Y_4 为电容,可构成带通滤波电路,如图 8.2.8 所示。其传递函数为

$$H(s) = \frac{K_f \dfrac{1}{R_1} s C_2}{\left(\dfrac{1}{R_1} + sC_2 + \dfrac{1}{R_2} + sC_1\right)\dfrac{1}{R_3} + \left[\dfrac{1}{R_1} + (1-K_f)\dfrac{1}{R_2} + sC_1\right]sC_2} \tag{8.2.22}$$

整理后得

$$H(s) = \frac{K_P \alpha\omega_0 s}{s^2 + \alpha\omega_0 s + \omega_0^2} = \frac{K_P \alpha\omega_0 s}{s^2 + \dfrac{\omega_0}{Q}s + \omega_0^2} \tag{8.2.23}$$

其中,滤波器参数为

$$K_P = K_f \left[1 + \left(1 + \frac{C_1}{C_2}\right)\frac{R_1}{R_2} + (1-K_f)\frac{R_1}{R_2}\right]^{-1} \tag{8.2.24}$$

$$\omega_0 = \sqrt{\frac{R_1 + R_2}{R_1 R_2 R_3 C_1 C_2}} \tag{8.2.25}$$

$$\alpha\omega_0 = \frac{1}{R_1 C_1} + \frac{1}{R_3}\left(\frac{1}{C_1} + \frac{1}{C_2}\right) + \frac{1-K_f}{R_2 C_1} \tag{8.2.26}$$

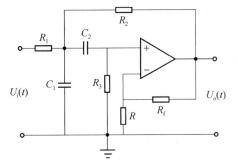

图 8.2.8　带通滤波电路

2. 无限增益多路反馈型滤波电路

无限增益多路反馈型滤波电路由两部分构成,分别为理论上具有无限增益的运算放大器和多路反馈网络,图8.2.9为该类电路的基本结构。设 $A_0 \to \infty$,根据电路原理可得到如下方程:

$$\begin{cases} Y_1(V_I - V_B) = Y_3(V_B - V_0) + Y_2 V_B + Y_5 V_B \\ V_0 = -\dfrac{Y_2}{Y_4} V_B \end{cases} \tag{8.2.27}$$

联立求解得此电路的传递函数为

$$H(s) = -\frac{Y_1 Y_2}{(Y_1 + Y_2 + Y_3 + Y_5) Y_4 + Y_2 Y_3} \tag{8.2.28}$$

其中,$Y_1 \sim Y_5$ 为所在元件的复导纳。$Y_1 \sim Y_5$ 选适当的电阻、电容元件,该电路可构成二阶低通、二阶高通和二阶带通滤波电路,但不能构成带阻滤波电路。

(1) 低通滤波电路

在图8.2.9中,取元件 Y_1、Y_2 和 Y_3 为电阻,Y_4 和 Y_5 为电容,可构成低通滤波电路,如图8.2.10所示。其传递函数为

$$H(s) = -\frac{\dfrac{1}{R_1 R_2}}{\left(\dfrac{1}{R_1} + \dfrac{1}{R_2} + \dfrac{1}{R_3} + sC_1\right)sC_2 + \dfrac{1}{R_2 R_3}} \tag{8.2.29}$$

整理后得

$$H(s) = \frac{K_P \omega_0^2}{s^2 + \alpha \omega_0 s + \omega_0^2} \tag{8.2.30}$$

其中,滤波器参数为

$$K_P = -\frac{R_3}{R_1} \tag{8.2.31}$$

$$\omega_0 = \frac{1}{\sqrt{R_2 R_3 C_1 C_2}} \tag{8.2.32}$$

$$\alpha \omega_0 = \frac{1}{C_1}\left(\frac{1}{R_1} + \frac{1}{R_2} + \frac{1}{R_3}\right) \tag{8.2.33}$$

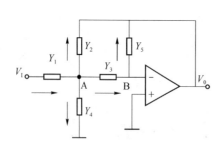

图 8.2.9 无限增益多路反馈电路

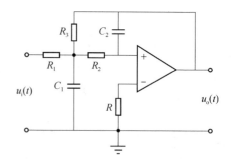

图 8.2.10 低通滤波电路

(2) 高通滤波电路

在图8.2.9中,取元件 Y_1、Y_2 和 Y_3 为电容,Y_4 和 Y_5 为电阻,可构成高通滤波电路,如图8.2.11所示。其传递函数为

$$H(s) = -\frac{s^2 C_1 C_2}{\left(sC_1 + sC_2 + sC_3 + \dfrac{1}{R_1}\right)\dfrac{1}{R_2} + s^2 C_2 C_3} \tag{8.2.34}$$

整理后得

$$H(s) = \frac{K_P s^2}{s^2 + \alpha\omega_0 s + \omega_0^2} \tag{8.2.35}$$

其中,滤波器参数为

$$K_P = -\frac{C_1}{C_3} \tag{8.2.36}$$

$$\omega_0 = \frac{1}{\sqrt{R_1 R_2 C_2 C_3}} \tag{8.2.37}$$

$$\alpha\omega_0 = \frac{C_1 + C_2 + C_3}{R_2 C_2 C_3} \tag{8.2.38}$$

（3）带通滤波电路

在图 8.2.9 中,取元件 Y_2 和 Y_3 为电容,Y_1、Y_4 和 Y_5 为电阻,可构成带通滤波电路,如图 8.2.12 所示。其传递函数为

$$H(s) = -\frac{\dfrac{1}{R_1} s C_1}{\left(\dfrac{1}{R_1} + s C_1 + s C_2 + \dfrac{1}{R_2}\right)\dfrac{1}{R_3} + s C_1 s C_2} \tag{8.2.39}$$

整理后得

$$H(s) = \frac{K_P \alpha\omega_0 s}{s^2 + \alpha\omega_0 s + \omega_0^2} \tag{8.2.40}$$

其中,滤波器参数为

$$K_P = -\frac{R_3 C_1}{R_1 (C_1 + C_2)} \tag{8.2.41}$$

$$\omega_0 = \sqrt{\frac{R_1 + R_2}{R_1 R_2 R_3 C_1 C_2}} \tag{8.2.42}$$

$$\alpha\omega_0 = \frac{1}{R_3}\left(\frac{1}{C_1} + \frac{1}{C_2}\right) \tag{8.2.43}$$

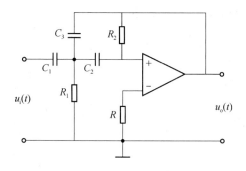

图 8.2.11　高通滤波电路

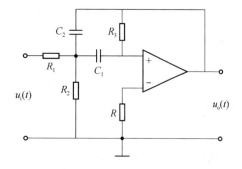

图 8.2.12　带通滤波电路

3. 双二阶环滤波电路

（1）具有低通与带通滤波功能的双二阶环滤波电路

具有低通与带通滤波功能的双二阶环滤波电路如图 8.2.13 所示。其中,u_1、u_2 为低通滤

波器的输出,u_3 为带通滤波器的输出。根据电路原理可得到如下方程:

$$\begin{cases} V_3 = -\dfrac{R_2 /\!/ \dfrac{1}{sC_1}}{R_1} V_1 - \dfrac{R_2 /\!/ \dfrac{1}{sC_1}}{R_0} V_I \\[2mm] V_2 = -\dfrac{1}{sR_3 C_2} V_3 \\[2mm] V_1 = -\dfrac{R_5}{R_4} V_2 \end{cases} \tag{8.2.44}$$

联立求解得带通滤波器 3 的传递函数为

$$H_3(s) = -\dfrac{\dfrac{1}{R_0 C_1} s}{s^2 + \dfrac{1}{R_2 C_1} s + \dfrac{R_5}{R_1 R_2 R_3 C_1 C_2}} = \dfrac{K_{P_3} \alpha \omega_0 s}{s^2 + \alpha \omega_0 s + \omega_0^2} \tag{8.2.45}$$

其中,带通滤波器 3 的参数为

$$K_{P_3} = -\dfrac{R_2}{R_0} \tag{8.2.46}$$

$$\omega_0 = \sqrt{\dfrac{R_5}{R_1 R_3 R_4 C_1 C_2}} \tag{8.2.47}$$

$$\alpha \omega_0 = \dfrac{1}{R_2 C_1} \tag{8.2.48}$$

调节 R_0 调整通带增益 K_{P_3},调节 R_2 调整品质因数 Q,调节 R_5 调整固有振荡频率 ω_0。

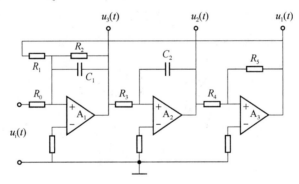

图 8.2.13　具有低通与带通功能的双二阶环滤波电路

低通滤波器 2 的传递函数为

$$H_2(s) = \dfrac{K_{P_2} \omega_0^2}{s^2 + \alpha \omega_0 s + \omega_0^2} \tag{8.2.49}$$

其中,低通滤波器 2 的参数为

$$K_{P_2} = \dfrac{R_1 R_4}{R_0 R_5} \tag{8.2.50}$$

低通滤波器 1 的传递函数为

$$H_1(s) = \dfrac{K_{P_1} \omega_0^2}{s^2 + \alpha \omega_0 s + \omega_0^2} \tag{8.2.51}$$

其中,低通滤波器的参数为

$$K_{P_1} = -\dfrac{R_1}{R_0} \tag{8.2.52}$$

（2）可实现高通、带阻与全通滤波的双二阶环滤波电路

图 8.2.14 为可实现高通、带阻与全通滤波的双二阶环滤波电路，通过对电路参数进行设置，此电路可实现不同功能。根据电路原理可得到如下方程：

$$\begin{cases} V_{01} = -\dfrac{R_2 // \dfrac{1}{sC_1}}{R_{01}} V_I - \dfrac{R_2 // \dfrac{1}{sC_1}}{R_1} V_1 \\[4mm] V_0 = -\dfrac{R_4}{R_{02}} V_I - \dfrac{R_4}{R_3} V_{01} \\[4mm] V_1 = -\dfrac{\dfrac{1}{sC_2}}{R_{03}} V_1 - \dfrac{\dfrac{1}{sC_2}}{R_5} V_0 \end{cases} \tag{8.2.53}$$

联立求解得此电路的传递函数为

$$H(s) = \dfrac{-\dfrac{R_4}{R_{02}} s^2 + \dfrac{R_4}{C_1}\left(\dfrac{1}{R_{01}R_3} - \dfrac{1}{R_{02}R_2}\right)s - \dfrac{R_4}{R_1 R_3 R_5 C_1 C_2}}{s^2 + \dfrac{1}{R_2 C_1}s + \dfrac{R_4}{R_1 R_3 R_5 C_1 C_2}} \tag{8.2.54}$$

其中，滤波器参数为

$$K_P = -\dfrac{R_4}{R_{02}} \tag{8.2.55}$$

$$\omega_0 = \sqrt{\dfrac{R_4}{R_1 R_3 R_5 C_1 C_2}} \tag{8.2.56}$$

$$\alpha\omega_0 = \dfrac{1}{R_2 C_1} \tag{8.2.57}$$

令 R_{03} 开路，$R_{01} = R_{02}R_2/R_3$，电路实现高通滤波功能。此时，电路的传递函数为

$$H(s) = \dfrac{K_P s^2}{s^2 + \alpha\omega_0 s + \omega_0^2} \tag{8.2.58}$$

令 $R_{01} = R_{02}R_2/R_3$，$R_{03} = R_{02}R_5/R_4$，电路实现带阻滤波功能。此时，电路的传递函数为

$$H(s) = \dfrac{K_P(s^2 + \omega_0^2)}{s^2 + \alpha\omega_0 s + \omega_0^2} \tag{8.2.59}$$

令 $R_{01} = R_{02}R_2/2R_3$，$R_{03} = R_{02}R_5/R_4$，电路实现全通滤波功能。此时，电路的传递函数为

$$H(s) = K_P \tag{8.2.60}$$

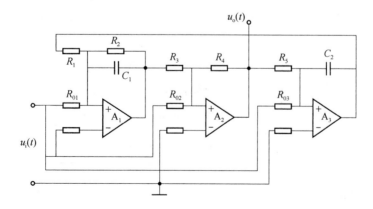

图 8.2.14　可实现高通、带阻与全通滤波的双二阶环滤波电路

4. 有源滤波器集成电路

目前电子市场上已有多种有源滤波器集成电路,例如,美国 MAXIM 公司的 MAX274/275、MAX26X 系列(引脚可编程的通用及带通滤波器),BB 公司的 UAF42 有源滤波器,美国 LTC(linear Technology Corp)公司的 LTC1562 等。下面着重介绍 MAX280 有源滤波器。

图 8.2.15 为单片集成五阶低通滤波器 MAX280 芯片的引脚和内部结构,其各引脚功能如表 8.2.1 所示。它是五阶极点无直流误差的仪用低通滤波器,是由芯片内部的四阶开关电容式滤波器与外部的阻容元件一起构成五阶低通滤波器,芯片也可级联构成十阶或更高阶低通滤波器。该芯片和电容一起使用可以隔离直流信号,具有优良的直流精度。MAX280 芯片的截止频率 f_c 由内部振荡器的输出频率 f_{OSC} 或内部时钟的驱动频率 f_{CLK} 决定,该芯片的时钟可以通过下面 3 种途径获得。

① 通过 DRIVE RATIO 引脚的不同连接方法获得。该引脚可将频率比设定为 f_{CLK}/f_{OSC}。其中,f_{CLK} 是内部时钟的驱动频率,f_{OSC} 为内部振荡器的输出频率。该引脚接 E_p 时,$f_{CLK}/f_{OSC}=1/1$;接 AGND 时,$f_{CLK}/f_{OSC}=1/2$;接 E_n 时,$f_{CLK}/f_{OSC}=1/4$。

② 可使用内部振荡器获得。内部标称时钟的频率为 140 kHz,在 C_{OSC} 引脚对地接入一电容与内部 33 pF 电容并联,即可改变内部振荡的输出频率 $f_{OSC}=140\left(\dfrac{33\ \text{pF}}{33\ \text{pF}+C_{OSC}}\right)\text{kHz}$。在 C_{OSC} 引脚和电容 C_{OSC} 之间串联一电位器,可调节振荡频率,此时振荡频率为 $f'_{OSC}=f_{OCS}(1-4RC_{OSC}f_{OSC})$,其中,$f_{OSC}$ 是 $R=0$ 时内部振荡器的输出频率。

(a) 引脚图

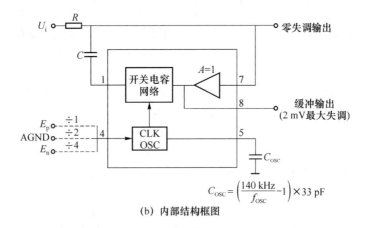

$$C_{OSC}=\left(\frac{140\ \text{kHz}}{f_{OSC}}-1\right)\times 33\ \text{pF}$$

(b) 内部结构框图

图 8.2.15 MAX280 芯片的引脚和内部结构

表 8.2.1 MAX280 芯片引脚功能表

引脚	名称	功能
1	FB	外部电容通过该引脚耦合至芯片
2	AGNG	模拟地。双电源供电时,该引脚接系统地;单电源供电时,该引脚接电源中点,且必须由大电容旁路

续表

引脚	名称	功能
3	EN	负电源端
4	DRIVE RATIO	依据该引脚的电位,振荡器的频率被分频为1,2或4倍。当该引脚接EP时,时钟与截止频率的比值是100∶1;当该引脚接地时,时钟与截止频率的比值是200∶1;当该引脚接EN时,时钟与截止频率的比值是400∶1
5	COSC	外部时钟方式时,该引脚输入外部时钟;内部时钟方式时,在该引脚和EN脚之间接一外部电容
6	EP	正电源端
7	V0	零失调输出或芯片内部缓冲放大器的输入端
8	BOUT	缓冲放大器的输出端

③ 使用外部时钟获得。在 C_{OSC} 引脚直接输入时钟也可驱动电路工作,此时,时钟频率应为要求的截止频率的 100 倍,即若要求滤波器的截止频率为 10 Hz,输入时钟的频率应为 $f_{CLK}=1\,000$ Hz。

图 8.2.16 为单 5 V 电源五阶低通滤波器的电路。其中,AGND 引脚被偏置在 1/2 电源电压。R_1 和 R_2 的选择应使该支路中的电流大于等于 10 μA,R' 为缓冲器提供直流偏置,电容 C' 用于隔离输出中的直流成分。

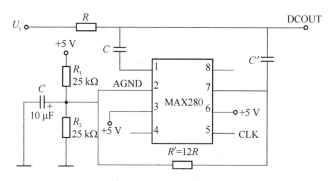

图 8.2.16 单 5 V 电源五阶低通滤波器的电路

8.2.3 无源滤波电路

RC 滤波器电路简单,抗干扰性强,有较好的低频性能,并且选用标准的阻容元件,因此,在工程中经常用到 RC 滤波器。

1. 一阶 RC 低通滤波器

一阶 RC 低通滤波器的电路及其幅频、相频特性如图 8.2.17 所示。

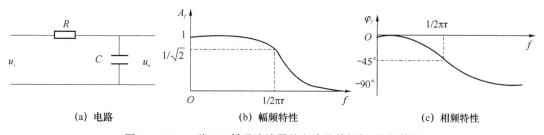

(a) 电路   (b) 幅频特性   (c) 相频特性

图 8.2.17 一阶 RC 低通滤波器的电路及其幅频、相频特性

设滤波器的输入电压为 u_i，输出电压为 u_o，则电路的微分方程为

$$RC\frac{\mathrm{d}u_o}{\mathrm{d}t}+u_o=u_i \tag{8.2.61}$$

令 $\tau=RC$，称其为时间常数，对式（8.2.61）取拉氏变换，得

$$G(s)=\frac{1}{\tau s+1}\text{ 或 }G(f)=\frac{1}{\mathrm{j}\omega 2\pi\tau+1}$$

其幅频、相频特性公式为

$$A(f)=|G(f)|=\frac{1}{\sqrt{1+(2\pi f\tau)^2}}$$

$$\varphi(f)=-\arctan(2\tau\pi f) \tag{8.2.62}$$

分析可知，当 f 很小时，$A(f)=1$，信号可以不受衰减地通过；当 f 很大时，$A(f)=0$，信号完全被阻挡，不能通过。

2. 一阶 *RC* 高通滤波器

一阶 *RC* 高通滤波器的电路及其幅频、相频特性如图 8.2.18 所示。

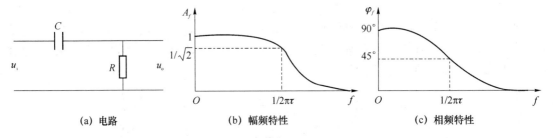

| (a) 电路 | (b) 幅频特性 | (c) 相频特性 |

图 8.2.18　一阶 *RC* 高通滤波器的电路及其幅频、相频特性

设滤波器的输入电压为 u_i，输出电压为 u_o，电路的微分方程为

$$u_o+\frac{1}{RC}\int u_o\mathrm{d}t=u_i \tag{8.2.63}$$

令 $\tau=RC$，对式（8.2.63）取拉氏变换，得

$$G(s)=\frac{\tau s}{\tau s+1}\text{ 或 }G(f)=\frac{\mathrm{j}\omega 2\pi\tau}{\mathrm{j}\omega 2\pi+1}$$

其幅频、相频特性公式为

$$A(f)=|G(f)|=\frac{2\pi f\tau}{\sqrt{1+(2\pi f\tau)^2}}$$

$$\varphi(f)=-\arctan\left(\frac{1}{2\pi f\tau}\right) \tag{8.2.64}$$

当 f 很小时，$A(f)=0$，信号完全被阻挡，不能通过；当 f 很大时，$A(f)=1$ 信号可以不受衰减地通过。

3. *RC* 带通滤波器

带通滤波器可以看作低通滤波器和高通滤波器的串联，其电路、幅频特性、相频特性如图 8.2.19 所示。其幅频、相频特性公式为 $G(s)=G_1(s)G_2(s)$，其中，$G_1(s)$ 为高通滤波器的传递函数，$G_2(s)$ 为低通滤波器的传递函数。

$$A(f)=\frac{2\pi f\tau_1}{\sqrt{1+(2\pi f\tau_1)^2}}\cdot\frac{1}{\sqrt{1+(2\pi f\tau_2)^2}}$$

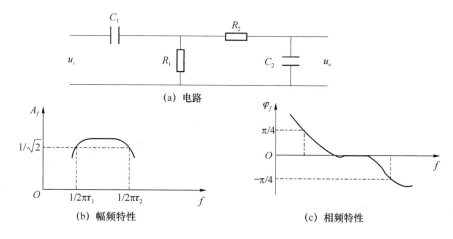

图 8.2.19　RC 带通滤波器的电路及其幅频、相频特性

$$\varphi(f) = \arctan\left(\frac{1}{2\pi f\tau_1}\right) - \arctan(2\pi f\tau_2) \tag{8.2.65}$$

这时极低和极高的频率成分都被完全阻挡,不能通过;只有位于频率通带内的频率成分能通过。

当高、低通两级串联时,应消除两级耦合时的相互影响,该影响指后一级成为了前一级的负载,而前一级又是后一级的信号源内阻。实际上,两级间常用射极输出器或运算放大器进行隔离,因此,实际应用中的带通滤波器常常是有源的。

8.3　信　号　变　换

传感器输出的微弱信号经过放大后还要根据后续的测量仪表、数据采集器、计算机外围接口电路等仪器对输入信号的要求,对信号进行相应的变换。如电压-电流变换、电压-频率变换、模拟-数字变换、数字-模拟变换等。后两者在有关课程中已有详细讲述,此处不再重复。

8.3.1　电压-电流变换

在远距离信号传输中,电压信号容易受到干扰,可将直流电压信号转换为直流电流信号进行传输。利用运算放大电路可以很容易地实现电压-电流变换。

(1) 负载浮置的电压-电流变换电路

图 8.3.1 为实现电压-电流变换的基本原理电路。根据运算放大器的特性,可以求得

$$i_1 = i_f = \frac{V_i}{R_1} \tag{8.3.1}$$

$$i_3 = -\frac{V_0}{R_3} = \left(-\frac{1}{R_3}\right) \times \left(-\frac{R_2}{R_1}V_1\right) = \frac{R_2}{R_1 R_3}V_1 \tag{8.3.2}$$

$$i_L = i_f + i_3 = \frac{1}{R_1}V_i + \frac{R_2}{R_1 R_3}V_i = \frac{1}{R_1}\left(1 + \frac{R_2}{R_3}\right)V_i \tag{8.3.3}$$

根据式(8.3.3)可知,这种变换电路的负载电流由输入电压和放大器的输出共同提供,可以通过改变电阻的大小来调节负载电流。但是这种电路的负载电流受到运算放大器带载能力的限制,一般在数毫安以下。

加大运算放大器的输入阻抗和采用同相运算放大器,将输入信号接入同相端,可以减小负

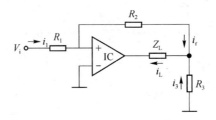

图 8.3.1　负载浮置的电压-电流变换电路

载从输入信号源汲取的电流,如图 8.3.2 所示。由于同相运算放大器的输入阻抗非常高,故输入信号源几乎不提供电流,而是由运算放大器提供,因此,负载电流的大小也要受到运算放大器的最大允许输出电流的限制。

$$I_{\mathrm{L}} = I_1 = \frac{u_{\mathrm{i}}}{R_1} \tag{8.3.4}$$

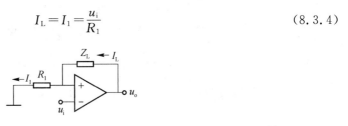

图 8.3.2　负载浮置的同向运算放大电路

（2）负载接地的电压-电流变换电路

因为在实际应用中常常要求负载电阻一端接地,以便与后续电路相连,所以可以采用单个或两个运算放大器组成负载接地的电压-电流变换器,如图 8.3.3 所示。

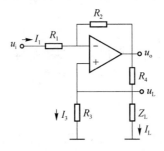

图 8.3.3　负载接地的单运放电压-电流变换电路

根据电路叠加原理,可得负载接地的单运放电压-电流变换器的输出电压为

$$u_0 = -\frac{R_2}{R_1}u_{\mathrm{i}} + u_{\mathrm{L}}\left(1 + \frac{R_2}{R_1}\right) \tag{8.3.5}$$

负载上的电压为

令

$$u_{\mathrm{L}} = \frac{Z_{\mathrm{L}}//R_3}{R_4 + Z_{\mathrm{L}}//R_3}u_0 \tag{8.3.6}$$

$$\frac{R_4}{R_3} = \frac{R_2}{R_1} \tag{8.3.7}$$

根据式(8.3.5)与式(8.3.6)得

$$u_{\mathrm{L}} = -\frac{Z_{\mathrm{L}}}{R_3}u_{\mathrm{i}} \tag{8.3.8}$$

$$I_L = \frac{u_L}{Z_L} = -\frac{1}{R_3}u_i \tag{8.3.9}$$

根据式(8.3.9)可知,当单运放电压-电流变换器采用电阻满足式(8.3.9)时,负载电流与输入电压呈线性关系,与负载电阻无关。在选择电阻时,通常将 R_1、R_3 的阻值取得大一些,以减少输入信号源的电流 I_1 和 R_4 的分流作用;将电阻 R_2、R_4 的阻值取得小一些,以减小 R_2、R_4 上的电压降。

（3）大电流高电压的电压-电流变换

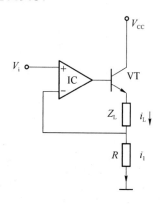

图 8.3.4　负载接地的单运放电压-电流变换电路

根据图 8.3.4 可知,负载电流为

$$i_L = i_1 = \frac{V_i}{R} \tag{8.3.10}$$

要求 T 为大功率三极管,R 与 Z_L 的额定功率大于其实际消耗功率。

8.3.2　电流-电压变换

电流-电压变换电路如图 8.3.5 所示。根据放大器虚短虚断的概念可知,电流源的输出电流等于反馈电流,即 $I_S = I_F$。由此可知:

$$V_{01} = -I_S R_F \tag{8.3.11}$$

输出电压为

$$V_0 = \left(1 + \frac{R_1}{R_2}\right)V_{01} = -\left(1 + \frac{R_1}{R_2}\right)I_S R_F \tag{8.3.12}$$

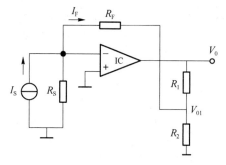

图 8.3.5　电流-电压变换电路

8.3.3 电压-频率变换

电压-频率变换就是将输入电压变换为与之成正比的频率信号输出。频率信息可远距离传递并有优良的抗干扰能力,因而被广泛应用。频率信号是数字信号的一种表现形式,它应用简单,对外围器件性能要求不高,且价格较低。

1. 积分复原型电压频率变换电路

积分复原型电压频率变换电路的原理如图 8.3.6 所示。上电后,积分器的输出电压大于比较器的参考电压,即 $v_0 > v_R$,输出控制开关接通,输入电压 v_i,对输入信号进行积分得 $v_0 = -\dfrac{1}{\tau}\int_0^t v_i \mathrm{d}t$。当 $v_0 = -\dfrac{1}{\tau}T_1 v_i \leqslant v_R$ 时,比较器翻转,输出控制开关切换到 v_F,积分器电容快速放电,放电时间为 T_2。当 $v_0 > v_R$ 时,重复上一周期。比较器输出电压的频率为

$$f_0 = \frac{1}{T_1 + T_2} \approx \frac{1}{T_1} = \frac{1}{\tau v_R} v_i \tag{8.3.13}$$

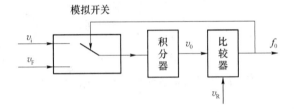

图 8.3.6　积分复原型电压频率变换电路的原理

积分复原型电压频率变换电路如图 8.3.7 所示。上电后,积分器 IC1 的输出电压 $v_{01} = 0$,比较器 IC2 的反相端电压 $v_{F2} > 0$,比较器 IC2 的输出电压 v_{02} 为低电平,三极管 VT_1 截止 $v_0 = -15\text{ V}$,v_{02} 加到场效应管 VT_2 的栅极,VT_2 截止,积分器工作。

积分器的输出电压为

$$v_0 = -\frac{1}{\tau}\int_0^t v_i \mathrm{d}t \tag{8.3.14}$$

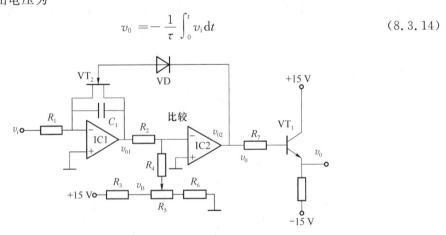

图 8.3.7　积分复原型电压-频率变换电路

当 $v_{01} \leqslant -v_B$ 时,比较器 IC2 的反相端电压 $v_{F2} < 0$,比较器 IC2 的输出电压 v_{02} 为高电平,三极管 VT_1 导通 $v_0 = 15\text{ V}$,v_{02} 加到场效应管 VT_2 的栅极,VT_2 导通,C_1 上的电荷通过 VT_1 的漏源极快速放电,$v_{01} = 0$,比较器 IC2 的反相端电压 $v_{F2} > 0$,比较器 IC2 的输出电压 v_{02} 为低电平,进入下一周期。

设 $t = T_1$，$v_{01} = -v_B$，即 $v_0 = -\dfrac{1}{R_1 C_1} \displaystyle\int_0^{T_1} v_i \mathrm{d}t = -v_B$。

可得

$$T_1 = \frac{R_1 C_1}{v_i} v_B \tag{8.3.15}$$

输出信号频率为

$$f_0 = \frac{1}{T_1 + T_2} \approx \frac{1}{T_1} = \frac{v_i}{R_1 C_1 v_B} \tag{8.3.16}$$

读者可自行分析输出频率的波形。

2. 集成电压频率变换器电路

常见的集成电压频率变换器的类型及性能如表 8.3.1 所示。

表 8.3.1　常见电压频率变换器的类型及性能

型　　号	非线性误差/%	最高频率/MHz	(电源电压/V)/(电流/mA)	备　　注
AD537J	0.1(10 kHz)	0.15	(4.5~36)/1.2	1 V 参考电压源
AD537K	0.07(max)			
AD650J	0.002(10 kHz)	1	(±9~±18)/8(max)	电荷平衡型
AD650K	0.07(1 MHz)			
AD652J	0.002(500 kHz)	2	(12~36)/11	同步型
AD652K	0.002(1 MHz)			
AD654J	0.03(250 kHz)	0.5	(4.5~36)/2.0	双列直插 8 脚
VFC32K	0.005(10 kHz)	0.5	(±11~±20)/5.5	
VFC62B	0.004(10 kHz)	1	(±13~±20)/6	
VFC62C	0.0015(10 kHz)			
VFC100A	0.01(100 kHz)	1	(15~36)/10.6	同步型
VFC121A	0.05(max,100 kHz)	1	(4.5~3.6)/7.5	电荷平衡型
VFC121B	0.03(max,100 kHz)			
LM331	0.003(10 kHz)	0.1	(5~40)/4	双列直插 8 脚
RC4151	0.013(10 kHz)	0.1	(8~22)/4.5	

以常用的 LM331 为例,说明集成电压频率变换器的转换原理。LM331 是由美国 TI 公司生产的高精度电压-频率、频率-电压变换芯片。可用于 A/D 转换,电压-频率、频率-电压变换和转速测量。V/F、F/V 成正比,线性失真最大为 0.01%。LM331 的特点为动态范围广,最大可达 100 dB;温度稳定性高,温度系数为 ±50ppm/℃;工作范围广,其范围为 1~100 kHz;外接电路简单,只需要几个电阻电容就可以构成 V/F、F/V 电路;开集输出,可根据外接电源匹配所有逻辑电平,其范围为 4~40 V;功耗低,在 5 V 时功耗仅为 15 mW,可驱动 3 个 TTL负载。

其转换原理如图 8.3.8 所示。LM331 由镜像电流源、电流开关、电流泵、带隙基准电压、RS 触发器、输入比较器、定时比较器、输出驱动管、输出保护管和复位晶体管等部件组成。其中:带隙基准电路向各个电路提供偏置电流;电流泵使引脚 2 的电压维持在 1.90 V;镜像电流源使引脚 1 的电流与引脚 2 的电流相等;输入比较器的同相输入端(引脚 7)接收转换的电压,反相端(引脚 6)接引脚 1 并与 RC 电路相连;输出驱动管采用集电极开路方式,可以根据外接电源改变输出脉冲的逻辑电平(引脚 3),以适配 TTL、DTL、CMOS 等不同的逻辑电路。

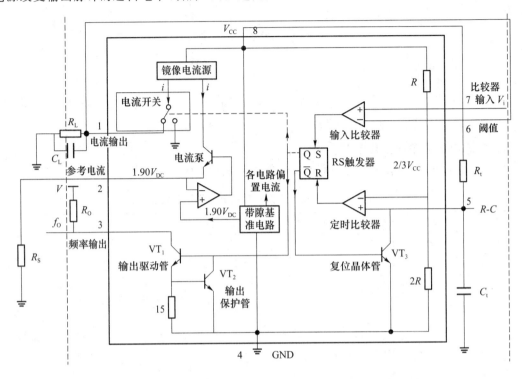

图 8.3.8　LM331 的 V/F 转换原理

(1) V/F 转换的工作原理

输入比较器的输入端(引脚 7)电压为正电压,输入比较器的输出电压为高电平,RS 触发器置位,输出驱动管 VT_1 导通,引脚 3 为低电平。此时,镜像电流源接通引脚 1,对电容 C_L 充电。定时比较器反相端电压高于同相端电压,截止,V_{CC} 通过 R_t 对 C_t 充电,直到引脚 5 的电压大于 $2/3V_{CC}$,定时比较器输出高电平。此时,输入比较器反相端(引脚 6)电压大于同相端(引脚 7)电压,RS 触发器复位,其输出端 Q 输出低电平。输出驱动管 VT_1 截止,引脚 3 在上拉电源的作用下为高电平。复位管 VT_3 导通,C_t 通过三极管快速放电。此时,镜像电流源开关接地,电容 C_L 通过 R_L 快速放电,输入比较器同相端电压大于反相端电压,重复上一过程。形成自激振荡,引脚 3 输出脉冲信号。

在芯片启动或输入电压较大时,会在一段时间内出现频率输出为 0 的现象,其原因是当定时比较器同相端电压(引脚 5)大于反相端电压($2/3V_{CC}$)时,电容 C_L 的电压小于输入比较器同相端输入电压;电容 C_L 的电压继续升高,直到电容 C_L 的电压大于输入比较器同相端输入电压时,频率输出不为 0。

根据电荷平衡条件

$$\frac{U_L}{R_L}t_2 = \left(i - \frac{U_L}{R_L}\right)t_1 \tag{8.3.17}$$

其中,t_1 为 C_L 的充电时间,t_2 为 C_L 的放电时间。U_L 为充电结束时 R_L 两端的电压,此电压与输入电压相等。充电时间 t_1 为

$$t_1 = 1.1R_LC_L \tag{8.3.18}$$

其中,充电电流 i 的大小由 R_S 决定。

$$i = \frac{1.90\ \text{V}}{R_S} \tag{8.3.19}$$

输出频率为

$$f_0 = \frac{1}{t_1 + t_2} = \frac{V_i R_S}{2.09 R_L R_t C_t} \tag{8.3.20}$$

当 R_S、R_L、R_t、C_t 一定时,f_0 与 V_i 成正比,实现 V/F 变换。

(2) V/F 变换电路

V/F 变换电路如图 8.3.9 所示。输入电压信号经过 RC 阻容滤波后输入 LM331,其输入比较器同相端(引脚 7)、输入比较器反相端(引脚 6)和引脚 1 外接充放电电阻 R_L 和电容 Ct。实时比较器同相端(引脚 5)外接充放电电阻 R_t 和电容 C_t,引脚 2 接参考电路控制电阻 R_S。所有器件均选用温度稳定性高的材质,如电阻选金属膜电阻,电容选 NPO 陶瓷、聚苯乙烯、聚四氟乙烯等材质。引脚 2 可串联固定电阻与电位器以调整 R_t、C_t 引起的误差,C_L 选漏电系数小的电容。

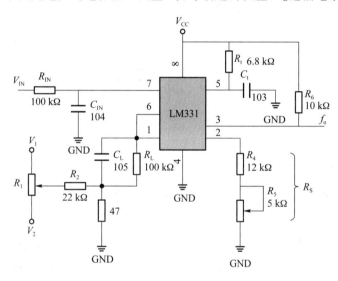

图 8.3.9　V/F 变换电路

(3) F/V 变换原理

F/V 变换原理如图 8.3.10 所示。脉冲信号经过 C_1 和 R_3 组成的微分电路输入到输入比较器的反相端(引脚 6),输入比较器的同相端(引脚 7)经过 R_1 和 R_2 分压后接到电源 V_{CC},R_L 和 C_L 组成的 RC 网络与引脚 1 相连,引脚 2 的 R_S 用来调整电流大小。R_t 和 C_t 组成的积分电流连接定时比较器的同相输入端。

当脉冲信号下降沿到来时,引脚 6 处会出现负向的尖脉冲,当引脚 6 的电压低于引脚 7 时,输入比较器输出高电平,RS 触发器置位,Q 端输出高电平。电流开关接通引脚 1,镜像电流源给电容 C_L 充电,引脚 1 输出高电平。此时,由于复位晶体管截止,电源 V_{CC} 通过电阻 R_t 给电容 C_t 充电,当 C_t 两端电压大于 $2/3 V_{CC}$ 时,定时比较器输出高电平,RS 触发器复位(此时引脚 6 的电压已经高于引脚 7),Q 端输出低电平,电流开关与引脚 1 断开,C_L 通过 R_L 放电,维持引脚 1 的电压。同时复位晶体管导通,C_t 对外放电。当下一个脉冲信号的下降沿到来时,重复以上过程,从而实现 F/V 变换。

引脚 1 电压为 $V_0 = I R_L$。I 为流过引脚 1 的平均电流,大小为

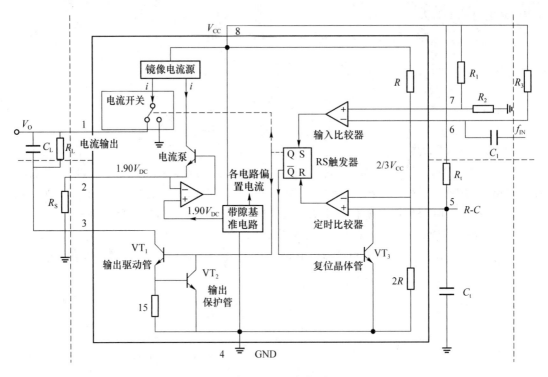

图 8.3.10   F/V 变换原理

$$I = i \times (1.1 R_t C_t) \tag{8.3.21}$$

其中, $i = 1.90/R_S$, 由此可知

$$V_0 = f_{IN} \times 2.09 \frac{R_L}{R_S}(R_t C_t) \tag{8.3.22}$$

(4) F/V 变换电路

F/V 变换电路如图 8.3.11 所示。C_1 不能过小, 否则引脚 6 无法提供足够的幅值尖脉冲, 无法触发输入比较器, 但 C_1 过大也会降低电路的抗干扰能力。R_L 和 C_L 组成的低通滤波电路可使输入输出电压的纹波小于 10 mV。增大 C_L 有助于降低纹波但同时也降低了电路的响应速度, 故应综合考虑各个参数的取值。引脚 2 串联一个固定电阻和一个电位器, 调整 R_L、R_t 和 C_t 引起的误差。

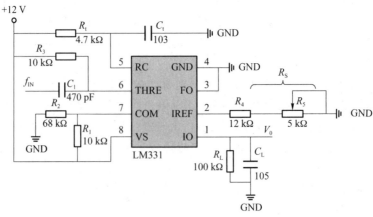

图 8.3.11   F/V 变换电路

思考题与习题

1. 检测系统为何要进行信号调理？信号调理的内容主要包括哪些？

2. 热电偶、电桥等电路，一般采用何种放大器？

3. 比较变压器耦合式隔离放大器与光电耦合式隔离放大器各有何特点？

4. 低通、高通、带通滤波器各有什么特点，它们分别适用于哪些场合？

5. 通常情况下，传感器输出信号多数为电压信号，为何在工业现场要将电压转换成 $0 \sim 10$ mA 或 $4 \sim 20$ mA 的电流信号？

6. 使用某一热电偶测量温度时，若热电偶最大输出电压为 25 mV，要求对热电偶输出进行放大，放大后信号为 3 V。应采用何种放大器，放大倍数应如何调整？

7. 采用集成程控增益放大器对四路传感器输出信号进行放大，如题图 7 所示。其增益、通道选择如题表 7 所示。若要求第 1 路到第 4 路传感器输出信号接到放大器的 $IN1 \sim IN4$ 通道，$IN1$ 通道的放大倍数为 128 倍，$IN2$ 通道的放大倍数为 48 倍，$IN3$ 通道的放大倍数为 32 倍，$IN4$ 通道的放大倍数为 16 倍。试确定每个通道的 $A5 \sim A0$ 值。

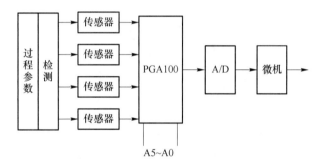

题图 7　集成程控增益放大器

题表 7　增益、通道选择表

A5	A4	A3	增益	A2	A1	A0	通道
0	0	0	$\times 1$	0	0	0	IN0
0	0	1	$\times 2$	0	0	1	IN1
0	1	0	$\times 4$	0	1	0	IN2
0	1	1	$\times 8$	0	1	1	IN3
1	0	0	$\times 16$	1	0	0	IN4
1	0	1	$\times 32$	1	0	1	IN5
1	1	0	$\times 48$	1	1	0	IN6
1	1	1	$\times 128$	1	1	1	IN7

8. 设计一个截止频率 $f_c = 200$ Hz 的一阶无源低通滤波电路。

9. 大电流、高电压的电压-电流变换电路如题图 9 所示。

(1) 求输出电流表达式。

（2）欲将 0～50 V 的输入电压转换为 0～500 mA 的输出电流,试确定 R 的阻值与额定功率。

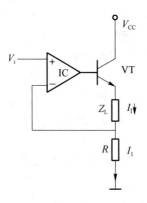

题图 9　大电流、高电压的电压-电流变换电路

第9章　现代检测系统及应用

随着科学技术的发展,仪器仪表的研制和生产趋向微型化、集成化、智能化和网络化。现代微型制造技术、光—机—电—仪等综合技术、纳米技术、计算机技术、仿生技术、新材料等高新技术的发展使新式的科学仪器已成为主流。同时虚拟仪器技术、现场总线技术、无线传感器网络技术、智能化处理技术、网络化测控技术等已经广泛应用于现代检测系统中,基于计算机的仪器仪表将更可靠,配置更简单灵活,更便于使用,这将有力地推动仪器仪表的现代化发展进程。

本章主要介绍虚拟仪器技术、现场总线仪表、无线传感器网络技术、检测系统的智能化和网络化测控技术等,最后介绍一个基于计算机和数据采集芯片的便携式检测系统的实用设计方案。

9.1　虚拟仪器技术

9.1.1　虚拟仪器概述

1. 虚拟仪器的产生及发展

检测装置或检测系统的发展过程可分为模拟检测装置、数字检测装置、基于微处理器的检测装置和以计算机为核心的自动检测系统,以及以软件为核心的虚拟仪器系统等几个阶段。随着计算机技术、大规模集成电路技术和通信技术的飞速发展,仪器技术领域发生了巨大的变化,美国国家仪器有限公司(National Instruments)于 20 世纪 80 年代中期首先提出了基于计算机和软件技术的虚拟仪器的概念,随后研制和推出了基于多种总线系统的虚拟仪器。

虚拟仪器,实际上就是一种基于计算机的自动化仪器。虚拟仪器的一个突出优点是它能够和计算机技术结合,通过开发软件来开拓更多的仪器功能,具有高灵活性。虚拟仪器可以充分利用现有计算机资源,配以独特设计的软硬件,不仅可以实现普通仪器的全部功能,还可以开发一些在普通仪器上无法实现的功能。虚拟仪器的另一个突出优点是它能够和网络技术结合,借助 OLE、DDE 技术与企业内部网 Intranet 连接或与 Internet 网络连接,从而进行高速数据通信,实现测量数据的远程共享。

虚拟仪器的操作界面友好,操作学习容易,而且与其他设备集成方便。可以为用户提供功能多样且可灵活调整的检测手段。用户可以根据不同要求,设计自己的仪器系统,以满足多种多样的应用需求。有研究表明,虚拟仪器最终将取代大量的传统仪器成为仪器领域的主流产品。

2. 虚拟仪器分类

(1)虚拟仪器的发展方向

① 向高速、高精度、大型自动测试设备方向发展。进展过程为从基于 GPIB 总线虚拟仪器到基于 VXI 总线虚拟仪器再到基于 PXI 总线虚拟仪器。

② 向高性能、低成本、普及型方向发展。进展过程为从 PC 插卡式虚拟仪器(数据采集插

卡式 DAQ)到并行接口虚拟仪器再到串行接口(包括 RS232C、RS485 和 USB 等)和网络接口虚拟仪器。

(2) 虚拟仪器的类型

① PC 总线——插卡型虚拟仪器

插卡型虚拟仪器将插入计算机内的数据采集卡与专用的软件(如 LabVIEW)相结合。其缺点是机箱内无屏蔽,而且受到 PC 机的机箱和总线、计算机的电源功率、插槽数目、插槽尺寸等因素的限制,还受到机箱内部噪声电平的干扰等。

② 并行接口式虚拟仪器

并行接口式虚拟仪器把仪器硬件集成在一个采集盒内,数据线连接到计算机并行口,仪器软件装在计算机上,可以组成数字存储示波器、频谱分析仪、逻辑分析仪、任意波形发生器等仪器。并行接口式虚拟仪器价格低廉、用途广泛,尤其适用于研发部门和教学科研实验室。

③ GPIB 总线虚拟仪器

GPIB(General Purpose Interface Bus),即 IEEE488 通用接口总线,是 HP 公司在 20 世纪 70 年代推出的台式仪器接口总线,因此,又叫 HPIB(HP Interface Bus)。该总线是在微机中插入一块 GPIB 接口卡,通过 24 或 25 线电缆连接到仪器端的 GPIB 接口。当微机的总线变化时,例如,采用 ISA 或 PCI 等不同总线,接口卡也随之变更,其余部分可保持不变,从而使 GPIB 系统能适应微机总线的快速变化。GPIB 系统的缺点是其数据线较少,只有 8 根,数据传输速度最高为 1 Mbit/s,传输距离为 20 m。

④ VXI 总线虚拟仪器

VXI 总线(VMEbus eXtension for Instrumentation)是 VME 计算机总线在仪器领域中的扩展,VME 总线是一种工业微机的总线标准,主要用于微机和数字系统领域。VXI 系统具有小型便携、高速数据传输、模块式结构、系统组建灵活等特点。但是组建 VXI 总线要求有机箱、零槽控制器及嵌入式控制器,造价比较高。

⑤ PXI 总线虚拟仪器

PXI(PCI eXtensions for Instrumentation)是 PCI 计算机总线在仪器领域中的扩展。PXI 的构造类似于 VXI 结构,但它的设备成本更低、运行速度更快,结构更紧凑。目前基于 PCI 总线的软硬件均可应用于 PXI 系统中,从而使 PXI 系统具有良好的兼容性。PXI 有 8 个扩展槽,通过使用 PCI-PCI 桥接器,可扩展到 256 个扩展槽。因此,基于 PXI 总线的虚拟仪器将成为主流的虚拟仪器平台之一。

9.1.2 虚拟仪器的构成

虚拟仪器系统是由计算机、仪器硬件和应用软件 3 大要素构成的。计算机与仪器硬件又称为虚拟仪器的通用仪器硬件平台。在虚拟仪器中,硬件的主要功能是获取测量信号,而软件的作用是实现数据采集、分析、处理、显示等功能,并将其集成为仪器操作与运行的命令环境。从图 9.1.1 中可以看出,虚拟仪器系统的构成可以分为传感器功能部分、测控功能部分和计算机硬件平台功能部分。计算机硬件平台可以是各种类型的计算机,如台式计算机、便携式计算机、工作站、嵌入式计算机等。

1. 硬件组成

虚拟仪器硬件包括计算机及 I/O 接口设备。计算机中的微处理器和总线是虚拟仪器最重要的组成部分。总线技术的发展促进了虚拟仪器处理能力的提高。PCI 总线性能比 ISA 总线提高了近十倍,使得微处理器能够更快地访问数据。使用 ISA 总线时,插在电脑中的数据采集板的采集速度最高为 2 Mbit/s,使用 PCI 总线时,最高采集速度可提高到 132 Mbit/s。由于总线速度得到了大幅提高,故现在可以同时使用数块数据采集板,甚至可以将图像数据采集和数据采集结合在一起。

I/O 接口设备主要完成被测信号的采集、放大、模/数转换。可根据不同情况采用不同的 I/O 接口硬件设备,如数据采集卡(DAQ)、GPIB 总线仪器、VXI 总线仪器模块、串口仪器等。虽然经常被忽视,但是 I/O 驱动程序是快速测试开发策略至关重要的要素之一。此软件提供了测试开发软件和测量与控制硬件之间的连通性,包括仪器的驱动程序、配置工具和快速 I/O 助手。

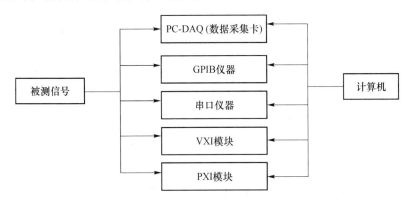

图 9.1.1　虚拟仪器的构成

2. 软件组成

开发虚拟仪器必须有合适的软件工具,目前,虚拟仪器软件开发工具有两类。

(1) 文本式编程语言,如 Visual C++、Visual Basic、Labwindows/CVI 等。

(2) 图形化编程语言,如 LabVIEW、HPVEE 等。

虚拟仪器软件由两部分构成,应用程序和 I/O 驱动程序,其中,应用程序包含两个方面的程序:

① 实现虚拟面板功能的前面板软件程序;

② 定义测试功能的流程图软件程序。

I/O 接口仪器驱动程序用来完成特定外部硬件设备的扩展、驱动和通信。大部分虚拟仪器开发环境均提供一定程度的 I/O 设备支持。许多 I/O 驱动程序已经集成在开发环境中。以 LabVIEW 为例,它能够支持串行接口、GPIB、VXI 等标准总线和多种数据采集板,LabVIEW 还可以驱动许多仪器公司的仪器,如 Hewlett-Packard、Philips、Tektronix 等。同时,LabVIEW 可调用 Windows 动态链接库和用户自定义的动态链接库中的函数,以解决对某些非 NI 公司支持的标准硬件在使用过程中的驱动问题。

3. PXI 总线虚拟仪器测试系统的组成

1997 年,NI 公司发布了一种全新的开放性、模块化仪器总线规范——PXI。它将 CompactPCI 规范定义的 PCI 总线技术发展成适合于试验、测量与数据采集场合应用的机械、电气和软件规范,从而形成了新的虚拟仪器体系结构。制订 PXI 规范的目的是将台式 PC 的性能价格比优势与 PCI 总线面向仪器领域的扩展完美地结合起来,形成一种主流的虚拟仪器测试平台。PXI 开发厂商为用户提供了数百种测量仪器模块,让用户可以以最方便、快速及经济的方式设计适合其需求的 PXI 系统。

(1) PXI 系统的组成

PXI 系统主要包括以下器件:一个机箱、一个 PXI 背板(backplane)、系统控制器(system controller module),以及数个外设模块(peripheral modules)或称作 PXI 仪器。如图 9.1.2 所示,一个 8 个槽的 PXI 系统,其中系统控制器,也就是 CPU 模块,位于机箱左边的第一槽,其左方预留了 3 个扩充槽位给系统控制器使用,以便插入体积较大的系统卡。从第二槽开始至第八槽称作外设槽,它们可以让用户根据本身的需求插上不同的仪器模块。其中,第二槽又可以称作星形触发控制器槽(star trigger controller slot)。

背板上的 P1 接插件上有 32-bit PCI 信号,P2 接插件上则有 64-bit PCI 信号以及 PXI 特殊信号。

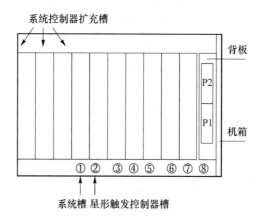

图 9.1.2　PXI 系统的结构

(2) PXI 的信号种类

① 10 MHz 参考时钟(10 MHz reference clock)

PXI 的参考时钟位于背板上,并且分布至每一个外设槽(peripheral slot),由时钟源(clock source)开始至每一个槽的布线长度都是相等的,因此,每一个外设槽接收的时钟都是同一相位的,使得其连接的多个仪器模块均能够同步操作。

② 局部总线(local bus)

PXI 系统每一个外设槽的左方和右方各有 13 条局部总线,这个总线可以传送模拟信号和数字信号。比如说 3 号外设槽上有左方局部总线,可以与 2 号外设槽上的右方局部总线连接,而 3 号外设槽上的右方局部总线,则与 4 号外设槽上的左方总线连接。而 3 号外设槽上的左方局部总线与右方局部总线在背板上是不互相连接的,除非插在 3 号外设槽的仪器模块将这两个信号连接起来。局部总线架构如图 9.1.3 所示。

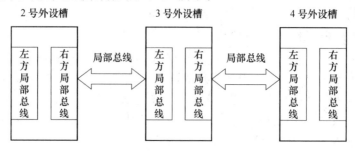

图 9.1.3　PXI 局部总线架构

③ 星形触发(star trigger)

2 号外设槽的左方局部总线为星形触发线。这 13 条星形触发线被依次连接到另外的 13 个外设槽(如果背板支持到另外 13 个外设槽),而且布线长度都是相等的。如果在同一时间内,2 号外设槽上从这 13 条星形触发线发出触发信号,那么其他仪器模块都会在同一时间收到触发信号。因此,2 号外设槽也叫作星形触发控制器槽(star trigger controller slot)。

④ 触发总线(trigger bus)

触发总线共有 8 条,在背板上从系统槽(slot 1)连接到其余的外设槽,为所有插在 PXI 背板上的仪器模块提供了一个共享的通信通道。这个 8-bit 宽度的总线可以让多个仪器模块互相传送时钟信号、触发信号,以及特定的传送协议。

(3) PXI 系统应用实例

PXI 仪器模块与 PXI 平台作为测量与测试平台,不仅可以充分利用 PCI 的高速传输特性,更可以利用 PXI 所提供的触发信号来完成更精密的同步功能。下面以一个简单的例子说明如何以 PXI 信号进行仪器模块之间的同步。

使用某种检测设备来探测待测物体的结构,这种设备具有 8 个传感器,用来感应待测物体传回的信息,并且将其以模拟信号形式送出结果,其信号频率在 7.5 MHz 左右。由于这 8 个信号在时间上有关联,因此,当我们测量这 8 个传感器信号时,必须在同一时间开始采集,并且采样时钟的相位要相同,否则运算的结果会有误差。

① 器件选择

根据测量要求,必须选择一个合适的测量模块,首先考虑传感器回传的信号频率为 7.5 MHz,根据奈氏采样定理可知,测量模块的采样频率必须在 15 MHz 以上,且模块本身的输入频宽必须远远大于 7.5 MHz,才不会造成输入信号的衰减。根据测量要求可以选择凌华科技公司的 PXI-9820 作为测量模块。PXI-9820 是一个高速的数据采集模块,其本身具有两个采样通道,采样率高达 65 MS/s,前级模拟输入频带宽度高达 30 MHz。另外,PXI-9820 配有锁相环电路(PLL),可以对外界的参考时钟进行相位锁定。PXI-9820 也可通过 PXI 的星形触发,对其余 13 个外设槽传送精密的触发信号。

② 测量方案

a. 一个 PXI−9820 只有两个采样通道,因此,需要 4 片 PXI-9820 才能对 8 个传感器进行测量。

b. 每一个测量模块的时钟必须进行同步,解决办法是利用 PXI 背板所提供的 10 MHz 参考时钟作为 PXI-9820 的外界参考时钟输入,利用 PXI-9820 本身的锁相回路电路进行时钟的相位锁定。

c. 由于检测设备在开始传送传感器的模拟数据时,会一并送出数字触发信号,此触发信号可以当作每一片 PXI-9820 的触发条件。将其中一片 PXI-9820 插入星形触发控制器槽,从而传送触发信号给其余的 3 片 PXI-9820,以达到同步触发。

9.1.3　虚拟仪器的软件开发平台

1. LabVIEW 概述

美国国家仪器有限公司(NI)推出的虚拟仪器开发平台软件 LabVIEW,像 C 或 C++等其他计算机高级语言一样,是一种通用编程系统,具有各种各样、功能强大的函数库,包括数据采集、GPIB、串行仪器控制、数据分析、数据显示、数据存储及网络功能。LabVIEW 也有完善的仿真、调试工具,如设置断点、单步等;而且 LabVIEW 与其他计算机语言,最主要区别在于:其他计算机语言都是采用基于文本的语言,而 LabVIEW 采用图形化编程语言——G 语言。

LabVIEW 是一个功能完整的程序设计语言,拥有一些区别于其他程序设计语言的独特结构和语法规则。应用 LabVIEW 编程的关键是掌握 LabVIEW 的基本概念和图形化编程的基本思想。

LabVIEW 程序又称为虚拟仪器,它的表现形式和功能类似于实际的仪器;但 LabVIEW 程序可以很容易地改变设置和功能。因此,LabVIEW 特别适用于实验室、多品种小批量的生产线等需要经常改变仪器和设备的参数和功能的场合,或对信号进行分析研究、传输等场合。

2. LabVIEW 软件构成

所有的 LabVIEW 应用程序均包括前面板(front panel)、程序框图(block diagram)及图标/连结器(icon/connector)3 部分。虚拟仪器前面板相当于标准仪器面板,而虚拟仪器程序框图相当于标准仪器的仪器箱内的组件。在许多情况下,使用虚拟仪器可以仿真标准仪器。

(1)前面板

前面板是图形用户界面,也就是虚拟仪器面板,用于设置输入数值和观察输出量。由于 VI 前面板是模拟真实仪器的前面板,故输入量称为控制(control),输出量称为指示(indicator)。在这个界面上有用户输入和显示输出两类对象,具体表现有开关、旋钮、图形及其他控制和显示对象。前面板对象按照功能可以分为控制、指示和修饰 3 种。控制是用户设置和修改 VI 程序中输入量的接口,指示则用于显示 VI 程序产生或输出的数据。图 9.1.4 是一个 VI 的前面板,在前面板后还有一个与之配套的流程图。

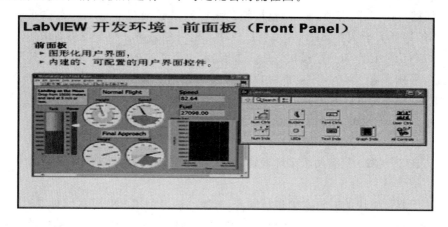

图 9.1.4　前面板

(2)程序框图(流程图后面板)

程序框图提供虚拟仪器的图形化源程序。在程序框图中对虚拟仪器编程,以控制定义在前面板上的输入和输出功能。程序框图中包括前面板上的控件的连线端子,还有一些前面板上没有,但编程必须有的东西,如函数、结构和连线等。图 9.1.5 是与图 9.1.4 配套的流程图,程序框图中包括前面板上的开关和随机数显示器的连线端子,还有一个随机数发生器的函数及程序的循环结构。随机数发生器通过连线将产生的随机信号送到显示控件,为了使它持续工作下去,设置了一个 While Loop 循环,由开关控制这一循环的结束。程序框图由节点和数据连线组成。节点是 VI 程序中的执行元素,类似于文本编程语言程序中的语句、函数或者子程序。

节点之间的数据连线按照一定的逻辑关系相互连接,以定义框图程序内的数据流动方向。节点之间、节点与前面板对象之间通过数据端口和数据连线来传递数据。数据端口是数据在前面板对象和框图程序之间传送的通道,是数据在框图程序内的节点之间传输的接口。

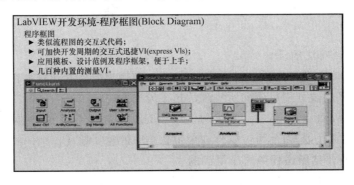

图 9.1.5　虚拟仪器程序框图

（3）图标/连接器

图标/连接器可以让用户把 VI 变成一个对象（子仪器 SubVI）,然后在其他 VI 中像子程序一样调用该 VI。图标作为子仪器（SubVI）的直观标记,当被其他 VI 调用时,图标代表了子仪器中的所有框图程序。子仪器的控制和显示对象从调用它的仪器流程中获得数据,然后将处理后的数据返回给它。连接器是对应于子仪器控制和显示对象的一系列连线端子。图标既包含虚拟仪器用途的图形化描述,又包含仪器连线端子的文字说明。连接器更像是功能调用的参数列表,连线端子相当于参数。每个终端都对应于前面板的一个特别的控制和显示对象。

3. 编程工具介绍

LabVIEW 提供了 3 个模板来编辑虚拟仪器：工具模板（tools palettes）、控制模板（controls palettes）、功能模板（functions palettes）。工具模板提供用于图形操作的各种工具,如移动、选取、设置卷标、断点、文字输入等;控制模板提供所有用于前面板编辑的控制和显示对象的图标及一些特殊的图形;功能模板包含一些基本的功能函数,也包含一些已做好的子仪器（SubVI）,这些子仪器能实现一些基本的信号处理功能,具有普遍性。控制、功能模板都有预留端,用户可将自己制作的子仪器图标放入其中,便于日后调用。

4. 基于 LabVIEW 的虚拟仪器设计

在 LabVIEW 平台下,一个虚拟仪器由两部分组成:前面板和程序框图（流程图和后面板）,如图 9.1.4 和图 9.1.5 所示。

前面板的功能等效于传统测试仪器的前面板;程序框图的功能等效于传统测试仪器与前面板相联系的硬件电路,在设计时,要根据硬件部分的功能编程。虚拟仪器的设计包括 I/O 接口仪器驱动程序设计、仪器面板设计及功能算法设计。

（1）I/O 接口仪器驱动程序的设计

根据仪器的功能要求,确定仪器的接口标准。如果仪器设备具有 RS-232 串行接口,则直接用连线将仪器设备与计算机的 RS-232 串行接口连接即可;如果仪器是 GPIB 接口,则需要配备一块 GPIB-488 接口板,建立计算机与仪器设备之间的通信通道;如果使用计算机来控制 VXI 总线设备,则也需要配备一块 GPIB 接口卡,通过 GPIB 总线与 VXI 总线、VXI 主机箱的零槽模块通信,零槽模块的 GPIB-VXI 翻译器将 GPIB 命令翻译成 VXI 命令,并把各模块返回的数据以一定的格式送回主控计算机。

接口仪器驱动程序是控制硬件设备的驱动程序,是连接主控计算机与仪器设备的纽带。如果没有设备驱动程序,则必须针对 I/O 接口仪器设备编写驱动程序。

(2)仪器前面板的设计

仪器前面板的设计指在虚拟仪器开发平台上,利用各种子模板图标创建用户界面,即虚拟仪器的前面板。

(3)仪器流程或算法的设计

仪器流程或算法的设计是根据仪器功能的要求,利用虚拟仪器开发平台所提供的子模板,确定程序的流程图、主要处理算法和所实现的技术方法。

从以上几个方面可以看出,在计算机和仪器等资源确定的情况下,根据不同的处理算法,可以得到不同的虚拟仪器,由此可见软件在虚拟仪器中的重要地位。

5. 虚拟仪器在传感器课程中的应用实例

图 9.1.6 为一套基于 LabVIEW 的多通道传感器实验平台,该平台实现了检测技术与虚拟仪器的融合。实验平台根据传感器实验的具体要求设计出相应的功能。

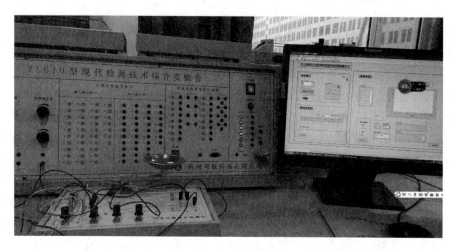

图 9.1.6　虚拟仪器多通道数据采集实例

图 9.1.7 和图 9.1.8 是用 LabVIEW 设计出的人机交互界面和相应的信号处理程序流程。利用 LabVIEW 编写程序,完成与传感器检测任务匹配的采集程序、波形采集、滤波、复现、移相、相敏检波,直观展现信号的动态特性,改进了测量处理方法,提高了数据处理的准确性并使数据处理进程更加高效。

图 9.1.7　人机界面

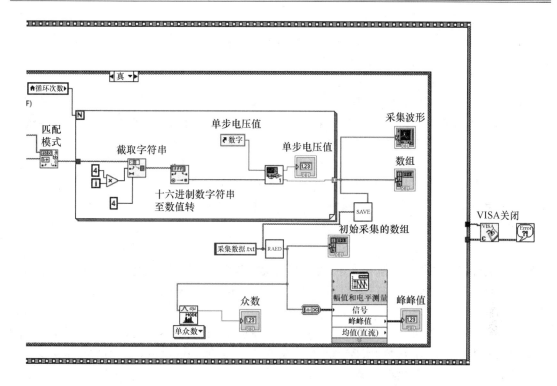

图 9.1.8　信号处理程序流图

9.2　现场总线仪表

9.2.1　概述

1. 现场总线技术概述

随着控制、计算机、通信、网络等技术的发展,信息交换沟通的领域正迅速覆盖从工厂的现场设备层到控制、管理的各个层次,涵盖从工段、车间、工厂、企业乃至世界各地的市场。信息技术的飞速发展,引起自动化系统结构的变革,逐步形成以网络集成自动化系统为基础的工业信息获取和自动化网络测控系统。现场总线(field bus)就是顺应这一形势发展起来的技术。现场总线是应用在生产现场和微机化测量控制设备(称为现场总线仪表)之间,实现双向串行多节点数字通信的系统。现场总线仪表也被称为开放式、数字化、多点通信的基本控制网络,它在制造业、流程工业、交通、楼宇等方面的自动化系统中具有广泛的应用前景。其主要特征如下:

① 数字式通信方式取代设备级的模拟量(如 4～20 mA、0～5 V 等信号)和开关量信号;

② 实现车间级与设备级通信的数字化网络;

③ 工厂自动化过程中现场级通信的一次数字化革命;

④ 现场总线使自控系统与设备加入工厂信息网络,成为企业信息网络底层,使企业信息沟通的覆盖范围一直延伸到生产现场;

⑤ 在 CIMS 系统中,现场总线是工厂计算机网络到现场级设备的延伸,是支撑现场级与车间级信息集成的技术基础。

现场总线是工业控制系统的新型通信标准,是基于现场总线的低成本自动化系统技术。现场总线技术的采用将带来工业控制系统技术的革命,采用现场总线技术可以促进现场仪表智能化、控制功能分散化、控制系统开放化。

2. 现场总线类型

在现场总线的开发和研究过程中,出现了多种实用的系统,每种系统都有自己特定的应用领域,因而均有其各自的结构和特性。在现场总线的发展过程中,较为突出的现场总线系统有HART、CAN、LonWork、PufiBus 和 FF。

最早的现场总线系统 HART(Highway Addressable Remote Transducer)是美国 Rosemount 公司于 1986 年提出并研制的,它在常规模拟仪表的 4~20 mA DC 信号的基础上叠加了频移键控方式(Frequency Shift Keying,FSK)数字信号,因而,它既可用于 4~20 mA DC 的模拟仪表,也可以用于数字式仪表。

CAN(Controller Area Network)是由德国 Bosch 公司提出的现场总线系统,用于汽车内部测量与执行部件之间的数据通信,专为汽车的检测和控制而设计的,经逐步发展后应用到了其他的工业部门。目前它已成为国际标准化组织(International Standard Organization)的 ISO11898 标准。

Lonworks 是美国 Echelon 公司推出的一种功能全面的测控网络,主要用于工厂及车间的环境、安全、动力分配、给水控制、库房和材料管理等。目前,Lonworks 在国内应用最多的是电力行业,如变电站自动化系统等。

ProfiBus (Process Field Bus)是面向工业自动化应用的现场总线系统,由德国于 1991 年正式公布,其最大的特点是可安全可靠地应用于防爆危险区内。ProfiBus 具有几种改进型:ProfiBus-FMS 用于一般自动化;Profibus-PA 用于过程控制自动化;ProfiBus-DP 用于加工自动化,适用于分散的外围设备。

FF(Fieldbus Foundation)是现场总线基金会推出的现场总线系统。该基金会是国际公认的唯一的非商业化的国际标准化组织,FF 的最后标准已于 2000 年年初正式公布,而其相关产品和系统在标准制定的过程中已得到了一定的发展。

3. 现场总线控制系统

现场总线控制系统通常由现场总线仪表、控制器、现场总线网络、监控和组态计算机等组成。现场总线控制系统中的仪表、控制器、计算机都需要通过现场总线网卡、通信协议软件连接到网上。因此,现场总线网卡、通信协议软件是现场总线控制系统的基础和神经中枢。

现场总线控制系统的特点如下:

(1)全数字化

变送器、执行器等现场设备均为带有符合现场总线标准的通信接口,能够传输数字信号的智能仪表。使用数字信号取代模拟信号,提高了系统的精度、抗干扰能力及可靠性。

(2)全分布

在 FCS 中,各现场设备有足够的自主性,它们彼此之间相互通信,可以把各种控制功能分散到各种设备中,实现真正的分布式控制。

(3)双向传输

传统的 4~20 mA 电流信号,一条线只能传递一路信号。现场总线设备在一条线上既可以向上传递传感器信号,也可以向下传递控制信息。

（4）自诊断

现场总线仪表本身具有自诊断功能，而且这种诊断信息可以送到中央控制室，以便于维护，而这在一条线只能传递一路信号的传统仪表中是做不到的。

（5）节省布线及控制室空间

在传统的控制系统中，每个仪表都需要将一条线连到中央控制室，故需要中央控制室装备一个大的配线架。而在 FCS 系统中，多台现场设备可串行连接在一条总线上，这样只需极少的线进入中央控制室，节省了大量的布线费用，同时也降低了中央控制室的造价。

（6）多功能仪表

数字、双向传输方式使得现场总线仪表可以在一个仪表中集成多种功能，形成多变量变送器，甚至集检测、运算、控制于一体的变送控制器。

（7）开放性

1999 年底，现场总线协议已被 IEC 批准正式成为国际标准，从而使现场总线成为了一种开放的技术。

（8）互操作性

现场总线标准保证不同厂家的产品可以互操作，这样就可以在一个企业中由用户根据产品的性能、价格选用不同厂商的产品，将其集成在一起，降低了控制系统的成本。

（9）智能化与自治性

现场总线设备能处理各种参数、运行状态信息及故障信息，具有很高的智能水平，能在部件甚至网络故障的情况下独立工作，大大提高了整个控制系统的可靠性和容错能力。

9.2.2　CAN 总线系统

控制器局域网（Controller Area Network，CAN）最初是由德国 Bosch 公司为汽车的检测、控制系统而设计的，是一种主要用于各种设备检测及控制的现场总线。CAN 总线具有独特的设计思想、良好的功能特性和极高的可靠性，现场抗干扰能力强。具体来讲，CAN 总线具有如下特点。

① 结构简单，只有 2 根线与外部相连。

② 通信方式灵活，可以多种方式工作，各个节点均可收发数据。

③ 可以以点对点、点对多点及全局广播的方式发送和接收数据。

④ 网络上的节点信息可分成不同的优先级，以满足不同的实时要求。

⑤ CAN 总线的通信格式采用短帧格式，每帧字节数最多为 8 个，可满足通常工业领域中控制命令、工作状态及测试数据的一般要求。

⑥ 采用非破坏性总线仲裁技术。当 2 个节点同时向总线上发送数据时，优先级低的节点主动停止数据发送，而优先级高的节点可不受影响地继续传输数据。

⑦ 直接通信距离最大可达 10 km（速率在 5 kbit/s 以下），最高通信速率可达 1 Mbit/s（此时距离最长为 40 m），节点数可达 110 个。

⑧ CAN 总线通信接口中集成了 CAN 协议的物理层和数据链路层的功能，可完成对通信数据的成帧处理，包括位填充、数据块编码、循环冗余检验、优先级判别等多项工作。

⑨ CAN 总线采用 CRC 检验并可提供相应的错误处理功能，保证了数据通信的可靠性。

1. CAN（Control Area Network）总线系统的设计

（1）CAN 总线系统的构成

CAN 总线系统的组成结构如图 9.2.1 所示。从控制系统的角度上看，最小控制系统是一个单回路简单闭环控制系统,它由一个控制器、一个传感器或变送器和一个执行器组成。以CAN 总线为基础的网络控制系统由多个控制回路组成,它们共享一个控制网络——CAN 总线。从现场总线控制系统的概念来说,传感器节点、执行器节点都可以集成控制器,即所谓的智能节点,形成真正的分布式网络控制系统。CAN 总线这个局域网控制系统也可以作为整个大型控制系统的一个子系统,此时,CAN 通过网关和整个系统建立联系。

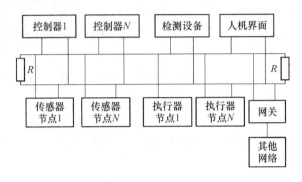

图 9.2.1　CAN 总线控制系统的结构

（2）CAN 总线系统的节点

CAN 总线节点可以是传感器(变送器)、执行器或控制器。CAN 总线节点的结构如图 9.2.2所示,其关键部分是 CAN 总线控制器和 CAN 总线收发器,由它们实现 CAN 总线的物理层和数据链路层协议。CAN 总线收发器的功能是实现电平转换、差分收发、串并转换,CAN 总线控制器的功能是实现数据的读写、中断、校验、重发、错误处理。从功能实现的角度看,如果在微机中嵌入了控制算法,则这个节点就是控制器;如果微机带有传感器接口,则这个节点就是传感器节点;如果节点是驱动执行器的,则这个节点就是执行器节点。

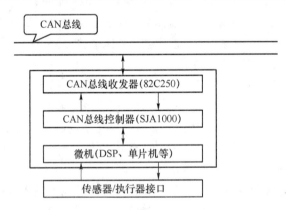

图 9.2.2　CAN 总线节点的结构

（3）软件设计

软件设计主要包括节点初始化程序、报文发送程序、报文接收程序,以及 CAN 总线出错处理程序等。在初始化 CAN 内部寄存器时应注意必须使各节点的位速率一致,而且接、发双方必须同步。报文的接收主要有两种方式:中断和查询接收方式。

2. 应用实例——基于 CAN 总线的多点温度检测系统

基于 CAN 总线的多点温度检测系统如图 9.2.3所示,上位机由微机加 CAN 通信网卡构成,其功能是向下位机发送命令、接收下位机数据并进行数据分析、存储及打印等。下位机由

P87C591 单片机、DS18B20 等部分组成。采用 CAN 协议完成上位机与下位机的数据通信。

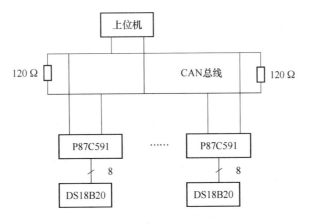

图 9.2.3　CAN 总线多点温度检测系统

（1）器件选择

① 温度传感器 DS18B20

DS18B20 是 DALLAS 公司生产的一线式数字温度传感器,有 3 个引脚,引脚结构如图 9.2.4 所示。DS18B20 的温度测量范围为 $-55 \sim +125$ ℃,可编程为 $9 \sim 12$ 位 A/D 转换精度,测温分辨率可达 $0.062\ 5$ ℃,被测温度用符号扩展的 16 位数字量方式串行输出。多个 DS18B20 可并联使用,CPU 只需一根端口线就能与诸多 DS18B20 通信,占用微处理器的端口较少,可节省大量的引线和逻辑电路。以上特点使 DS18B20 非常适用于远距离多点温度检测系统。

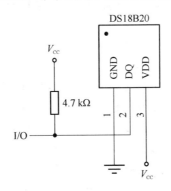

图 9.2.4　DS18B20 引脚结构

DS18B20 主要由 4 部分组成:64 位 ROM、温度传感器、非挥发的温度报警触发器 TH 和 TL、配置寄存器。ROM 中的 64 位序列号是出厂前用光刻好的,每个 DS18B20 的 64 位序列号均不相同。ROM 的作用是使每一个 DS18B20 都各不相同,这样就可以实现一条总线上挂接多个 DS18B20 的目的。

② 带有片内 CAN 控制器的单片机 P87C591

P87C591 是一个单片 8 位高性能单片机,具有片内 CAN 控制器,全静态内核提供了扩展的节电方式。其适用温度范围为 $-40 \sim +85$ ℃,振荡器可停止和恢复而不会丢失数据。P87C591 具有以下特性:

a. 16 KB 的内部程序存储器,512 B 的片内数据 RAM;

b. 3 个 16 位定时/计数器 T0、T1 和 T2(捕获 & 比较),1 个片内看门狗定时器 T3;

　　c. 带 6 路模拟输入的 10 位 ADC,可选择快速 8 位 ADC,2 个 8 位分辨率的脉宽调制输出(PWM);

　　d. 具有 32 个可编程 I/O 口(准双向、推挽、高阻和开漏);

　　e. 带硬件 I^2C 总线接口;

　　f. 全双工增强型 UART,带有可编程波特率发生器;

　　g. 双 DPTR;

　　h. 低电平复位信号。

　　P87C591 为该系统中的核心器件,其主要功能为接收数字传感器传送过来的温度信号并对其进行处理,转换成相应的温度信号,然后通过 CAN 总线发送给上位机,以串行通信的方式控制和协调系统中从器件的工作过程。

　　(2) 系统的工作原理及实现

　　由温度传感器检测的温度信号经 CAN 总线通信电路传送给主机,主机负责向各个分机发送工作命令,接收分机传送的测量与故障自检信息,并对测量信息进行处理,以数据和曲线的方式输出测量结果。

　　人机交互采用直观、易懂、易操作的图形界面。主机软件采用 Delphi4.0,它具有内置的 BDE (Borland Database Engineer),可以从本地或远程服务器上取得和发送数据,并具有动态数据交换(DDE)、对象链接库(OLE)对数据库的管理及调用 API 函数功能,对系统后台检测数据和通信十分有利。上位机的主要功能包括系统组态、数据库组态、历史库组态、图形组态、控制算法组态、数据报表组态、实时数据显示、历史数据显示、图形显示、参数列表、数据打印输出、数据输入及参数修改、控制运算调节、报警处理、故障处理、通信控制和人机接口等各个方面。

9.2.3　FF 总线系统

1. FF 总线系统概述

　　FF 总线系统是现场总线基金会(Fieldbus Foundation)推出的总线系统。FF 现场总线是一种全数字、串行、双向通信协议,是专门针对工业过程自动化开发的总线系统,用于现场设备如变送器、控制阀和控制器等的互连。

　　FF 总线系统的通信协议标准参照了国际标准化组织 ISO 的开放系统互连 OSI 模型,保留了第 1 层的物理层、第 2 层的数据链路层和第 7 层的应用层,并且将应用层分成了现场总线存取和应用服务两部分。此外,在第 7 层之上还增加了含有功能块的用户层,使用功能块的用户可以直接对系统及其设备进行组态。这样使得 FF 总线系统的通信协议标准不但是信号标准和通信标准,而且是一个系统标准,这也是 FF 总线系统标准和其他现场总线系统标准的主要区别。

2. FF 总线系统的构成

　　FF 总线提供了 H1 和 H2 两种物理层标准。H1 是用于过程控制的低速总线,传输速率为 31.25 Kbit/s,传输距离有 200 m、450 m、1 200 m、1 900 m 4 种(加中继器可以延长),可用总线供电,支持本质安全设备和非本质安全总线设备;H2 为高速总线,其传输速率为 1 Mbit/s(此时传输距离为 750 m)或 2.5 bit/s(此时传输距离为 500 m)。低速总线 H1 最多可串接 4 台中继器。采用 H1 标准可以利用现有的有线电缆,并能满足本征安全要求,同时也可利用同一电缆对现场装置供电。H2 标准与 H1 标准相比虽然提高了数据传输速率,但不支持使用信号电缆线对现场装置供电。

　　H1 和 H2 每段节点数可达 32 个,使用中继器后可达 240 个,H1 和 H2 可通过网桥互连。FF 的突出特点在于设备的互操作性、改善过程数据、更早的预测维护及可靠的安全性。

　　FF 现场总线系统包括低速总线 H1 和高速总线 H2,以实现不同要求下的数据信息网络通信。这两种总线均支持总线或树型网络拓扑结构,且都使用 Manchester 编码方式对数据进行编码传输。图 9.2.5 给出了由 H1 和 H2 组成的典型 FF 现场总线控制系统。

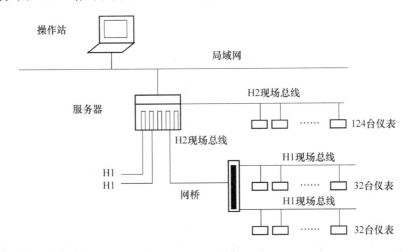

图 9.2.5　FF 现场总线控制系统结构

　　FF 总线系统中的装置可以是主站,也可以是从站。FF 总线系统采用了令牌和查询通信方式为一体的技术。在同一个网络中可以有多个主站,但在初始化时只能有一个主站。

　　从图 9.2.5 中可以看到,基于 FF 现场总线控制系统的结构,将现场总线仪表单元分成两类。通信数据较多,对通信速率要求较高的现场总线仪表直接连接在 H2 总线系统上,每个 H2 总线系统所能够驱动的现场总线仪表单元数量为 124 台;而其他数据通信较少或对实时性要求不高的现场总线仪表则连接在 H1 总线系统上。由于每个 H1 总线系统所能够驱动的现场总线仪表单元有限,最多只能驱动 32 台,因而多个 H1 总线系统还可通过网桥连接到 H2 总线系统上,以提高系统的通信速率,满足系统的实时性和控制需要。

　　典型符合 FF 总线系统通信协议标准的总线仪表为 Smar 现场总线仪表,其品类包括现场总线到电流转换器 FI302、电流到现场总线转换器 IF302、总线到气动信号转换器 FP302、压力变送器 LD302、温度变送器 TT302 阀门定位器 FY302 等。

3. 应用实例——基于 FF 总线的远程温度测量系统

　　基于 FF 总线的远程温度测量系统由热电偶、FF 温度变送器与 FF 现场总线及计算机网络组成,如图 9.2.6 所示。

　　(1)(FF)TT302 温度变送器

　　本系统采用 Smar 公司的 FFTT302 温度变送器。TT302 是一种将温度、温差、毫伏等工业过程参数转变为现场总线数字信号的变送器。TT302 采用数字技术后能实现以下性能:单一型号能接受多种传感器、宽量程范围、单值或差值测量;现场和控制室之间的接口易于搭建,可大大减少安装和维护费用;能接收二路输入,也就是说有两个测量点,准确度为 0.02%。

　　TT302 测量温度配用热电阻或热电偶等温度传感器。TT302 温度变送器内装有 AI(模拟输入)、PID(比例、积分、微分控制)、ISS(输入选择)、CHAR(线性化)和 ARTH(计算)5 种功能模块。各模块都有输入、输出,并装有参数和算法,用户可通过软件 Syscon 进行组态。

TT302 与其他现场总线仪表互连构成现场总线控制系统。用户可通过功能模块的连接建立适合控制应用的控制策略。

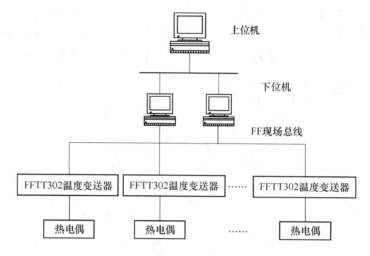

图 9.2.6 基于 FF 总线的远程温度测量系统

（2）网络配置

基于现场总线的测量系统中的控制机大都采用 PC 现场总线接口板与总线仪表经总线连接形成测量网络。PC 现场总线接口板内部设有多个通道，能够将多个现场总线网络组合起来。系统设计过程中，首先要根据现场仪表数量及每条 FF 总线所能挂接的仪表数量计算出系统连接时所需总线的数目；然后根据总线的数目和 PC 现场总线接口板的总线接口数，求得系统所需 PC 现场总线接口板的数量；最后按照系统性能指标要求，确定 PC 现场总线接口板型号。

基于 FF 现场总线系统(H1 网络)布线时，首先要参照现场仪表的安装位置和测量干线及支线长短来确定所需电缆的型号，然后根据被测信号的特点及现场环境等选择现场仪表。

（3）系统组态及软件设计

系统组态是通过运行安装在计算机上的组态软件建立现场设备与控制设备之间的连接，为现场设备设置相关的特征参数。并且可以绘制系统监控组态画面，在系统运行过程中，通过网络传递信息，动态地显示被测信号的变化，实现远程实时监控。

系统软件主要包含以下几个部分。

① 硬件与网络测试模块

在工控机启动时，由硬件与网络测试模块检测硬件和网络的运行状态，判断相关硬件和网络是否正常。

② 系统初始化模块

设置设备相关参数。

③ 数据采集与输出模块

从 TT302 读取各种数据，同时还要完成数字量的输出以实现控制功能。

④ 数据管理与维护模块

选择适合的数据库类型，将要记录的数据存放在数据库中，以备查询和调用。

⑤ 图形、曲线、报表显示与打印模块

显示与打印温度变化趋势等各种报表。

⑥ 历史记录查询模块

用于查询各种历史数据和变位记录。

⑦ 通信模块

完成 TT302 与控制机之间的数字通信任务。

基于 FF 总线的远程温度测量系统采用数字化的传感器和 FF 现场总线技术,系统抗干扰能力强,性能优于采用模拟量测量传输的系统。

9.2.4　工业以太网技术

1. 工业以太网技术产生及发展

(1) 现有的控制系统的局限性

随着计算机、通信、网络等信息技术的发展,信息交换已经渗透到工业生产的各个领域,因此,需要建立包含从工业现场设备层到控制层、管理层等各个层次的综合自动化网络平台。工业控制网络作为一种特殊的网络,直接面向生产过程,因此它通常应满足强实时性、高可靠性、恶劣环境的工业现场适应性、总线供电等特殊要求和特点。除此之外,开放性、分散化和低成本也是工业控制网络重要的特征。

现场总线技术,以全数字通信代替 4～20 mA 电流的模拟传输方式,使得控制系统与现场仪表之间不仅能传输生产过程测量与控制信息,而且能够传输现场仪表的大量非控制信息,使得工业企业的管理控制一体化成为可能。但是,现场总线技术也存在许多不足,具体表现为:

① 现有的现场总线标准过多,未能统一为单一标准;

② 不同总线之间不能兼容,无法实现信息的无缝集成;

③ 现场总线是专用实时通信网络,成本较高;

④ 现场总线的速度较低,支持的应用有限,不便于和 Internet 信息集成。

(2) 工业以太网的优势

目前,以太网已经成为市场上受欢迎的通信网络之一,它不仅垄断了办公自动化领域的网络通信,而且在工业控制领域管理层和控制层等中上层网络通信中也得到了广泛应用,并有直接向下延伸应用于工业现场设备间通信的趋势。所谓工业以太网,一般来讲是指技术上与商用以太网(即 IEEE802.3 标准)兼容,但在产品设计时,在材质的选用、产品的强度、适用性以及实时性、可互操作性、可靠性、抗干扰性和本质安全等方面能满足工业现场的需要。

与现场总线相比,以太网具有以下优点。

① 应用广泛,以太网是目前应用最为广泛的计算机网络技术,受到广泛的技术支持。采用以太网作为现场总线,可以选择多种开发工具、开发环境。

② 成本低廉,由于以太网的应用最为广泛,有多种硬件产品供用户选择,硬件价格也相对低廉。目前以太网网卡的价格只有 Profibus,FF 等现场总线的十分之一。

③ 通信速率高,目前以太网的通信速率为 10 Mbit/s,100 Mbit/s 的快速以太网也开始广泛应用,1 000 Mbit/s 以太网技术也逐渐成熟,10 Gbit/s 以太网也正在研究,其速率比目前的现场总线快得多。

④ 软硬件资源丰富,以太网已应用多年,大量的软件资源和设计经验可以显著降低系统的开发和培训费用,从而可以显著降低系统的整体成本,加快系统的开发和推广速度。

⑤ 可持续发展潜力大,以太网的发展一直受到广泛的关注并吸引了大量的技术投入,并且信息技术的发展将更加迅速,由此保证了以太网技术不断地持续向前发展。

⑥ 易于与 Internet 连接，能实现办公自动化网络与工业控制网络的信息无缝集成。

（3）将以太网应用于工业控制网络时需要解决的问题

① 以太网实时通信服务质量

工业控制现场网络中传送的数据信息，除了传统的各种测量数据、报警信号、组态监控和诊断测试信息以外，还有历史数据备份、工业摄像数据、工业音频视频数据等。这些信息对于实时性和通信带宽的要求各不相同，因此，工业网络需要能够适应外部环境和各种信息通信要求的不断变化，以满足系统要求。

② 建立满足通信一致性和可互操作性的应用层、用户层协议规范

由于工业自动化网络控制系统除了完成数据传输之外，往往还需要依靠所传输的数据和指令，执行某些控制计算与操作功能，由多个网络节点协调完成自控任务。因而它需要在应用、用户等高层协议与规范上满足开放系统的要求，满足互操作条件。

③ 网络可用性

网络可用性是指系统中任何一个组件发生故障，都不应导致操作系统、网络、控制器、应用程序乃至整个系统瘫痪。网络可用性包括可靠性、可恢复性、可管理性等几个方面的内容，必须仔细设计。

④ 网络安全性

将工业现场控制设备通过以太网连接起来时，由于使用了 TCP/IP 协议，因此可能会受到病毒、黑客的非法入侵与非法操作等网络安全威胁，对此，一般可采用网络隔离（如网关、服务器等隔离）的办法，将控制区域内部控制网络与外部信息网络系统分开。此外，还可以通过用户密码、数据加密、防火墙等多种安全机制加强网络的安全管理。

⑤ 本质安全与安全防爆技术

对安装在易燃、易爆和有毒等气体的工业现场的智能仪器和通信设备，都必须采取一定的防爆措施来保证工业现场的安全生产。

（4）工业以太网技术的发展趋势

以太网目前已经在工业企业综合自动化系统中的资源管理层、执行制造层得到了广泛应用，并呈现向下延伸直接应用于工业控制现场的趋势。国际上的一些组织正在研究将以太网应用于工业控制现场的相关技术和标准。

工业现场的通信网络是实现企业信息化的基础，随着企业信息化与自动控制技术的发展，基于以太网的网络化控制系统，可广泛应用于各种行业的自动化控制领域，有着广阔的应用市场。

2. 应用实例——电梯群控系统

电梯群控系统是指在一座大楼内安装一组电梯，并将这组电梯与一个中央控制器（计算机）连接起来。该计算机可以采集到每个电梯的运行信息，并可向每个电梯发送控制信号。中央控制器对这组电梯进行统一调配，使它们合理地运行，以达到提高电梯的整体服务质量、减少能耗的目的。电梯群控系统所要解决的是一个复杂的，具有非线性、不确定性的多目标随机系统决策问题。

（1）电梯实时监控网络的组成

电梯实时监控网络的组成如图 9.2.7 所示。

RSView32 网络组态软件通过网络连接软件 RSLinx 与支持不同网络类型的可编程处理器进行通信，这是上层的控制网。RSView32 软件利用可编程控制器中程序的 I/O 地址，把不同的地址赋给不同 Tag（标签），再通过 Tag 值的变化控制或监视地址中的值的变化。可编

程控制器通过设备网和变频器或 I/O 模块进行通信，在下层的设备网中，数字量或模拟量数据被上传到可编程控制器，使可编程控制器中对应的地址中的值发生变化或把可编程控制器中对应的地址中的值通过变频器或 I/O 模块下载到电梯模型中，从而实现了 RSView32 同电梯模型之间的数据交换，即电梯的实时监控。

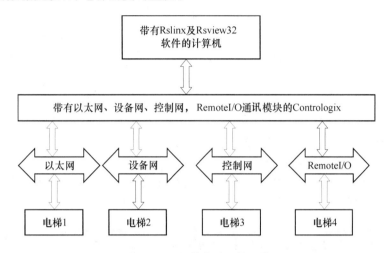

图 9.2.7　电梯实时监控网络

（2）器件的选择

选用静磁栅位移传感器检测电梯轿厢位置。轿厢的位置是由静磁栅位移传感器确定的，并由 PLC 的计数器进行控制。同时，每层楼设置一个静磁栅源用于检测系统的楼层信号。静磁栅位移传感器由"静磁栅源"和"静磁栅尺"两部分组成。"静磁栅源"使用铝合金压封的无源钕铁硼磁栅组成磁栅编码阵列；"静磁栅尺"用内置嵌入式微处理器系统特制的高强度铝合金管材封装，使用开关型霍尔传感器件组成霍尔编码阵列。"静磁栅源"沿"静磁栅尺"轴线作无接触相对运动时，由"静磁栅尺"输出与位移相对应的数字信号。

可编程控制器选用美国 A-B 公司的 Logix5555。基于 ControlLogix 平台的 Logix5555 处理器是 Rockwell 公司生产的，它兼具了 PLC5 系列强大的运算处理能力和 SLC500 小巧精悍的特点，并具有强大的网络连接能力。通过 Rslinx 及 ControlLogix 网卡，一台普通的装有 Windows 操作系统的计算机就可以变为功能强大的网卡或路由器。

电梯属位能性负载，并且被要求频繁起停。随着载客量的变化、上下行的变换，电梯的电动机被要求在四象限内运行。更重要的是电梯要保证乘客的舒适度和平层的精度。因此变频器的选择对电梯的运行起着至关重要的作用。在本书的电梯群控系统应用实例中，我们选用 A-B 公司的 160SSC 变频器实现电梯的传动控制。

输入/输出模块是把电梯所发出的信号经过隔离传送给可编程控制器或把可编程控制器发出的控制信号经过隔离传送给电梯。选用 A-B 公司的 1794 FLEX I/O 模块，这种柔性 FLEX I/O 模块提供了一个精巧的模块化 I/O 组件，其组成包括最多 8 个 I/O 模块，这些 I/O 模块可根据需要随时调换。1794 FLEX I/O 模块通过 1794 FLEX I/O 设备网适配器，可以容易地连接到设备网上，实现网络化控制。

（3）电梯监控功能的实现

组态软件 RSView32 是一种基于 Windows 的用于创建和运行数据采集、监视以及控制的应用程序。RSView32 可以很容易地和 Rockwell 的集成软件产品、Microsoft 产品以及其他产品交互。通过使用 RSView32 动态显示系统(Active Display System),可以使用户与远程的 RSView32 应用程序进行交互。

在此电梯群控系统中,所用的可编程控制器(PLC)是美国 A-B 公司制造的可编程控制器 ControLogix5555。通过建立 RSLinx(网络连接软件)以太网驱动程序,使 RSView32 软件和可编程控制器进行通信,从而实现计算机的实时监控。

对电梯厅外召唤的分配需要掌握各个电梯的运行情况,因此要将电梯的相关信息输入到 RSView32 标签数据库中,以便在进行 VBA 程序编制时进行调用。计算电梯响应一个厅外召唤所需时间,首先要已知发出厅外召唤的位置(所在楼层)及召唤的类型(上召唤或下召唤);其次要了解电梯的运行情况,包括上行、下行或停止;最后要知道各个电梯已分配的召唤,包括厅外召唤和厅内召唤。以上信息通过网络传到 Rslogix5000 的处理器,故要在 RSView32 的标签数据库中建立与所需 Rslogix5000 中的标签相对应的标签。

电梯群控系统监控主界面如图 9.2.8 所示,当有人按下按钮时,电梯群控系统就会采集电梯运行情况及厅外召唤的位置,根据预先编制好的算法进行计算,根据计算结果,选择最合适的电梯响应厅外召唤。

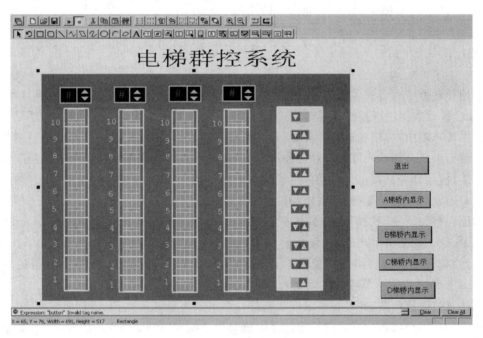

图 9.2.8　电梯群控系统监控主界面

9.3　无线传感器网络

9.3.1　无线传感器网络的概念

无线传感器网络通过现场传感器无须布线实现网络协议,使得现场测控数据可以就近接入网络,并在网络覆盖范围内实时发布和共享。无线传感器网络的产生使传感器由单一功能、单一检测向多功能和多点检测发展;从被动检测向主动进行信息处理方向发展;从就地测量向远距离实时在线测控发展;使传感器可以就近接入网络,传感器与测控设备间无须点对点连接,减去了连接线路,节省了投资,易于系统维护,也使系统更易于被扩充。

图 9.3.1 为无线传感器网络的基本结构,无线传感器网络主要是由信号采集单元、数据处理单元及网络接口单元组成。其中,这 3 个单元可以采用不同芯片构成合成式结构,也可以是单片式结构。

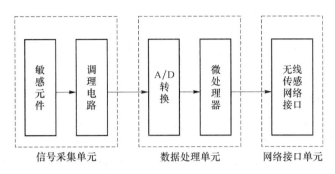

图 9.3.1　无线传感器网络 3 个单元的基本结构

对于多数无线网络来说,无线传感器技术的应用目标旨在提高传输数据的速率和传输距离。因此,这些系统要求传输设备必须具有成本低、功耗小的特点,针对这些特点和需求,表 9.3.1 列出了几种无线传感器网络的传输技术及其各自的技术性能和应用领域。

表 9.3.1　几种无线传感器网络的传输技术

规范	工作频段	传输速率(Mbit/s)	数据/话音	最大功耗	传输方式	连接设备数	安全措施	支持组织	主要用途
ZigBee	868 MHz/915 MHz 2.4 GHz	0.02, 0.04, 0.25	数据	1～3 mW	点到多点	2^{16}～2^{64}	32 密钥, 64 密钥, 128 密钥	ZigBee 联盟	家庭、控制、传感器网络
红外	820 nm	1.521, 4,16	只支持数据	数毫瓦	点到点	2	靠短距离、小角度传输保证	lrDA	透明可见范围数据传输
DECT	1.88～1.9 GHz	1.152	话音、数据	几十毫瓦	点到多点	12	鉴权及密钥	欧洲	家庭电话与数据无线连接
HomeRF	2.4 GHz	1.2	数据	100 mW	点到多点	127	50 次/秒跳频	HomeRF	家庭无线局域网
蓝牙	2.4 GHz	1,2,3	话音、数据	1～100 mW	点到多点	7	跳频与密钥	Bluetooth SIG	个人网络
802.11b	2.4 GHz	11	数据	100 mW	点到多点	255	WEP 加速	IEEE 802.11b	无线局域网
802.11a	5.2 GHz	6,9,12, 18,24,36	数据	100 mW	点到多点	255	WEP 加速	IEEE 802.11a	无线局域网
802.11g	2.4 GHz	54	数据	100 mW	点到多点	255	WEP 加速	IEEE 802.11g	无线局域网
RFID	5.8 GHz	0.212	数据	无须供电	点到点	2	密钥	澳大利亚零售组织等	超市、物流管理

从表 9.3.1 中可以看出，无论哪种技术都具有其各自的特点，适用于不同的应用场合，它们互相补充，为传感器的应用提供更快捷、更方便的通信方式。

9.3.2 ZigBee 技术

伴随着半导体技术、微系统技术、通信技术和计算机技术的飞速发展，无线传感器网络的研究和应用正在世界各地蓬勃地发展。其中成本低、体积小、功耗低的 ZigBee 技术无疑成了目前无线传感器网络中的首选技术之一。因此，无论是自动控制领域、计算机领域，还是无线通信领域都对 ZigBee 技术的发展、研究和应用寄予了极大的关注。

1. ZigBee 技术起源

ZigBee 技术的命名主要来自人们对蜜蜂采蜜过程的观察，蜜蜂在采蜜过程中跳着优美的舞蹈，其舞蹈轨迹像"Z"的形状，蜜蜂自身的体积小，所需的能量小，又能传送采集的花粉，因此，人们用 ZigBee 技术来代表具有成本低、体积小、能量消耗小和低传输速率的无线信息传送技术，中文译名称为"紫蜂"技术。

2. ZigBee 技术概述

ZigBee 技术是一种具有统一技术标准的无线通信技术，其物理层和 MAC 层协议为 IEEE 802.15.4 协议标准，网络层由 ZigBee 技术联盟制定。应用层可以根据用户自己的需要进行开发，因此该技术能够为用户提供机动、灵活的组网方式。

根据 IEEE 802.15.4 协议标准，ZigBee 有 3 个工作频段，这 3 个工作频段相距较大，而且在各频段上的信道数目不同，因而，在该项协议标准中，各频段上的调制方式和数据传输速率不同。3 个频段分别为 868 MHz、915 MHz 和 2.4 GHz，其中在 2.4 GHz 频段上，有 16 个信道，该频段为全球通用的工业、科学、医学(Industrial Scientific and Medical,ISM)频段，是免付费、免申请的无线电频段。在该频段上，数据传输速率为 250 kbit/s，另外两个频段为 915 MHz 和 868 MHz，其相应的信道个数分别为 10 个信道和 1 个信道，数据传输速率分别为 40 kbit/s 和 20 kbit/s。

在组网性能上，ZigBee 设备可被构造为星形网络或者点对点网络。在每一个 ZigBee 组成的无线网络内，链接地址码分为 16 bit 短地址或者 64 bit 长地址，可容纳的最大设备个数分别为 2^{16} 个和 2^{64} 个，具有较大的网络容量。

在无线通信技术上，采用免冲突多载波信道接入(CSMA CA)方式，有效地避免了无线电载波之间的冲突，此外，为保证数据传输的可靠性，建立了完整的应答通信协议。

ZigBee 设备为低功耗设备，其发射输出为 0～3.6 dBm，通信距离为 30～70 m，具有能量检测和链路质量指示能力。根据这些检测结果，设备可自动调整设备的发射功率，在保证通信链路质量的条件下，使设备能量消耗最小。

为保证 ZigBee 设备之间通信数据的安全保密性，ZigBee 技术采用了密钥长度为 128 bit 的加密算法，对所传输的数据信息进行加密处理。

目前，ZigBee 芯片的成本在 3 美元左右，ZigBee 设备成本的最终目标是在 1 美元以下。ZigBee 芯片的体积较小，如 Freescal 公司生产的 MC13192 ZigBee 收发芯片的大小为 5 mm×5 mm，随着半导体集成技术的发展，ZigBee 芯片的尺寸将会变得更小，成本将会变得更低。

3. ZigBee 无线数据传输网络

ZigBee 应用层和网络层协议的基础是 IEEE802.15.4，IEEE802.15.4 协议标准是一种经济、高效、低数据速率(<250 kbit/s)、工作在 2.4 GHz 和 868 MHz/928 MHz 的无线技术，用

于个人区域网和对等网络。ZigBee 依据 IEEE802.15.4 协议标准,在数千个微小的传感器之间相互协调实现通信。这些传感器只需要很少的能量,以接力的方式通过无线电波将数据从一个网络节点传到另一个网络节点,效率非常高,如图 9.3.2 所示。

目前被普遍采用的一款内置协议栈 ZigBee 模块是基于 Ember 芯片的 XBee/XBeePRO 模块,如图 9.3.3 所示。它通过串口使用 AT 命令集和 API 命令集设置模块的参数,再通过串口实现数据的传输。

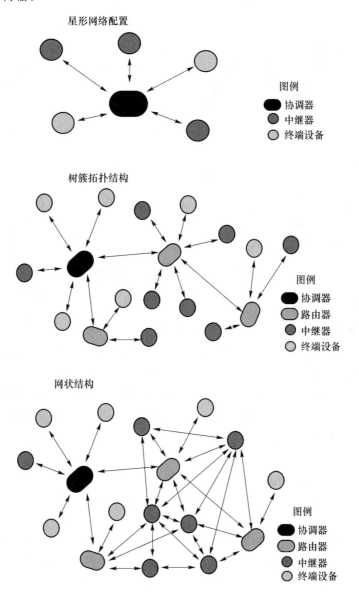

图 9.3.2 ZigBee 无线数据传输网络

ZigBee 数传模块类似于移动网络基站。通信距离从标准的 75 m 到几百米、几公里,并且支持无限扩展。可多达 65 000 个无线数传模块组成一个无线数传网络平台,在整个网络范围内,每一个 ZigBee 网络数传模块之间都可以相互通信,每个网络节点间的距离可以从标准的 75 m 无限扩展。每个 ZigBee 网络节点不仅本身可以作为监控对象,还可以自动中转其他的

图 9.3.3　基于 Ember 芯片的 XBee/XBeePRO 模块

网络节点传过来的数据资料。除此之外,每一个 Zigbee 网络节点(FFD)还可在自己信号覆盖的范围内与多个不承担网络信息中转任务的孤立的子节点(RFD)无线连接。在其通信时,ZigBee 模块采用自组织网通信方式,每一个传感器持有一个 ZigBee 网络模块终端,只要它们彼此间在网络模块的通信范围内自动寻找,很快就可以形成一个互联互通的 ZigBee 网络。当由于某种情况传感器移动时,它们彼此间的联络还会发生变化。因而,模块还可以通过重新寻找通信对象,确定彼此间的联络,对原有网络进行刷新。ZigBee 自组织网通信方式节点硬件结构如图 9.3.4 所示。

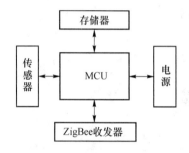

图 9.3.4　ZigBee 自组织网通信方式节点硬件结构

在自组织网中采用动态路由的方式,网络中数据传输的路径并不是预先设定的,而是在传输数据前,通过对网络当时可利用的所有路径进行搜索,分析它们的位置关系以及远近,然后选择其中的一条路径进行数据传输。比如梯度法,即先选择路径最近的一条通道进行传输,如传不通,再使用另外一条稍远一点的通路进行传输,以此类推,直到数据被送达目的地为止。

4. ZigBee 的技术优势

① 低功耗。在低耗电待机模式下,2 节 5 号干电池可支持 1 个节点工作 6～24 个月,甚至更长。这是 ZigBee 的突出优势。

② 低成本。通过大幅简化协议,降低了对通信控制器的要求,每块芯片的价格大约为 2 美元。

③ 低速率。ZigBee 工作在 20～250 kbit/s 的较低速率下,分别提供 250 kbit/s (2.4 GHz)、40 kbit/s(915 MHz)和 20 kbit/s(868 MHz)的原始数据吞吐率,以满足低速率传输数据的应用需求。

④ 近距离。传输距离的范围一般为 10～100 m,在增加 RF 发射功率后,亦可增加到 1～3 km,传输距离指的是相邻节点间的距离。如果通过路由和节点间通信的接力,传输距离将可以更远。

⑤ 短时延。ZigBee 的响应速度较快,一般从睡眠转入工作状态只需 15 ms,节点连接进入网络只需 30 ms,进一步节省了电能。

⑥ 高容量。ZigBee 可采用星状、片状和网状网络结构,由一个主节点管理若干子节点,一

个主节点最多可管理 254 个子节点。同时主节点还可由上一层网络节点管理,ZigBee 最多可组成容纳 65 000 个节点的大网。

⑦ 高安全。ZigBee 提供了三级安全模式,包括无安全设定、使用接入控制清单(ACL)防止非法获取数据以及采用高级加密标准(AES 128)的对称密码,以灵活确定其安全属性。

⑧ 免执照频段。采用直接序列扩频工业科学医疗(ISM)频段,2.4 GHz(全球)、915 MHz(美国)和 868 MHz(欧洲)。

9.3.3　ZigBee 技术在无线传感器网络中的应用

ZigBee 技术的出发点是希望能发展一种易于构建的低成本无线传感器网络,同时其低耗电性能将使得产品的电池能维持 6 个月到数年。在产品发展的初期,以工业或企业市场的感应式网络为主,提供感应辨识、灯光与安全控制等功能,然后逐渐将市场拓展至家庭网络以及更为复杂的无线传感器网络中。

根据 ZigBee 技术联盟的观点,未来一般家庭可将 ZigBee 技术应用于空调系统的温度控制器、灯光、窗帘的自动控制,老年人与行动不便者的紧急呼叫器,电视与音响的万用遥控器,无线键盘、鼠标、摇杆、玩具、烟雾侦测器以及智慧型标签的使用。本章重点介绍几种基于 ZigBee 技术的典型应用。

1. 基于 Chipcon 射频芯片 CC2430 的无线温、湿度传感器系统

温、湿度与生产及生活密切相关。以往的温、湿度传感器都是通过有线方式传送数据,线路冗余复杂,不适合大范围多数量放置,连线成本高,线路的老化问题也影响了其可靠性。随着大量廉价和高度集成的无线模块的普及,以及其他无线通信技术的成功,实现无线的高效传感器网络成为现实。

为了满足类似于温度传感器这样小型、低成本设备无线联网的要求,本小节介绍一种基于 Chipcon 射频芯片 CC2430 所设计的无线温、湿度测控系统。

基于 ZigBee 技术的温、湿度测控系统实现了传感器的无线测控,稍加改进还可以做出集成更多传感器和更多功能的传感器网络,其扩充性强,市场前景广阔。

无线温、湿度测控系统网络结构如图 9.3.5 所示,多个独立的终端探测器按实际需要分布在不同的地方,由敏感元件测得环境温湿度变化数据,通过基于 ZigBee 技术的 RF 无线收发网络传送给监控中心的接收器,最后由标准的接口输入微机进行处理。用户可以选择性地适时监控不同位置的环境变化。

图 9.3.5　无线温湿度测控系统网络结构

该系统硬件结构可以分为两个部分：探测头和接收器。下面分别进行介绍。

（1）探测头

探测头系统如图9.3.6所示。

温度和湿度测量的模拟信号由一个多路选择通道控制，依次送入A/D转换器处理转化为数字信号，微处理器对该数字信号进行校正编码，送入基于ZigBee技术的RF发射器。

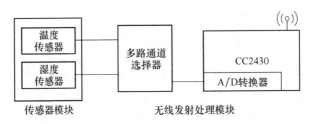

图9.3.6　探测头系统

在器件选择方面，便携式系统要求同时具有最小的尺寸和最低的功耗。因此，系统中的温度传感器采用MAX6607/MAX6608模拟温度传感器。它的典型静态电流仅有8 mA，便携式系统的线路板空间通常都很紧张，类似于SC70这样的微型封装最为理想；另外，未来的处理器最有可能采用的电源电压为1.8 V，正好也是MAX6607和MAX6608的最低工作电压。

传统湿度传感器多采用湿敏电阻和电容，其测量电路复杂，精度低，调试麻烦，本系统采用了HoneyWell公司生产的HIH3605湿度变送器，传感器芯体和关键部件全部采用性能优良的进口原装件，可抗尘埃，可抗磷化氰等化学品，精度高，响应快，输出为0～5 V，DC对应0～100％RH，精度为±3％RH。

为了降低耗电量和设备体积，采用了待机时耗电量较低、系统集成度高的微处理器和LSI设备。微处理器和无线收发LSI设备是挪威Chipcon的CC2430。系统使用9 V蓄电池，每隔3 min与网络交换一次同步信号，采用的网络拓扑结构为网眼型，工作模式和待机模式的占空比采用不足1％的设定。

（2）接收器

接收器系统如图9.3.7所示。

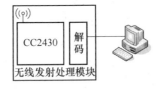

图9.3.7　接收器系统

RF接收器接收到探测头发出的信号，经过解码，通过标准的微机并口接口送入计算机存储显示。

探测头和接收器无线通信实现机理是以IEEE 802.15.4传输模块代替传统通信模块，将采集的数据以无线方式发送出去。IEEE 802.15.4传输模块主要包括IEEE 802.15.4无线通信模块、微控制器模块、传感器模块及接口、直流电源模块以及外部存储器等。IEEE 802.15.4无线通信模块负责数据的无线收发，主要包括射频和基带两部分，前者提供数据通信的空中接口，后者主要提供链路的物理信道和数据分组。微控制器负责链路管理与控制，执行基带通信协议和相关的处理过程，包括建立链接、频率选择、链路类型支持、媒体接入控制、功率模式和安全算法等。经过调理的传感器模拟信号经过 A/D 转换后暂存于缓存中,由 IEEE 802.15.4 无线通信模块通过无线信道发送到主控结点,再进行特征提取、信息融合等高层决策处理。

采用基于 ZigBee 技术 Chipcon 射频芯片 CC2430,在摆脱繁杂冗余线路的情况下,实现了对环境温湿度的远程监控,具有低复杂度、低功耗、低数据速率、低成本、双向无线通信的特点,可以嵌入到不同的设备中,有多种网络拓扑结构。

2. 基于 ZigBee 技术的煤矿井下定位监控系统

利用 ZigBee 技术可以很容易地实现对一些短距离、特殊场合的人员进行实时跟踪,以及在发生意外情况时确定人员所处位置,这些特殊场合包括矿井、车间、监狱等。本小节以煤矿井下定位监控系统为例介绍 ZigBee 技术的应用。

基于 ZigBee 技术的煤矿井下定位监控系统如图 9.3.8 所示,系统包括主接入点设备、从结点设备和信息监控中心等部分。信息监控中心位于地面;主接入点设备位于矿井的不同位置,可以根据监控实际需要设置它们之间的距离,主接入点与信息监控中心之间通过电缆传递监控信息;从结点设备安装在下井矿工的身上(如矿工的安全帽),从结点设备和主结点设备之间通过 ZigBee 技术传递矿工的位置和其他信息。

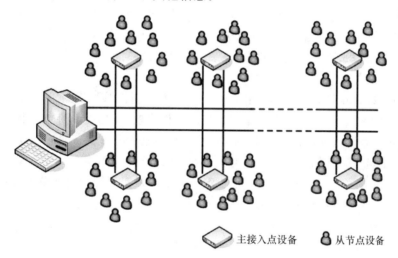

主接入点设备　　从节点设备

图 9.3.8　基于 ZigBee 技术的煤矿井下定位监控系统

当矿工(从结点)进入某一主接入点设备控制区域后,主接入点设备与该矿工所携带的从结点设备建立通信,并将相关信息上传给信息监控中心;同样,当矿工从主接入点设备控制范围内离开时,主接入点设备将相应信息上传给监控中心。另外,在发生异常情况(如井下瓦斯气体达到一定浓度)时,从结点设备可以主动请求和主接入点设备进行通信,将异常信息及时上传给信息监控中心,给出井下报警提示。

9.4　检测系统的智能化和网络化技术

随着科学技术的发展,检测技术的总体发展趋势是向着自动化、智能化、集成化、网络化方向发展。伴随着这些发展,检测技术将不断扩大其应用领域,不断提高其测量准确度、测量范围、测量可靠性与自动化程度。

9.4.1 检测技术发展趋势

自 20 世纪 70 年代微处理器诞生以来,计算机技术得到了迅猛发展。人们利用微型计算机的记忆、存储、数学运算、逻辑判断和命令识别等功能,发展了微型计算机仪器和自动测试系统。并且微型计算机与电子测量的结合,使测量系统在测量原理与方法、仪器设计、仪器使用和故障检修方面都产生了巨大变化,出现了智能仪器、基于总线及网络的新型测量仪器。

智能仪器是计算机技术与电子测量仪器结合的产物,是含有微型计算机或微处理器的测量仪器。由于它拥有对数据的存储、运算、逻辑判断及自动化操作等功能,因而具有一定的智能作用,所以被称为智能仪器。与传统仪器相比,智能仪器的性能明显提高、功能更加丰富,而且多半具有自动量程转换、自动校准、自动检测,甚至具有自动切换备件进行维修的能力。智能仪器大多配有通用接口,以便与多台仪器连接构成自动测试系统。从广义上说,智能检测系统包括以单片机为核心的智能仪器、以 PC 机为核心的自动测试系统和目前发展势头迅猛的专家系统等。其主要特点如下:

(1)测量过程软件控制

智能检测系统可实现自稳零放大、自动极性判断、自动量程转换、自动报警、过载保护、非线性补偿、多功能测试等功能。有了计算机,上述过程可以采用软件控制,因此可以简化系统的硬件结构、缩小体积、降低功耗,提高检测系统的可靠性和自动化程度。

(2)智能化数据处理

智能检测系统利用计算机和相应的软件可以方便、快速地实现各种算法,对测量结果进行及时处理,提高系统工作效率。智能检测系统以软件为核心,功能和性能指标更改都比较方便,无须每次更改都改变元器件和仪器结构。智能检测系统配备多条测量通道,可以由计算机对多路测量通道进行高速扫描采样。因此,智能检测系统可以对多种测量参数进行检测。在进行多参数检测的基础上,根据各路信息的相关特性,可以实现智能检测系统的多传感器信息融合,从而提高检测系统的准确性、可靠性和容错性。

(3)测量速度快

随着高速的数据采集、转换、处理及显示等器件的出现,智能检测系统得以实现高速测量。

(4)智能化功能强

智能检测系统以计算机或单片机为核心,因此可以通过软件设计完成各种智能化的信息处理。

基于总线及网络的新型测量仪器是伴随着以 Internet 为代表的网络技术及其相关技术的发展而出现,网络技术不仅将各种互联网产品带入人们的生活,而且也为测量技术带来了前所未有的发展空间和机遇,网络化测量技术与具备网络功能的新型仪器应运而生。Unix 、Windows NT、Windows2000 等网络化计算机操作系统,为组建网络化测试系统带来了方便。标准的计算机网络协议,如 OSI 的开放系统互连参考模型 RM、Internet 上使用的 TCP/IP 协议,在开放性、稳定性、可靠性方面均有很大优势,采用它们很容易实现测控网络的体系结构。在开发软件方面,如 NI 公司的 LabVIEW 和 LabWindows/CVI,微软公司的 VB、VC 等,都有开发网络应用项目的工具包。

基于计算机及网络技术,测控网络由传统的集中模式逐渐转变为分布模式,成为具有开放性、互操作性、分散性、网络化、智能化的测控系统。网络的节点上不仅有计算机、工作站,还有智能测控仪器仪表,测控网络将具有与信息网络相似的体系结构和通信模型。

美国 Keithley 公司在 1999 年的一项调查中指出：60％的工程师打算在今后几年的应用中使用远程测量技术，而实施远程测量则需要通过各种形式的网络实现。由于基于互联网的远程测量系统只要具有接入互联网的条件就可以实现在任何时间、任何地点获取所需的基于互联网的测量信息，因而，这必将成为未来获取测量信息的重要手段。

9.4.2　智能检测系统的组成

1. 概述

智能检测系统以微处理器为核心，通过总线及接口与 I/O 通道及输入输出设备相连。微处理器作为控制单元来控制数据采集装置进行采样，并对采样数据进行计算及数据处理，如数字滤波、标度变换、非线性补偿等，然后把计算结果进行显示或打印。智能检测系统广泛使用键盘、LED/LCD 显示器或 CRT，它们由微处理器控制，显示检测结果或处理结果以及图像等。

智能仪器的软件部分主要包括系统监控程序、测量控制程序及数据处理程序等。用计算机软件代替传统仪器中的硬件具有很大的优势，可以降低仪器的成本、体积和功耗，增加了仪器的可靠性；还可以通过对软件进行修改，使仪器对用户的要求做出快速反应，提高产品的竞争力。

2. 智能检测系统设计要求

（1）硬件要求

① 简化电路设计

采用集成度较高的器件，能够通过软件实现的功能尽量通过软件实现，减少硬件投入，从而降低系统成本，减小体积，提高稳定性。

② 低功耗设计

智能检测系统需要在现场长期稳定地工作，有些智能检测系统采用电池供电，要求系统中的器件与装置功耗低。因此，从电路结构设计到器件选型都应遵循低功耗设计思想。

③ 通用化、标准化设计

设计中采用通用化、标准化硬件电路，有利于系统的商品化生产和现场安装、调试、维护；也有利于降低系统的生产成本，缩短加工周期。

④ 可扩展性设计

智能检测系统是大型关键设备，因此，设计组建时要结合系统使用部门的发展，充分考虑系统的可扩展性，方便日后系统升级和扩展。

⑤ 采用通用化接口

智能检测系统的设计者应当根据用户单位的其他设备情况和发展意向，选用通用化的接口和总线系统，以方便用户使用。

（2）软件要求

智能检测系统的软件包括应用软件和系统软件。应用软件与被测对象有关，贯穿整个测试过程，由智能检测系统研究人员根据系统的功能和技术要求编写，它包括测试程序、控制程序、数据处理程序、系统界面生成程序等。系统软件是计算机实现其运行的软件，如 DOS6.0、WINDOWS95 等。智能检测系统的软件应按照以下要求来设计。

① 优化界面设计，方便用户使用

② 使用编制、修改、调试、运行和升级方便的应用软件

软件设计人员应充分考虑应用软件在编制、修改、调试、运行和升级方面的方便性，为智能

检测系统的后续升级、换代设计做好准备。近年来发展较快的虚拟仪器技术也为智能检测系统的软件化设计提供了诸多方便。

③ 丰富软件功能

智能检测系统设计过程中应在运行速度和存储容量允许的情况下,尽量用软件实现设备的功能,简化硬件设计。实际上,利用软件设计可以方便地实现量程转换、数字滤波、故障诊断、逻辑推理、知识查询、通信、报警等多种功能,大大提高了检测系统的智能化程度。

3. 应用实例——基于 I^2C 总线的多路温度测量系统

由飞利浦公司发明的 I^2C 总线采用二线通信技术,属于多主机通信方式,主要用于单片机系统的扩展及多机通信,总线数据传送速率最高可达 400 kbit/s。

基于 I^2C 总线的多路温度测量系统由带有 I^2C 总线接口的传感器、单片机及显示器件构成。采用飞利浦公司的带有 I^2C 总线的单片机 P87LPC764 组成的多路温度测量系统,以 I^2C 总线器件作为外围设备,比传统的单片机温度测量系统使用器件少,可靠性较高,运行速度快。

系统硬件组成如图 9.4.1 所示,由数字温度传感器,带有 I^2C 总线接口的显示器件及单片机组成。各部分功能如下:

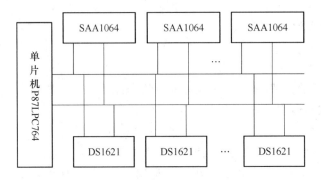

图 9.4.1　系统硬件组成

(1) 温度检测环节

温度检测环节采用 DALLAS 公司生产数字式温度传感器 DS1621,其接口与 I^2C 总线兼容,DS1621 可工作在最低 2.7 V 电压下,适用于低功耗应用系统。DS1621 无须使用外围元件即可测量温度,测量结果以 9 位数字量(两字节传输)给出,测量范围为 $-55\sim+155\ ℃$,精度为 0.5 ℃,典型转换时间为 1 s,其管脚如图 9.4.2 所示。

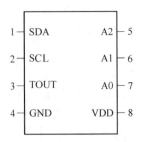

图 9.4.2　DS1621 管脚

单片机通过 DS1621 的编码线 A2A1A0 对 DS1621 进行编码,一次最多可以控制 8 片 DS1621,完成 8 路温度采样。DS1621 的 SCL 为时钟线,SDA 为读写数据线,按照 I^2C 串行通信接口协议读写数据。系统工作时,首先,SCL 和 SDA 线满足串口通信启动条件,主器件单片机发出器件地址字节和 DS1621 的命令字,由 DS1621 发出 ACK 应答信号;然后主器件单片机转换为读取从器件 DS1621 的数据字节,主器件产生 ACK 应答信号;最后,SCL 和 SDA 线满足串口通信结束条件,完成一次数据通信。

（2）信号处理单元

P87LPC764 是 Philips 公司生产的一种小封装、低成本、高性能的单片机,CPU 为 80C51,其特点如下:

① 有 I^2C 总线接口;

② 4 KB OTP 程序存储器;

③ 128 B 的 RAM;

④ 32 B 用户代码区,可用来存放序列码及设置参数;

⑤ 2 个 16 位定时/计数器,每一个定时器均可设置为溢出时触发相应端口输出;

⑥ 全双工 UART;

⑦ 4 个中断优先级;

⑧ 看门狗定时器,利用片内独立振荡器,看门狗定时器的溢出时间有 8 种选择;

⑨ 低电平复位,使用片内上电复位时不需要外接元件。

在该系统中 P87LPC764 为核心器件,其主要功能为接收数字传感器传送过来的温度信号并对其进行处理,将其转换成相应的温度值,直至显示器件显示;以串行通信方式控制和协调系统中从器件的工作。

当 I^2C 总线激活时,P87LPC764 端口 1 中的 P1.2 与 P1.3 分别作为 SCL 和 SDA 行使 I^2C 总线功能。I^2C 总线由 3 个特殊功能寄存器控制,这 3 个寄存器为 I^2C 控制寄存器 I^2CON、I^2C 配置寄存器 I^2CFG 和 I^2C 数据寄存器 I^2CDAT。

（3）总线显示器件 SAA1064

SAA1064 是 I^2C 总线系统中典型的 LED 驱动控制器件,为双极型集成电路,有 2×8 位输出驱动接口,可静态驱动 2 位或动态驱动 4 位 8 段 LED 显示器。SAA1064 的器件地址为 0111,其引脚地址端 ADR 按输入电平大小将 A1A0 编为 4 个不同的从地址,故在 1 个 I^2C 总线系统中最多可以挂接 4 片 SAA1064,实现 16 位 LED 显示。

（4）I^2C 总线的数据传输方式

① 数据格式

数据中每个字节长度为 8 位,每个字节后紧跟一个应答位。

② 数据识别方法

a. 识别相关时钟脉冲

I^2C 总线系统中主器件在传送完每一个字节后,将在 SCL 线上产生一个识别相关时钟脉冲,发送器释放 SDA 线(保持为高),而接收器将 SDA 拉为低电平的同时发出应答信号准备接收数据。

b. 停止传输的两种情况

被寻址的接收器在接收每一个字节后产生应答信号位,如果某个从接收器没有产生应答信号,那么数据线 SDA 必须由从机变为高电平,然后再由主器件产生停止信号。如果从接收器识别出从器件地址,但是没有接收到数据,则采取从器件在第一个字节后不产生应答位,由主器件发出停止信号的方式发出停止传输信号。

③ 器件的竞争问题的解决

信号发送过程中,当 SCL 线为高电平时,I^2C 总线上多器件的数据传输会在 SDA 线上发生竞争问题,会造成数据传输混乱。因此,I^2C 总线硬件中设置了竞争裁决电路来解决这一问题,SCL 线上的时钟信号是所有主器件产生的时钟信号"线与"产生的。

④ 数据传输的寻址方式

从器件地址由两部分组成:固定部分是由厂家确定的器件名称,可编程部分决定系统中可以连结这种器件的最大数目。例如,一个器件地址有 4 位可编程位,那么同一个 I^2C 总线上能够连接 $16(2^4)$ 个这样的器件。

9.4.3　检测系统网络化技术

随着仪器的自动化、智能化水平的提高,多台仪器联网已推广应用,虚拟仪器、三维多媒体等新技术开始实用化。因此,通过 Internet 网,仪器用户之间可异地交换信息和浏览界面,厂商能直接与异地用户交流,以及时完成如仪器故障诊断、指导用户维修或交换新仪器改进的数据、软件升级等工作。仪器操作过程更加简化,功能更换和扩展更加方便。网络化是今后测试技术发展的必然趋势。

以互联网为代表的计算机网络的迅速发展及相关技术的日益完善,使测控系统的远程数据采集与控制、测量仪器设备资源的远程实时调用,远程设备故障诊断等功能得以实现。与此同时,随着高性能、高可靠性、低成本的网关、路由器、中继器及网络接口芯片等网络互联设备的出现,互联网、不同类型测控网络、企业网络间的互联变得十分容易。利用现有互联网资源而无须建立专门的拓扑网络,使用户组建测控网络、企业内部网络,以及建立与互联网的连接都十分方便,这就为实现智能检测系统网络化提供了便利条件。利用网络技术,原有的基于计算机测量体系中的基本组件,如 I/O 接口、中央处理器、存储器和显示设备等,根据应用的需要分布到各个地方。例如,可以将 I/O 操作测试模块安置在数据采集前沿,将数据分析处理模块分布在控制中心,将数据存储以及信息分析模块安置在后台数据库系统中,同时把分析结果通过网络分布在各地的 Web 浏览器中,从而形成网络化的测量系统。

1. 网络化测量系统的构成

网络化测量系统包含数据采集、数据分析和数据表示 3 个模块,并分别在测量节点、测量分析服务器和测量浏览器中实现,如图 9.4.3 所示。

测量节点是能在网络中单独使用的数据采集设备。它们的形式有数据 I/O 模块,或者与网络相连的高速数据采集单元,或者是连接到网络上的配置测量插卡的计算机。这些测量节点可以实现数据采集功能和数据分析功能,且可以将原始数据或分析后的数据信息发布到网络中。

测量服务器是一台网络中的计算机,它能够管理大容量数据通道,进行数据记录和数据监控,用户也可用它们来存储数据并对测量结果进行分析处理。

测量浏览器是一台具有浏览功能的计算机,用来查看测量节点或测量服务器所发布的测量结果或经过分析的数据。

由图 9.4.3 可知,一个现代网络测量系统主要包括以下几部分。

(1)计算机

计算机是网络测量系统的核心,它能够迅速完成复杂的运算和存储大量的测试数据。

在网络测量系统中,计算机可以表现出各种不同的形式。实际上,许多测试平台本身就是

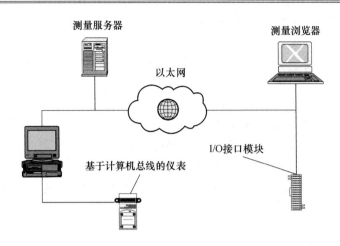

图 9.4.3 网络化测量系统结构示意图

一台计算机,例如,诞生于 20 世纪 80 年代的 VXI 标准就是基于 VMEbus 总线的。随着计算机和工业自动化的发展,出现了下一代测试平台——PXI 测试平台:一个体积更小、费用更低、性能更高的基于 CompactPCI 总线的测试平台。

（2）高速的 I/O 接口

在网络测量系统中,为了提高系统的效率,必须把采集来的数据快速地传递到计算机中,以便在计算机中完成大部分的测试计算和分析功能。

（3）网络连接

网络技术已经成为测量技术中不可缺少的一部分,利用它可以实现数据采集和数据管理以及通过互联网发布数据到其他测试系统。

（4）测试仪器

基于计算机的网络测量系统中的另一重要部分就是测试仪器,测试仪器的功能就是采集数据,再经过模数转换传递到计算机中。

（5）测试软件

测试软件把基于计算机的网络测量中的所有组件紧密结合起来。软件的体系结构是结构化、模块化的体系结构,采用该体系结构可以使得基于计算机的测试系统各测试组件紧密结合,并且使得开发者具有高效的开发效率,缩短开发时间。

2. 应用实例——远程流量检测系统

（1）系统组成

远程流量检测系统由电磁流量计、FC2000-IAE 流量计算转换单元、压力温度补偿装置及计算机网络设备组成,如图 9.4.4 所示。

电磁流量计测量流量的原理是根据法拉第电磁感应定律输出与流量成正比的电压信号。电磁流量计测量导电液体时压力损失很小,接近于零且测量不受液体物理性质影响,可测腐蚀性液体。仪表的通径范围宽（2～1 600 mm）,量程为 2～5 000 m³/h,可测脉动流。

FC2000-IAE 流量计算转换单元是网络化流量计量设备。它对现场的流量相关信号进行采集、补偿运算后,通过 RS232/485、以太网等网络接口输出流量数字信号,也可以输出 4～20 mA电流信号。通过计算转换单元,该流量可方便地实现远程监督管理,建立集散型计量管理网络。

FC2000-IAE 流量计算转换单元可完成温度、压力、湿度、密度、组分等补偿运算。对节流式流量计的流出系数 C、流束可膨胀系数 ε、压缩系数 Z 等参数可作为动态量进行实时逐点运算以实现宽量程。FC2000-IAE 还具有历史数据存储、报警记录、仪表断电、修改参数设置等审计记录功能。

FC2000-IAE 联网方式有如下 3 种：

① 采用 RS232、RS485 及网络适配器连接；

② 外接有线 Modem 即可通过程控电话线联网；

③ 外接无线 Modem 即可实现无线数据通信专用网。

上位机通过网络发送指令对 FC2000-IAE 进行组态和监控，实现对流量测量系统网络化管理。

（2）系统功能实现

首先，通过上位机中的组态软件对网络中 FC2000-IAE 流量计算转换单元进行组态，设置数据采集及网络通信等相关参数；然后，运行诊断程序确定系统内各个设备正常工作后由上位机发出指令进行流量信号采集，FC2000-IAE 流量计算转换单元采集流量、温度、压力参数后，在内部根据实际流量与现场压力温度的函数关系进行补偿运算，以消除现场环境因素对被测量的影响；最后，经过 FC2000-IAE 流量计算转换单元处理后的流量信号通过 RS232、RS485接口及网络适配器连接到局域网上，并将信息发送至上位机进行显示、存储，同时信息也可发送至 Web 浏览器通过互联网实现信息远程共享。

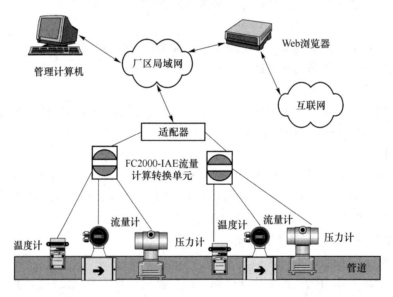

图 9.4.4　远程流量检测系统

9.5　检测系统在工业物联网技术中的应用

工业物联是将具有感知、监控能力的各类采集、控制传感器或控制器，以及移动通信、智能分析等技术不断融入工业生产过程的各个环节，从而大幅提高制造效率、改善产品质量、降低产品成本和资源消耗，最终实现将传统工业提升到智能化的新阶段。

9.5.1　概述

1. 物联网定义及应用

物联网是在互联网的基础上进行延伸和扩展的网络,它将各种信息传感设备与互联网结合起来形成一个巨大的网络,能够实现在任何时间、任何地点,人、机、物的互联互通。物联网的核心和基础仍然是互联网,它是在互联网的基础上延伸和扩展的网络,并且将用户端延伸到任何物品之间的信息交换和通信。综上所述,物联网的定义为通过射频识别、红外感应器、全球定位系统、激光扫描器等传感器设备,按照约定的协议,把任何物品和互联网相连接,进行信息交换和通信,以便实现对物品的智能化识别、定位、跟踪、监控和管理的一种网络。

物联网已经应用到工业、农业、环境、交通、物流、安保等基础设施领域中。有效地推动了其智能化发展,提高了行业效率。同时在家居、医疗、教育、金融、服务业和旅游等行业与人们生活相关的领域中也得以应用。

2. 传感网

传感网就是传感器网络,是计算机、通信、网络、智能计算、嵌入式、传感器等多学科领域交叉融合的新兴学科。它将多种类型的传感器节点组成网络,实现对物理世界的动态智能协同感知。其网络结构分为感知域、网络域和应用域。

3. 工业互联网

工业互联网是将人、数据和机器连接起来,它是全球工业系统与高级计算、分析、传感技术及互联网的高度融合。

工业互联网的本质和核心是通过工业互联网平台把设备、生产线、工厂、供应商、产品和客户紧密地连接融合起来。它帮助制造业拉长产业链、形成跨设备、跨系统、跨厂区的互联互通,从而提高效率、推动整个制造服务体系智能化,且更有利于推动制造业融通发展,实现制造业和服务业之间的跨越发展,使工业经济各种要素资源高效共享。

9.5.2　物联网构成

1. 物联网工作原理

传感器网络中包含的关键内容和关键技术主要有数据采集、信号处理、协议管理、网络接入、设计验证、信息处理和信息融合、智能交互及协同感知以及支撑和应用等。其中,数据采集技术及设备包括传感器技术、嵌入式技术、采集设备以及核心芯片(MCU 控制器)。智能信号处理是对采集设备获得的各种原始数据进行必要的处理,以获得与目标事物相关的信息。协议是为了实现物联网的普适性。终端感知网络具有多样性,必须通过 MAC 协议来保证。为了完成不同的感知任务,实现各种目标,节点组网技术必不可少。终端感知设备之间的通信不能采用传统的通信协议,因此,需要自适应优化网络协议。同时,终端设备的强大功能和便捷性、低功耗等特性,决定了其必须采用轻量级和高能效的协议。最后,为了实现一个统一的目标,必须在各种不同的协议技术之间进行取舍,因此,网络跨层优化技术也是必需的。由于终端感知网络的节点多,因此,必须引入节点管理对多个节点进行操作。作为物联网应用不可缺少的组成部分,数据库负责存储收集的感知数据。

2. 物联网硬件系统结构

物联网硬件系统由四大模块构成:RFID、传感网、M2M、两化融合。

(1) RFID 技术又称电子标签、无线射频识别,是一种通信技术。它可以通过无线电信号识别特定目标并读写相关数据,而无须识别系统与特定目标之间建立的机械或光学接触。RFID是一种非接触式的自识别技术。它通过射频信号自动识别目标对象并获取相关数据,识别工作无需人工干预,能适应各种恶劣环境。RFID技术可识别高速运动的物体并可同时识别多个标签,操作快捷、方便。

(2)传感网包括感知节点和末梢网络。它们承担物联网的信息采集和控制任务,构成传感网。感知节点由各种类型的采集和控制模块组成,用于完成物联网应用的数据采集和设备控制等功能。

(3)M2M是一种以机器终端智能交互为核心的、网络化的应用与服务。它通过在机器内部嵌入无线通信模块,以无线通信为接入手段,为客户提供综合的信息化解决方案,以满足客户的需求。

(4)两化融合是信息化和工业化高层次的深度结合,是指以信息化带动工业化,以工业化促进信息化。两化融合的核心就是信息化支撑,它追求可持续发展模式。

3. 物联网软件系统结构

物联网软件技术用于控制底层网络分布硬件的工作方式和工作行为,为各种算法、协议的设计提供可靠的操作平台。在此基础上,方便用户有效管理物联网络,实现物联网络信息的处理、安全、服务质量优化等功能,降低物联网面向用户的使用复杂度。物联网软件运行的分层体系结构如图9.5.1所示。

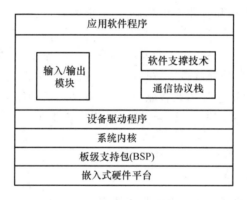

图9.5.1 物联网软件运行的分层体系结构

物联网软件技术描述整个网络应用的任务和所需要的服务,同时通过软件设计提供操作平台供用户对网络进行管理,对评估环境进行验证。物联网的软件框架结构如图9.5.2所示。

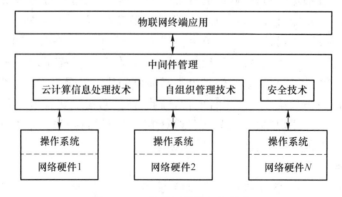

图9.5.2 物联网软件框架结构

每个网络中的节点都通过中间件的衔接传递服务。中间件中的云计算信息处理技术、自组织管理技术、安全技术逻辑上存在于网络层,但物理上存在于节点内部,在网络内协调任务管理及资源分配,执行多种服务之间的相互操作。

思考题与习题

1. 什么是虚拟仪器? 与传统仪器相比,虚拟仪器有什么特点?
2. 虚拟仪器有几种构成方式? 各有什么特点?
3. 简述 LabVIEW 软件的特点与功能。
4. 现场总线控制系统有何优点? 由哪几部分组成?
5. 以太网与现场总线相比,具有哪些优势?
6. 什么是无线传感器网络? 由哪几部分构成?
7. 简述 ZigBee 技术应用于无线传感器网络时的通信特点。
8. 什么是智能检测系统? 由哪几部分组成?

参 考 文 献

[1] 徐科军,马修水,李晓林,等.传感器与检测技术[M].4版.北京:电子工业出版社,2016.

[2] 胡向东,李锐,程安宇,等.传感器与检测技术[M].2版.北京:机械工业出版社,2013.

[3] 吴建平,彭颖,覃章建.传感器原理及应用[M].3版.北京:机械工业出版社,2016.

[4] 费业泰.误差理论与数据处理[M].7版.北京:机械工业出版社,2015.

[5] 张志勇,王雪文,翟春雪,等.现代传感器原理及应用[M].北京:电子工业出版社,2014.

[6] 赵勇,王琦.传感器敏感材料与器件[M].北京:机械工业出版社,2012.

[7] 周杏鹏,孙永荣,仇国富.传感器与检测技术[M].北京:清华大学出版社,2010.

[8] 李川,李英娜,赵振刚.传感器技术与系统[M].北京:科学出版社,2016.

[9] 徐开先,钱正洪,张彤,等.传感器实用技术[M].北京:国防工业出版社,2016.

[10] 彭杰纲.传感器原理及应用[M].2版.北京:电子工业出版社,2017.

[11] 付华,徐耀松,王雨虹.智能检测与控制技术[M].北京:电子工业出版社,2015.

[12] 黄松岭,王坤,赵伟.虚拟仪器设计教程[M].北京:清华大学出版社,2015.

[13] 吴盘龙.智能传感器技术[M].北京:中国电力出版社,2015.

[14] 钱志鸿,王义君.面向物联网的无线传感器网络综述[J].电子与信息学报,2013,35(1):215-227.

[15] 秦志强,谭立新,刘遥生.现代传感器技术及应用[M].北京:电子工业出版社,2010.

[16] 王永华,A. Verwer.现场总线技术及应用教程[M].2版.北京:机械工业出版社,2012.

[17] 王平,王恒.无线传感器网络技术及应用[M].北京:人民邮电出版社,2016.

[18] 张毅.自动检测技术及仪表控制系统[M].3版.北京:化学工业出版社,2012.

[19] 邬宽明.现场总线技术应用选编①（上）[M].北京:北京航空航天大学出版社,2003.

[20] 施文康,余晓芬.检测技术[M].4版.北京:机械工业出版社,2015.

[21] 阳宪惠.现场总线技术及其应用[M].2版.北京:清华大学出版社,2008.

[22] 张洪润.传感器应用设计300例（上册）[M].北京:北京航空航天大学出版社,2008.

[23] 戚新波.检测技术与智能仪器[M].北京:电子工业出版社,2005.

[24] 陈雯柏,李邓化,何斌,等.智能传感器技术[M].北京:清华大学出版社,2022.

[25] 周济. 智能制造——"中国制造 2025"的主攻方向[J]. 中国机械工程,2015,26 (17):2273-2284.

[26] 李艳红,李海华,杨玉蓓. 传感器原理及实际应用设计[M]. 北京:北京理工大学出版社,2016.